JN256103

まちの賑わいをとりもどす

ポスト
近代都市計画
としての
「都市デザイン」

中野恒明

花伝社

はじめに

「まちの賑わいをとりもどす」、これこそ筆者がこの数十年間のまちづくりの実践のなかで一貫して追い求めてきたキーワードにほかならない。

かつての日本のどこのまちでも、中心部には賑わいがあった。それが人々の集まる「都市」そして「まち」というものの定義のはずだが、昨今の日本のまちの状況はどうであろうか。人々の賑わいは東京をはじめとする大都市では当たり前の姿かもしれないが、地方の中小都市の中心部はいつの間にか空っぽになってしまった。これを再生すべくさまざまな都市計画が展開されるも、必ずしもうまくいかないまちも少なくないような気がする。いまあらためて、まちの空洞化がいち早く露呈し、それを克服してきた海外諸都市のこの半世紀近くの再生プロセス＝「ポスト近代都市計画＝都市デザイン」を紹介することで、その問題の根源と解法のヒントとしていただきたいという思いが、本書には込められている。

一方で、わが国では必ずしも「都市デザイン」に対する正当な評価がなされていないようにも感じてきた。そこで、その歴史的経緯と目指してきたものは何か、を理解する縁として、筆者の２０１７年2月の12年間の芝浦工業大学教授退任にあたっての最終講義向けに「建築と都市のはざま――１９６０年代～欧米諸都市の試行を訪ねて―まちの賑わい再生の軌跡」なる題名の研究報告書（限定本）にとりまとめた。本書はそれを一般市民向けに、抜粋そして一部リライトした書にほかならない。

筆者は高度経済成長末期の１９７０年に故郷を離れ、東京の大学で都市計画を学び、22歳のときに建築家でかつ都市デザイン分野の草分け的存在とも言うべき槇文彦氏主宰の槇総合計画事務所に入所し、当時のアーバンデザイン・セクションに配属される。そこにあったのは、大学で教わったものを超える先端の「都市デザイン」の世界、つまり機能主義的な「近代都市計画」とは発想を異にする、市民層のための感性重視型の「都市デザイン」の思想であった。そして「感性豊かな若いうちに旅をせよ」の教えのもとに、当時の欧米諸都市を訪れ、インナーシティ問題克服、つまり「まちの賑わいをとりもどす」ための様々な都市デザイン手法の試行の現場を訪れたこと、それがその後の筆者の活動の原点になったような気がする。

しかし、その全国各地での実践的な活動とは裏腹に、筆者の生まれ故郷の中心市街は「元祖・シャッター通りのまち」と呼ばれるようになってしまった。60年代までは実に賑わった商店街であったが、70年代から急速に空洞化が進行した。そのきっかけを与えたのが、皮肉にも地方都市における「近代都市計画」理論の浸透にあったのではないか？　というのが筆者の偽らざる思いでもある。


「都市計画」とは、ある意味では自由と個人の財産権を保障する憲法下で、公共性の名のもと、自治体に様々な規制や収用権を与える例外的な制度である。これがわが国にもたらされたのは約150年前の幕末から明治の文明開化期、本格導入が100年前の旧憲法下の大正期の旧都市計画法、そして戦後の新憲法のもとでの50年前の新都市計画法制定へとつながってきた。

翻るに、欧米の17～18世紀に始まる産業革命によってもたらされた都市の混乱を鎮めるべく確立していった近代都市計画だが、それをいち早く導入した欧米諸都市においては、20世紀に至ってインナーシティ問題、つまり中心市街の衰退などを含む様々な問題が露呈し、半世紀前に大きな見直しが行われている。その再生へのキーワードが「都市デザイン」であった。わが国でも一部の進歩的な都市計画家や学者の間では共有されているはずだったが、現実には都市の表面的な美容整形手法としか認識されていないもどかしさを感じてきた。

とりわけ筆者が大いなる疑問を感じるのが、20世紀の欧米諸都市において問題視された「近代都市計画」理論が、その情報が全く封印されたなかで、直訳されたかたちでわが国にもたらされ、法制度化されていったのではないか、という点にある。しかも、その適用モデルが国によって示され、何の疑問も抱かれずに全国各市町村に適用され、それを推進する首長や行政担当者、政治家のもと、一般市民も幸せな市民生活を夢見て盲信した。それが地方都市中心市街の空洞化の呼び水となったように思う。その中でもわが国特有とも言うべき「住むところ」と「働くところ」、つまり住商等の都市機能の解体分離策、それは商業地の高度利用と郊外住宅地の開発を誘導した。そして自動車社会の進行がそれを支えてきた。結果として地方部の公共交通機関の消滅危機に加え、郊外居住者の高齢化に伴う様々な課題も現出しつつある。それを放置したかたちで80年代以降に進められた中心市街活性化策も旧来の手法に留まり、結果として傷口を大きくしていったのではないだろうか。

新都市計画法制定から50年の節目を迎え、近代都市計画はわが日本の国土になにを刻んできたのであろうか。それは筆者が若い頃に訪れ、見聞きした欧米諸都市の都市デザイン手法の試行とは大きくかけ離れたものであった。それを筆者なりに公式視察団や個人調査で再訪し、また大学で学生を教える立場となり、改めてその成果を再確認してきた。本書はその記録集にほかならない。そこで比較して感じるのは、「日本の都市計画こそガラパゴス化してしまった」という厳しい言葉に帰着する。

本書においては、序編として筆者の経験してきた3つの事象を解説する。序章1は冒頭に紹介した「元祖シャッター通りのまち」として知られる故郷の変貌の経緯、序章2としてそこから車で小一時間程度の筆者が関わり続けてきた寂れた港町の再生への道のり、それを比較するのは意味の無いことだが、ともに戦災復興計画を経て80年代より再生事業が同時並行的に進められてきたはずが、その手法は全く異なるものであった。序章3にはポスト「近代都市計画」としての「都市デザイン」の成立経緯を予備知識として解説する。

本編は60年代以降、欧米諸都市が取り組んできた都市デザインを軸とした、まちの賑わい再生の軌跡を紹介しておきたい。第Ⅰ編にまち再生として建築も含む総合的な取組み事例、第Ⅱ編に都市内公共オープンスペースの改善手法を軸としたまち再生の経緯をとりまとめている。中でも欧米事例に拘ったのは、その試行の始まる60〜70年代以降、そしてその成果が着実なものとなった90年代以降、筆者はこれらのまちの再訪を繰り返し、それを確認してきた。その歴然たる事実を提示することが、「都市デザイン」理解の近道と考えたからである。

いまやまちづくりの主体は、旧来の理論に染まっていない若者たちに移行しつつある。その中で、過去のしがらみを排除した新しいまちの再生への試みが、改めて各地で芽生えつつある。例えば、町家再生も含むまちのリノベーション活動、そして公共オープンスペースの積極的活用運動である。ある意味では従来型の「都市計画」とは全く異次元の活動にほかならない。

いずれも60～70年代にはじまる欧米における「都市デザイン」と軌を一にする、「まちへ戻ろう」運動を彷彿させる。それを少しでもサポートするために何が必要なのか、より社会に訴えかけたい。

本稿の内容は『建築ジャーナル』誌２０１２年３月～15年６月の連載「都市計画は誰のためにあるか——建築と都市のはざま」に掲載した海外事例を中心に、また絶版となった２０１２年出版の『都市環境デザインのすすめ——人間中心の都市・まちづくりへ』の内容の詳細解説版としての性格も有し、一部再録・資料の追補も行っている。ちなみに海外都市の情報は、過去に訪問した際の収集資料に加え、各都市の専門家諸氏の論文、文献そして現地自治体等のＨＰなどの情報をもとにとりまとめを行っている点もお断りしておきたい。

改めて、次世代を担う人たちの一助となることを願っている。

２０１７年８月　筆者記す

まちの賑わいをとりもどす——ポスト近代都市計画としての「都市デザイン」◆目次

はじめに…1

序　編　三つの前置き話から——9

序章1　地方中心市街地の空洞化と「近代都市計画」の功罪……10
1　日本で最も先端的な都市計画自慢のまち…10／2　1970年代以降はじまるまちの空洞化…12／3　1990年代〜都市再生事業とその後…13／4　検証・「新都市計画法」制定以降の国内都市の変貌…15

序章2　故郷に程近い港町の再生——門司港レトロの都市デザイン……18
1　レトロをキーワードとしたまち再生＝マスターデザイン方式の試行…18／2　身近な公共オープンスペースの環境デザイン…23／3　歴史的建物の保存・修復・活用への市民の強い意志…24／4　まちの運営をサポートする組織づくりと都市デザイン…25

序章3　「アーバンデザイン会議」から槇総合計画事務所「UDセクション」……29
1　近代都市計画理論的支柱「アテネ憲章」の成立…29／2　アーバンデザイン会議と新「アテネ憲章」…36／3　60〜80年代の槇総合計画事務所におけるアーバンデザイン・セクション…42

第Ⅰ編　欧米諸都市の都市計画の転換——47

第1章　英国における都市回復運動……48
1　ポスト「近代都市計画」の胎動…48／2　英国の都市回復運動その1——チェスター市の中心市街再生…53／3　英国の都市回復運動その2——3つの歴史都市の再生…60

第2章　フランスにおける都市改造試論と「生活街」の保全……71
1　ル・コルビュジェのパリ改造ヴォアザン計画…71／2　1962年マルロー法制定と都市計画法制の改訂…72／
3　パリのまちの下町の再生…73／4　ルーアンの歴史都市再生と歩行者空間整備…79

第3章　ドイツにおける複合型の中心市街再生……84
1　ドイツ諸都市の第二次大戦後の復興計画…84／2　旧西ドイツにおける1960年代の都市計画転換…86／
3　「環境首都」フライブルクの中心市街地再生…87／4　パサージュ手法による商住複合型市街…91

第4章　イタリアにおけるチェントロ・ストリコの再生……97
1　チェントロ・ストリコの衰退と再生…97／2　チェントロ・ストリコの再生と建築家の役割…99／
3　ボローニアのチェントロ・ストリコ再生…100／4　ジャンカルロ・デ・カルロのウルビノ再生計画…105

第5章　アメリカにおける都市デザインの展開……110
1　ボストンの60年代以降の都市計画転換…110／2　サンフランシスコの70年代以降のアーバンデザイン行政…119／
3　デンバーの16番街トランジットモールと歴史的市街の保存再生…134

第Ⅱ編　歩行者空間整備とまち再生――141

第6章　アメリカ歩行者空間整備の光と影……142
1　ニューヨークの公共空間改善――新しい風…142／2　アメリカにおける60年代～の公共空間デザインの系譜と現在…157／
3　90年代以降の〝モール〟衰退にみる中心市街の変貌…162／4　いまも歩行者モールを持続させている小さなまち…171

第7章　歩行者空間先進都市・コペンハーゲンのストロイエ……180
1　1962年のストロイエ＝そぞろあるきの歩行者街路誕生…180／2　拡張されていく歩行者区域＝生活街の復活…183／

3　歴史的港湾地区のニューハウンの再生…184／4　街なかのオープンカフェ・レストラン街の定着…186

第8章　ロッテルダムのラインバーンから各地の歩行者空間へ……188

1　計画的歩行者空間──ヤコブ・バケマのラインバーン復興計画…188／2　デン・ハーグの歩行者街路から区域への発展…195／3　オランダ国内への歩行者街路・区域の普及…199

第9章　ドイツ諸都市における歩行者区域──線から面へ……201

1　エッセンにおける中心街路の歩行者空間…201／2　シュツットガルトの「環境都市計画」と歩行者区域…205／3　ミュンヘンのオリンピックを契機とした歩行者街路網…211／4　小さなまち・ハスラッハのシェアド・スペース…217

第10章　英国の歩行者空間の発展そしてシェアド・スペースへ……221

1　英国初の中心市街の歩行者街路の出現──ノーリッジ…221／2　リーズの歩行者区域──モール街と歴史的アーケードの連携…226／3　ブライトンのシェアド・スペース＝ニューロード…231

第11章　フランスの最先端シェアド・スペースと歩行者街路……235

1　ナントの「50人の捕虜通り」＝最先端シェアド・スペース…235／2　ストラスブールのＬＲＴを軸とした都市再生と歩行者空間…242／3　フランス諸都市における歩行者空間の拡大…247

補遺編　「まち再生」への期待──255

1　「近代都市計画」の超克…256／2　地方中心市街地再生への期待…258／

あとがき…273

引用文献・ＵＲＬ／参考文献リスト…277

序編　三つの前置き話から

写真0・1　筆者の故郷のまちのかつて賑やかだったシャッター通りのアーケード街、いまは歩く人もまばらな空疎なまちとなってしまった（2016年8月撮影）

序章1　地方中心市街地の空洞化と「近代都市計画」の功罪

1　日本で最も先端的な都市計画自慢のまち

　あらためて故郷のまちの戦後の都市計画から始めよう。国内の多くの都市が経験したように、第二次大戦末期の空襲で中心部が灰燼と化し、戦後すぐに約２００haの焼け跡を対象とした戦災復興土地区画整理事業が施行され、まちの装いは一新した。それが収束したのは筆者が小学校に入学したばかりの頃、市民会館前広場での市内の小学生を集めた行事の場で当時の市長さんが発した言葉が「このまちは日本で最も進んだ都市計画を取り入れ、広い道路やまちの区画が造られています。これからは発展……」という意味であったと記憶する。その先端性を象徴するのが幅員50ｍの街路、人口17万人の地方都市には似つかわない広さで、その両端に大きな循環式交通広場（ロータリー＝ラウンドアバウト）があり、中央サークルには花壇が設けられてあった。明らかに都市美を意識したと思われるこの復興計画を担った技術者は誰なのか、これを筆者なりに追跡してきた。

　たまたま文献で知ったのが学生時代の隣学科の今は亡き教授の経歴に見る「戦災復興院嘱託」の文字、そして別の史料に復興に関わった都市のリストの中に故郷の名が記されていた。戦前は世界的に名高い建築家ル・コルビュジェの直弟子の設計事務所を経て、出身大学の講師、戦後は復興院嘱託と

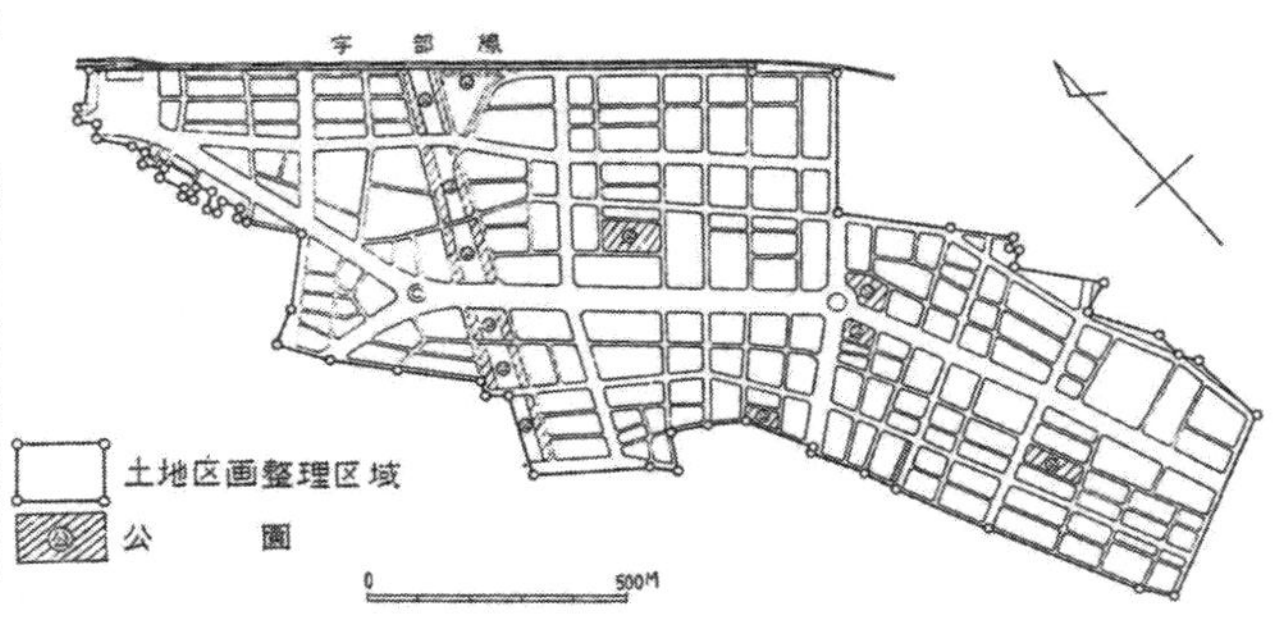

図０－１　故郷のまちの中心部の戦災復興計画街路図、出典：戦災復興誌第６巻（都市編第３）

して復興計画に従事、その後大学に戻り、教鞭の傍ら建築家としても活躍されている。復興院出向時の年齢を逆算すると弱冠26歳、廃墟となったまちに理想の復興モダニズム都市を造り上げるという意気込みがあったと推測しうる。しかし、建築作品や論文、雑誌原稿等を多数遺された方にしては、この復興計画に関する記述は見当たらない。それは今も残る疑問の一つでもある。

その後、調査を続ける中で、同氏は県内のもう一つの市の復興計画を担当されたことを知る。しかも国内各地の戦災復興計画は建築と都市計画の二人の技術者がペアで現地に赴く仕組みで、都市計画担当は新たな土地利用計画を指導する役割を担ったという（出典：注0-1）。その同行された方が筆者の大学時代の都市計画を教わった教授で、国・建設省（当時）を経て、61年の学科創設に加わり、土地利用計画の重要性を説かれていた。その現地訪問日程から見て、両市の復興計画を担当されたと見てほぼ間違いないはずである。その当時を推察すれば、地方の役人の方々には、最先端の都市計画を知る絶好の機会となったに違いない。それが冒頭の市長さんの言につながったのであろう。

戦災復興計画の街路設計基準（注0-2）を照合すると、人口規模は中小都市の部類に入るが、あえて大都市並みの道路幅員構成を目指していたことが判る。また沿道を含め、広範な区域が商業地に指定されたことも合点がいく。50m道路は中央に広々とした車道、両側にグリーンベルトと側道そして広い歩道の立派な設えで、後に国道に指定されている。そしてその国道の海側に並行して連なる2つの商店街通りがあり、ハイカラなアーケードが架けられ、その周辺にはデパートなどの大型店が立地し、多くの買物客で賑わっていた。筆者は市街から10㎞余り離れた田舎育ちで、幼いころから親に連れられ、まちに行くのが楽しみでもあった。街外れの高校へは電車とバスの乗継ぎで、多くの学友が商店街周辺の自宅から自転車通学していた。商業地であっても、そこには地域に根差した「生活街」が定着していた。今思えば、まさに職住一体型の中心市街の姿、それは60年代末までの記憶である。

注0-1　出典：戦災復興院嘱託制度による戦災復興計画と計画状況に関する研究―戦災復興計画研究その1―石丸紀興、広島大学建築学科助手―当時、昭和57年度第17回日本都市計画学会学術研究発表会論文集

注0-2　戦災復興計画街路設計基準
イ、街路網は都市集落の性格、規模並に土地利用計画に即応しこれを構成すると共に、街路の構想においては将来の自動車交通および建築の様式、規模に適応せしむることを期し、かねて防災、保健および美観に資すること
ロ、主要幹線街路の幅員は中小都市において36米以上、大都市においては50米以上、その他の幹線街路は中小都市においては25米以上、大都市においては36米以上、補助幹線街路は15米以上とし、やむを得ざる場合といえども8米を下らず、区画街路は6米以上とすること
ハ、必要の個所には幅員50米ないし100米の広路または広場を配置し利用上防災および美観の構成を兼ねしむること
出典：国際交通安全学会270プロジェクト報告書「文化遺産としての街路・近代街路計画の思想と手法」中村良夫、篠原修他著、財団法人国際交通安全学会（1989/7）

２　１９７０年代以降はじまるまちの空洞化

たしかに筆者が離れる70年までは実に元気なまちであった。それが後になって大きく変貌する。後に判明したのだが、学友の家族の多くが郊外住宅地に転出し、商店街へは自動車で通勤するスタイルが定着する。国道の自動車交通量は飛躍的に増大し、両端の節目にあったロータリーはいつの間にか信号交差点に改造されていった。そして街なかにあった複数の大型店舗が閉店し、個店も続々と店じまいという状況を迎えるのであった。

振り返ってみれば、経済の高度成長期の１９６８（昭和43）年に新都市計画法が制定され、それに伴い、このまちも新たな時代の発展するまちの夢物語が描かれることとなった。それは市街化区域と調整区域の線引きであり、自動車社会に対応するかたちで新たに造られ、また拡幅される道路網、中心部の商業発展そして郊外住宅地開発など、当時の地元新聞の記事にその高揚する市民意識が描かれていたような記憶がある。いま思えば、土地利用区分は商業地域に指定されるも、従来からの職住一体化の暮らしが続いてきた。しかしこの新制度を機に大きく変化したことは想像に難くない。

郊外部に関しては、田舎を走る国道も拡げられ、また新たにバイパスが設けられていく。また農村地帯を走る農免道路も造られていく。その結果、車の移動時間が大幅に短縮され、まさに車は一家に一台もしくは数台所有の生活必需品となる。農地は転用され、山林は切り拓かれ、新たな住宅地が出現する。そこに中心市街から脱出する人たちの受け皿となるショッピングセンターも進出し、理想の郊外居住地が形成されていくのであった。

中心部の新しい都市計画では土地の高度利用を促進させるべく高い容積が認められ、周囲が徐々に

写真０-２　故郷のまちのシャッター通り商店街

写真０-３　もう一つのアーケード街も同様に半ばシャッター通りとなっている

中高層化していく姿を見れば、経済的余裕のある人は当然のことながら転出への道を歩むことになる。先祖からの営業を受け継ぐ親世代はまちに残り、息子は郊外ショッピングセンターのテナント営業といった多角経営商店も出現する。かくして中心部は高齢営業者となり、時間の経過とともに店は閉鎖し、通りはシャッター街への道すじを辿っていく。そして、長い間続いてきた生業と居住の併用を前提とした地域コミュニティは崩壊していく。このような風潮は周囲の一般居住者へも波及し、それは結果として商業地と住宅地の完全分離を誘導していった。

実は筆者は、故郷を離れ大学で都市計画を学び、建築家・槇文彦氏の主宰する槇総合計画事務所での実務10年の後に小さなアトリエ事務所ながら独立し、程なくして、故郷から車で小一時間の港町の再生に関わることとなる。それは80年代から始まり、ほぼ4半世紀の間のお付き合いとなった。残されてきた歴史的資産の保全・修復と合わせ、水辺遊歩道や緑地整備など、市民目線でのまちの魅力創出に徹してきた。これこそ60年代後半から欧米で始まる「都市デザイン」手法の実践でもあった。

写真0・4　かつての大型店の跡地の青空駐車場

3　1990年代〜都市再生事業とその後

港町の再生に関わる傍ら、気になるのが故郷のまちの状況でもあった。その間に実家からは地元新聞にまちの賑わい復活のための計画や事業の報道があれば、それを切り抜いて送ってくれた。その計画案が公表されるのが80年代以降、それは国の支援を受けた様々な都市改造試案であった。商店街のアーケードを一新し、大型の来客駐車場を造成するなどの近代化事業であったと記憶する。しかし、地元機運が高まらず計画は頓挫する。

それが、90年代以降始まる中心市街地活性化法制定を機とする都市再生整備に市もいち早く名乗りを挙げ、国の支援を受けた街なか再生土地区画整理事業が一帯の未戦災区域に適用される。空き店舗や背後の空き家が取り払われてさら地となった後に、道路と団地然とした借り上げ公営住宅群が建設された。それは当時の国の都市再生施策のモデルとして紹介されるなど、期待されたはずだったが、その実態は「団地」の前面に大きな青空駐車場が広がり、低層部の店舗予定地は長い間空き家状態が続いた。第一期計画は実現したが、その事業効果と多額の市費投入に批判的な市民層の声で、その後の計画は凍結されてしまった。

次に始まったのが、団地に隣接した区域の空き家群の一部が取り払われ、どこかで見かけたような多目的交流スペースの芝生広場とコンテナハウスの多世代交流拠点が建てられている。芝生広場でのオープニングイベントには多くの市民が参加していたが、これが日常的に使われるか否か、すべて地元の今後の活動に委ねられる。

一方の農村部においても様々な課題が残る。農業従事者の高齢化、離農の問題も孕むが、田圃を造成した土地に郊外ショッピングセンターが続々と進出し、田舎の商店も閉店する。地方は完全に自動車依存に陥り、皆歩くことを忘れてしまった感がある。高齢の親を抱える家庭では、病院への送迎役を主婦が担い、それが難しい人は旦那が仕事を休んでそれをサポートする。中高生の通学はいまも電車やバス利用だが、これも利用者減で駅は無人となり、運行本数は筆者の時代からは激減した。郊外住宅地も核家族化が進み、子供が親元を離れれば高齢夫婦のみとなる。いずれ運転免許返納の齢を迎える訳だが、買物・通院難民も時間の問題なのかも知れない。

このように、地方のまちはこの半世紀の間に、中心市街そして郊外・農村地帯ともに大きく変貌を遂げてきたのである。

写真0-5　区画整理完了後の広大な青空駐車場と背後の「団地」

4　検証・「新都市計画法」制定以降の国内都市の変貌

以上は筆者の身近なまちの変貌ぶりだが、このような現象こそわが国の地方部にほぼ共通して起きている。話を70年代に遡り、その空洞化のきっかけになった様々な事象の解読、そして諸外国のインナーシティ問題を研究していく過程で筆者なりに感じたのは、ほぼ半世紀前の68年に制定された新都市計画法の地方中小都市への適用段階で大きな間違いを冒してしまったのではないか、というのが偽らざる疑問である。当時は地方自治体には都市計画の専門職も不在、国の基準に従って民主的に適用されたというが、そもそも欧州にはじまる近代都市計画理論を人口急増下の大都市圏ならいざ知らず、地方部に急いで適用する必然性があったのか、という疑問が筆者の頭の中によぎる。

新都市計画法の基本理念が１９３３年のＣＩＡＭ（近代建築国際会議、注０‐３）において採択された「アテネ憲章」に立脚していることは周知のことだが、それが現実の都市に適用された場合の問題分析が甘かったようにも思える。と言うのは、その当時いち早く「アテネ憲章」を導入した欧米先進諸都市において様々な問題が露呈していた。これは結果論だが、その情報が全く封印されていたことも大いなる疑問でもある。筆者たちが大学で教わった「アテネ憲章」は、都市の機能を「住む」「働く」「憩う」にゾーニングし、それらをつなぐ「交通」を計画的に配置する。それは産業革命を経て混沌とした都市の状況下で人々の健全な暮らしを保障するための計画論として始まり、交通インフラの整備を促し、自動車社会の進展を支えてきた（注０‐４）。

それが、既成都市の解体そして中心市街の空洞化というインナーシティ問題として、欧米の先進諸都市においては30～50年代に深刻化した。それを解消すべく中心部の道路整備や再開発を積極的に

注０‐３　ＣＩＡＭ（近代建築国際会議＝仏：Congrès International d'Architecture Moderne）ル・コルビュジェ、ギーディオンらが中心となり、１９２８年から59年にかけて世界の先端的な建築家たちが集まり、建築や都市の将来のあり方について討論した。それを機にモダニズム建築が世界に普及し、都市計画の面では33年に採択された「アテネ憲章」が世界の都市計画の規範となるなど、20世紀の建築・都市計画の世界に大きな影響をもたらしたとされる

注０‐４　参考文献：『アテネ憲章』（ＳＤ選書１０２）ル・コルビュジェ（著）、吉阪隆正（翻訳）鹿島出版会（1976/1）

進めるも、却って中心市街の衰退を助長することとなり、60年代末には大きく見直しされていく。その結果、わが国の新都市計画法のモデルとされた英国の１９４７年都市農村計画法（Town and Country Planning Act 1947）はまったく同じ68年に全面改訂され、１９６８年都市農村計画法（Town and Country Planning Act 1968）に改められる。名称は制定年が変わっただけだが、中身は大転換と言ってもよい。そして、周辺諸国でも次々と都市計画法制の修正が加えられた。しかしわが国は、英国の全面改訂と同年に旧法の翻訳版をモデルとする新都市計画法を制定し、全国にその適用を進めていく。

一番気になるのが、都市の成長管理策である市街化区域・調整区域の区分だが、当時の日本経済高揚期の民主主義時代の中で、住民意見を尊重する形で多くの都市において過大に線引きが行われた節がある。それは郊外の農村地帯にまで市街化区域が広がっていることで合点がいく。そこには本来持つべき成長管理の観点は捨象され、結果として都市の膨張・拡散が誘導される。中心市街地の空洞化の激しい都市は明らかにその区域が過大に設定されている。一方の中心市街の商業地も高度利用を図るべく高容積率が与えられ、後に日影規制の対象外とされるなど（注０‐５）、土地の高度利用・立体不燃化の掛け声の下で、住民の脱出が進行する。そして郊外と中心部を結ぶ道路網も、自動車社会の進展とともに道路拡幅やバイパス建設などの整備、そして郊外住宅地の開発が進められていく。それを支えるために国会でガソリン税等の道路特別会計制度が成立したことも、その促進に大きく寄与していくのである。それは郊外居住者の増加、そして自動車保有率の上昇にもつながる。それは地方部の自動車社会の進展をもたらし、郊外ショッピングセンターの進出、そのなれの果てが中心部の「シャッター通り」現象、そして虫くい状に広がる青空駐車場と言ってもよい。

この光景は全国の地方中小都市に共通の現象と言わざるを得ない。あらためてそれ以前の地方の状況を確認してみよう。封建社会の江戸期は城下町や門前町、宿場町などの形態でまちが形成されてい

注０‐５　１９７６（昭和51）年の建築基準法改正に伴い、新たに日影規制が導入されたが、商業地域内は対象外となった。その意味では、商業地の日照権は事実上消滅した

写真０‐６　田舎の田圃を造成し出現した郊外ショッピングセンター

るが、それを支えたのが後背地である農村地帯などで、その発展は街道筋そして水運によって支えられてきた。それが明治の文明開化以降、鉄道の発達や各種近代工業の勃興や産業の興亡などで大きく状況は変化するも、まちの中心市街の形態は職住近接型の都市の姿を保ってきた。そのまちの賑わいぶりを計るバロメーターとして人口データが用いられることが多いが、そのピークは大正ロマンや昭和レトロの時代と思いきや、第二次大戦後の昭和の中期つまり1950~60年代、それは後背地である農村地帯が戦後の農地解放を経て、小作から自作農への転換による生産性向上の時期に符合する。地域経済は活況を呈し、中心市街地は大いに繁栄していた。筆者の故郷も近代化以降に石炭の採掘とともに工業化の道を歩み、その時期には大きく発展期を迎える。その産業はいまも堅調だが、まちの中心部が前掲のように全く空っぽになってしまったのである。

序章2　故郷に程近い港町の再生――門司港レトロの都市デザイン

前掲のように、筆者は故郷から自動車で小一時間程度の九州の港町の再生に関わることとなる。それは80年代から始まり、ほぼ4半世紀もの間のお付き合いとなったが、今ではその地域で最もトレンディな街と言われ、観光ガイドブックの表紙を飾るなどの事業効果が着実に顕れている。その間のわが国のバブル経済崩壊の時期でも周辺地価の下落は見られず、着実に若者の「住みたいまち」の筆頭格に挙げられてきた。いつの間にかウォーターフロントの近傍には多くのマンションが建設され、それによる景観問題が起きるという弊害も生じている。とは言え、今では多くの来街者を受け入れるまちとなり、お店も増えるなど着実に筆者の目指す「生活街」の再興への手応えを感じている。ここでは残されてきた歴史的建物等の環境資産の保全・修復と合わせ、水辺のプロムナードや街なかの道路や広場空間整備など、市民目線でのまちの魅力創出に徹してきた。これこそ、1960年代後半から欧米諸都市で展開された「都市デザイン」手法実践の国内版にほかならない。それは港町発祥の水面の埋立計画そして道路計画の根本見直しから始まった。

1　レトロをキーワードとしたまち再生＝マスターデザイン方式の試行

そのまちこそ九州北端の福岡県北九州市門司港地区である。この港町は、大正から昭和初期の時

写真0・7　わが国初の木造鉄道駅舎として重要文化財指定された門司港駅舎と前面の駅前歩行者広場（レトロ広場）の風景

写真0・8　保存された第一船溜まりの水面とはね橋（中央）、門司港ホテル（左、アルド・ロッシ設計）、旧門司税関（右）

代には「横浜・神戸・門司」と並び称される国際貿易港として、欧州・アメリカそしてアジア・中国などの航路、そして本州とを結ぶ関門連絡船によって、まさに九州の玄関口となり、日本銀行をはじめとする各銀行・商社・新聞社の街並みが形成されるなど繁栄の歴史を持つ。それが第二次大戦の空襲による被災、戦後の大陸貿易の途絶などで、まちの様相は一変する。戦後の復興によって一旦は賑わいを取り戻すが、60年代以降の自動車社会の進展、港湾機能の外延化、そして連絡船の廃止などで寂れていった。

このまちの再生が始まるのは昭和の末（80年代後半）、筆者はその再生事業の初期段階から継続して関わってきたが、この再生プロセスは実に多くの幸運に支えられてきたように思う。ここに改めて整理すると、①戦災復興計画にみる歴史的建物の保存と界隈性の尊重、②既定計画の大胆な見直し――水面埋め立て回避、の決定が時の担当者および行政トップの判断でなされたことが実に大きいのである。

それを受けて筆者たちが進めていったのが、海への眺望に配慮した身近な公共オープンスペースの環境デザインの先行整備、歴史的建物の保存・修復・活用への市民の強い意志、まちの運営をサポートする組織づくり、の3本柱と言えるだろう。今振り返れば、その手法・プロセスは従来型のマスタープランに基づく都市改造手法とは異なる、まずは既定計画の見直しとその時の状況に応じた柔軟な

図0-2 門司港レトロ散策マップ2016年版の部分図（筆者が一部追加、凡例記入）

方向性の提示であり、既存資産の保存ときめ細かい環境改善の積み重ねと言ってもよい。当初段階でこの方式は大都市のマスタープランづくりに精通された諸先輩方から批判も戴いたが、これをあえて貫き通したのである。

（1）戦災復興計画にみる歴史的建物の保存と界隈性の尊重

1945（昭和20）年6月の空襲によってまちは灰燼と化すが、現存する幾つかの歴史的建物も含め、銀行や商社のレンガ造やRC造の堅牢建築が焼け残る。戦後の復興のための土地区画整理事業が適用されることとなったが、これらの建物群を避ける形で道路拡幅が行われ、また焼失から免れた木造建物の路地も、同事業のなかで幾筋かが私道として残されることとなる。そこは地元の人だけでなく、多くの来街客も訪れる実に魅力的な飲食街となっている。おそらく当時の事業を担当された技術者の方々が、この路地を継承すべく工夫されたのであろう。その努力が現代に繋がっているような気がする。

また復興の象徴となった当時の先端的なRC造の防火建築帯街区とアーケード街、そのすぐ裏手の路地飲食街、そして市場街、かつての料亭街など、あたかもタイムスリップしたかの感のある界隈が随所に展開する。このまちに何度も訪れるリピーターは、そこに惹きつけられるという。その風情ある生活街こそが、観光テーマパークと異なる最大の要素と言ってもよい。

（2）既定計画の見直し——水面埋め立て回避

しかし基幹産業であった港の機能が衰退したこのまちも70年代には残された民間の歴史的建物の維持が困難となり、解体話が進む。市もまちの再生を図るべく、港の埋め立てと国道198・199号

写真0-9　戦災復興土地区画整理事業の中で私道として温存された路地、飲食店が並ぶ人気の界隈

写真0-10　復興の象徴となった当時の先端的なRC造の防火建築帯街区とアーケード街商店街

線の交通量緩和のためのバイパスとなる新たな臨港道路（当初4車線）計画を策定する。埋立造成と集客施設の誘致を目指すその計画は国の港湾審議会を経て、83（昭和58）年に国の認可が下りる。それは門司港発祥の水面（1889［明治22］年築港）の消滅と、後に保存修復される旧門司税関、旧大連航路上屋の解体をも意味していた。それを受ける形で88（昭和63）年に「門司港レトロめぐり・海峡めぐり推進事業」基本計画が策定され、その際に臨港道路は2車線に縮小される一方、バイパス機能は国道199号と山側の国道3号線の連絡跨線橋清滝西海岸線の道路新設・拡幅に切り替えられていく。

そこに当時の新市長・末吉興一氏（市長在任87〜07年）の誕生によって、事業推進と合わせ、計画の見直しがスタートし、幸運にも89（平成元）年の第一船溜まりの埋立て回避の決定が下される。その背景では、地元企業や在京地元出身の有力企業やディベロッパーによって構成される「門司港開発準備会」が組織され、民活すなわち民間参画の具体策を議論する場で、埋立てに疑問の声が挙がっていた。筆者

図0-3 1988（昭和63）年に策定された「門司港レトロめぐり・海峡めぐり推進事業」基本計画鳥瞰図。当時の計画では明治22年の歴史的港湾・第一船溜まりは埋立てされ、部分的に残された水面に帆船が浮かべられる案となっていた

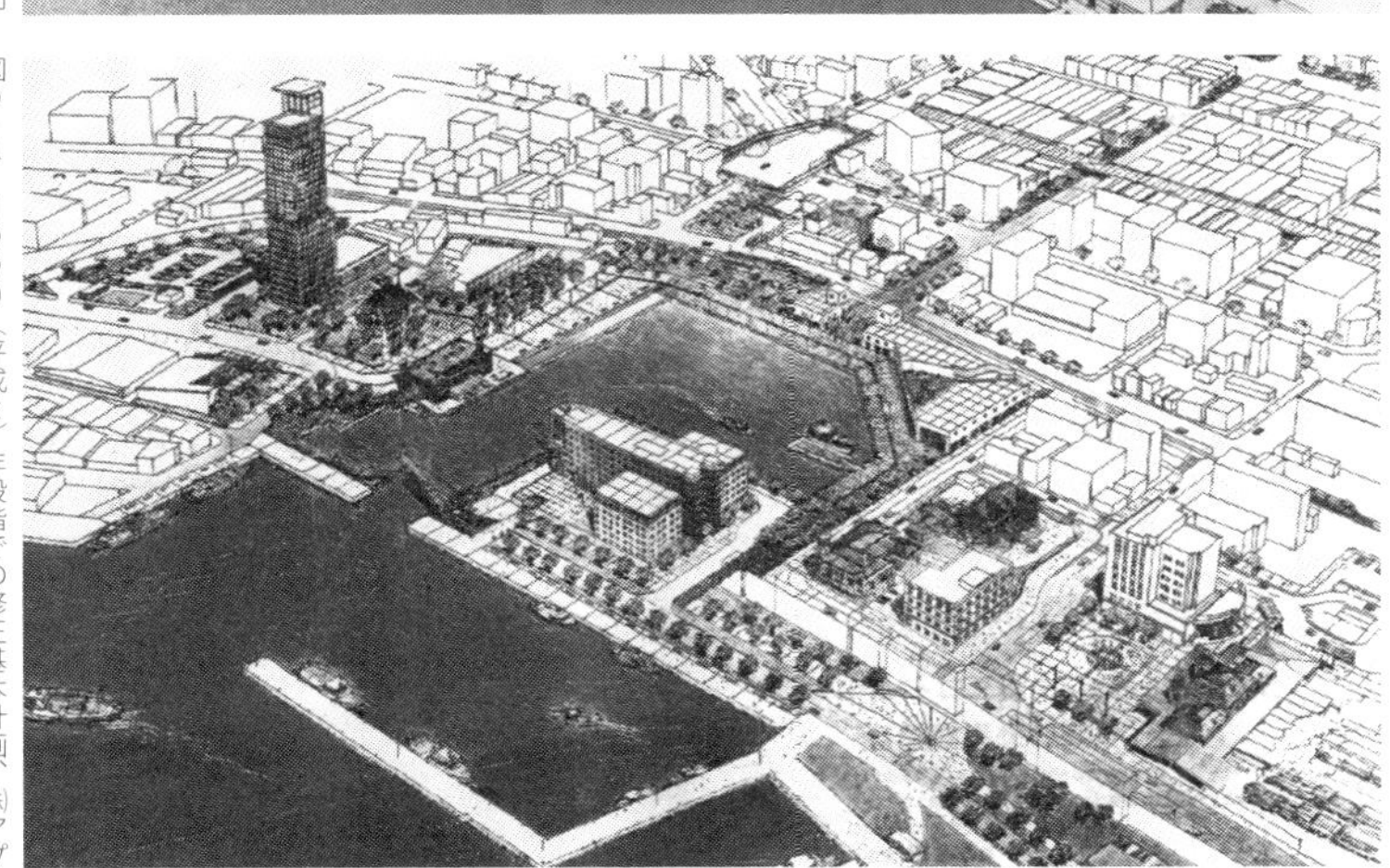

図0-4 1990（平成2）年段階での修正基本計画、㈱アプル総合計画事務所作成。歴史的港湾である第一船溜まりの埋立て回避、臨港道路の中断、歩行者専用の跳ね橋への変更が確定した。左上の煉瓦造の三菱倉庫は解体され、超高層マンション計画が進められることとなった

写真0-11　関門海峡を望む西海岸緑地（港湾緑地）、ここが環境花火大会の絶好の観客席となる

写真0-12　重要文化財の門司港駅駅舎正面のレトロ広場で開催されたフリーマーケットの光景

写真0-13　旧門司税関とはね橋、緑地、ともに臨港道路の計画見直しで残され、また実現した施設

写真0-14　港湾緑地の一角、地元飲食店の面する部分の滲み出し営業の占用許可対象となっている

図0-5　89年当時のアメリカの組織設計事務所RTKL社の作成した民間主導の整備基本計画の第一船溜まり周辺の部分図。当初提示された案では第一船溜まり周辺は低層商業施設が配され、旧海岸線に沿って水路が設けられ、そこにボートが行き来するというものであった。筆者はボルチモア（アメリカ）やシドニー（オーストラリア）のウォーターフロント整備やサンアントニオ（アメリカ）のような手法が当該地に成立するのか、と疑問を呈して発言、それが地元の方々に受け入れられたことが、その後の永いお付き合いになったとされる

もこのプロジェクトへの参画にあたって埋立計画の見直しを強く要請したという経緯もある。

　また街路や広場、緑地などを中心とする公共空間の計画設計者の選定にあたっては、市長の「門司港の再生には時間がかかる、若い有能な専門家を登用せよ」という檄を受け、何人かの候補者の中から、幾つかの選定過程を経て、白羽の矢が立ったのが当時36歳の筆者であった。そのヒアリング対象は槇総合計画事務所時代に関わったことのある自治体関係者やこの分野の諸先輩方であったことを後年に知る。

　計画着手に先立ち行った現地での市の若手担当者たちとのブレインストーミングでも、その見直しの必要性についてはほぼ共通のコンセンサスを得た。それが短時日の間に市長決裁そして国の水面埋立て認可取り消しに至ったのは、その当時の参加メンバーの強い意志が行政トップを動かし、国との調整役の担当者も一丸となったことで実現した。それも第二の幸運と言えよう。

2　身近な公共オープンスペースの環境デザイン

埋立計画の回避を前提とする民間開発の事業化も急がれ、同年には計画設計者としてアメリカの組織建築設計事務所ＲＴＫＬ社が選定される。かくして筆者たちとの二人三脚の計画づくりが始まるのだが、民間開発は事業採算面や調整に時間を要し、同社は基本計画案（図０－５）を残し、撤退する。その結果、当面公共主導の部分から先行着手されることとなった。

その整備方針を定めた「門司港レトロ地区基本デザイン計画」の策定は同年度末（１９９０［平成２］年３月）だが、実は街路や緑地の環境整備事業（当初３か年事業、のちに継続延長）の設計活動も同時並行で進められ、年度末には一期事業が完成、その評価を受け、翌91年から港湾緑地などの設計も加わることとなる。そこで提示した公共空間整備の方向は、①水際線の市民開放、とりわけ関門海峡の行き交う船や自然景観の享受、そのための港湾緑地や歩行者プロムナードの実現、②極力本物志向の素材や意匠、これはレトロ＝時間軸ととらえ、風化しないデザインすなわち時代の先端の素材や意匠を追求する、③風景の主役・脇役の見極め、歴史的な建造物や海峡の風景を主役と見做す、などであった。それは地方のまちゆえに民活事業の先行き不透明の中で、結果として、小さな環境改善を囲碁の布石のごとく連鎖的かつ継続的に展開することとなった。

これは敢えてマスタープラン手法を否定し、整備の方向性を環境改善の実現を通して、これを市民に提示することにほかならなかった。ある意味ではマスターデザイン方式と言うべきであろうか、方向性は堅持しつつ、整備効果をその都度検証しながら次の布石を考える。それを選択したのは地方都市ゆえに、民間需要は限られる。それを検証しつつ、次を判断という方法論を選択した。その整備対

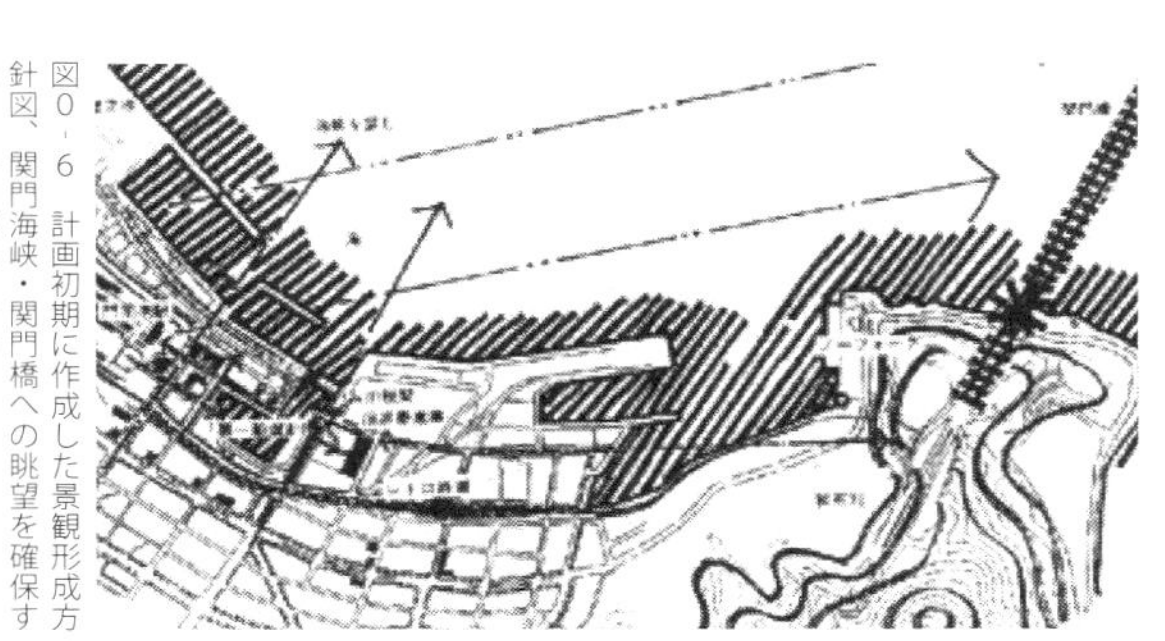

図０-６　計画初期に作成した景観形成方針図、関門海峡・関門橋への眺望を確保することを目指してきた

写真0-15　旧門鉄会館・元門司三井倶楽部、1921年築、原設計：松田昌平、重要文化財、94年修復移築

写真0-16　旧門司税関、1912年築、設計：妻木頼黄・咲寿栄一、94年改修工事完成

写真0-17　旧大阪商船三井ビル、1917年築、原設計：河合幾次、95年改修工事完成

写真0-18　旧九州鉄道本社・現九州鉄道記念館、1891年築、2003年改修工事完成

象は港湾緑地・はね橋・プロムナード、駅前広場、歴史的建物外構等の公共空間全般に広がり、歴史的建物の保存改修、まちのエリアマネジメントとの相乗効果を発揮していった。

3　歴史的建物の保存・修復・活用への市民の強い意志

門司港地区の歴史的建物の保存にいち早く賛同を示したのがJR九州で、門司港駅舎が88（昭和63）年に木造駅舎としてはわが国初の重要文化財に指定され、90（平成2）年に改修工事が完了している（注0-6）。次いで木造の旧門鉄会館（現・旧門司三井倶楽部）も当時の国鉄清算事業団から市に寄贈され、重要文化財の指定を受け、建築基準法第3条適用で駅前の旧三井物産門司支店（注0-7）の向かいの商業防火地区内への移築が可能となり、保存改修が92（平成4）年に完了する。またかつて

写真0-19　旧大連航路上屋、1929年築、原設計：大熊喜邦、2013年改修工事完成

注0-6　門司港駅駅舎：ドイツ人技師設計との説、仔細不詳、1914（大正3）年築、2011～18年の間は駅舎再改修工事、重要文化財指定（1988年）、写真0-12

注0-7　旧三井物産門司支店ビル：設計・松田軍平、1937（昭和12）年築、後にJR九州本社ビル↓現・関門海峡ライブ館

注0-8　旧三菱倉庫：1918（大正7）年築、煉瓦造平屋建、93年解体、現ハイマートマンション位置

注0-9　旧明治屋門司支店：1909（明治42）年築、煉瓦造2階建、設計：曾禰達蔵、2005年解体、現民間マンション位置

臨港道路建設で消滅する憂き目にあった旧門司税関（95年改修）も見直しで港湾緑地の休憩所として保存修復され、旧大阪商船三井ビル（同年改修）も展示施設として修復活用される。国道3号線の拡幅に伴い移築か解体かの選択を迫られた旧九州鉄道本社建物も線形の見直しを行った結果、現地保存となり、今は九州鉄道記念館として活用されている。旧大連航路上屋も臨港道路見直しで保存され、後に港湾緑地の休憩所・展示イベント施設として活用されることとなり、13年に改修が行われている。

しかし、市井の残された歴史的建物の幾つかは、残念ながら民間マンション建設や駐車場としての活用のために解体された。例えば、旧三菱倉庫（注0‐8）、旧明治屋門司支店（注0‐9）、旧大分銀行、旧日華ビル、旧旭湯などの建物である。まちの再生が歴史的建物の解体を招くというジレンマもある。そのなかで由緒ある木造三階建ての旧料亭の三宜楼（注0‐10）が保存活用されたことは、地元市民の思いが行政を動かした結果でもある。

4　まちの運営をサポートする組織づくりと都市デザイン

門司港の再生が大きく進展していった背景には、前掲のように地元企業や市民層のサポート組織の存在がある。計画初期段階からハード面の設計を担当する傍らで、市担当者にその運営組織の立ち上げを委ね、門司港駅前歩行者広場（レトロ広場）の完成に3か年の工期が設定され、その間に活用主体となる組織が成立、それが95（平成7）年の「門司港レトロ倶楽部（注0‐11）」の発足につながる。以来、駅前の広場では年間280日近くのイベント等利用がなされ、そして船溜まりや周囲の歴史的建物の内外で、様々な企画がなされ、市民もそれを楽しみ、参加する。各地で注目されるエリアマネジメントの草分け的な存在と言える。

写真0‐20　昔ながらの飲食店の連なる界隈、突き当りは木造3階建ての旧料亭の旧三宜楼の建物

注0‐10　旧三宜楼：1931（昭和6）年築造、明治から昭和にかけての国際貿易港門司港の代表的な料亭、木造三階建、昭和30年代廃業の後、2007（平成19）年地元有志の募金活動により土地を取得、市に無償譲渡の後、2014（同26）年改修され、公開される（改修設計：青木茂）

注0‐11　門司港レトロ倶楽部：門司港地区の観光振興と地域の活性化を地元・民間・行政が連携し一体となって推進することを目的として95年に設立され、様々なまち興し活動を展開している

写真0-21　門司港駅前広場（レトロ広場）で開催されるフリーマーケット

写真0-22　門司港駅前広場を園庭替りに活用、噴水で遊ぶ近所の保育園の子供たち

写真0-23　旧門司税関脇の親水テラスでのイベント開催時の子供連れで賑わう光景

写真0-24　親水テラスは夏の満潮時には子供たちの即席のプールとなる

その間、93年の旧三菱倉庫跡地の高層マンション反対運動に端を発する「門司の景観を考える会」の発足、市条例に基づく景観ガイドライン、対岸・下関市（山口県）との海峡を挟んだ「関門景観協定（98年、3年後に条例移行）」などへとつながっていく。今では門司港レトロ倶楽部を中核とする「レトロ基金委員会」「門司港まちなみづくり協議会」「門司港アート懇話会」など様々な活動が展開する。このように身近な環境改善そして建物保存といった目に見える事業の積み重ねが、多くの市民の共感を得て、そしてまちの運営組織を成熟せしめてきた。それがこの港町へのリピーターを増やし続ける大きな要因とも言えよう。

ある意味ではハード面での港湾施設や道路は土木の領域で、歴史的建物保存修復は建築領域、そして都市空間を舞台としたランドスケープデザイン、工業デザイン、そしてまちの運営ソフトなど、これらを統合し、まちの活性化を目指すこと、これこそ後述する欧米各都市において台頭してきた「都

図0-7　門司港レトロ倶楽部のサイト
出典：http://www.retro-mojiko.jp/

市デザイン」手法にほかならない。それを経年的に行うことによって、地元市民の意識も大きく変わっていったと見たい。それはまちの魅力づくりにもつながり、多くの来街者を受け入れるまちに変貌していった。

ちなみに筆者が連続的に関わった十数年の間に、年間の観光入込客数は事業前と比べ5倍近くにまで連続的な伸びを示してきた。その永年の環境改善の積み重ねが評価され、２００１（平成13）年に始まる土木学会景観デザイン賞最優秀賞の第一号を受賞し、地元ホテルで地域の方々がお祝い会まで催していただいた。その賑わいの復活ぶりはインターネット上で「門司港レトロ」のキーワードで検索されれば、お判り頂けるであろう。それにはこのまちに愛着を持ち、ここに定着する多くの市民の存在があり、彼らがこのまちの歴史的資産などを守り続けて来たのである。そして観光ボランティアとしてそれを支えてくれている。その活きた「生活街」の存在が多くの来街者を惹きつけ、リピーターとして何度も訪れるまちにつながったとも言えるだろう。

ただし、街なかには空き店舗も存在し、港湾倉庫街の一部も30年前の雰囲気がそのまま残る。80年代以降、欧米の港湾都市のウォーターフロント再生の成功の報を受け、国内でも各地でその再生プロジェクトが進められたが、多くが厳しい結果を招いている。その中で唯一に近い成功例と紹介される門司港だが、これは臨港地区の広がりが狭く、地元市民の活動がウォーターフロントにまで及ぶという幸運にも恵まれている。しかし旧倉庫街の再生はわが国特有の住宅転用規制で着手できない。ここにも近代都市計画の掲げた用途分離の思想が厳然と残されている。その意味ではまだまちの再生は道半ばなのである。

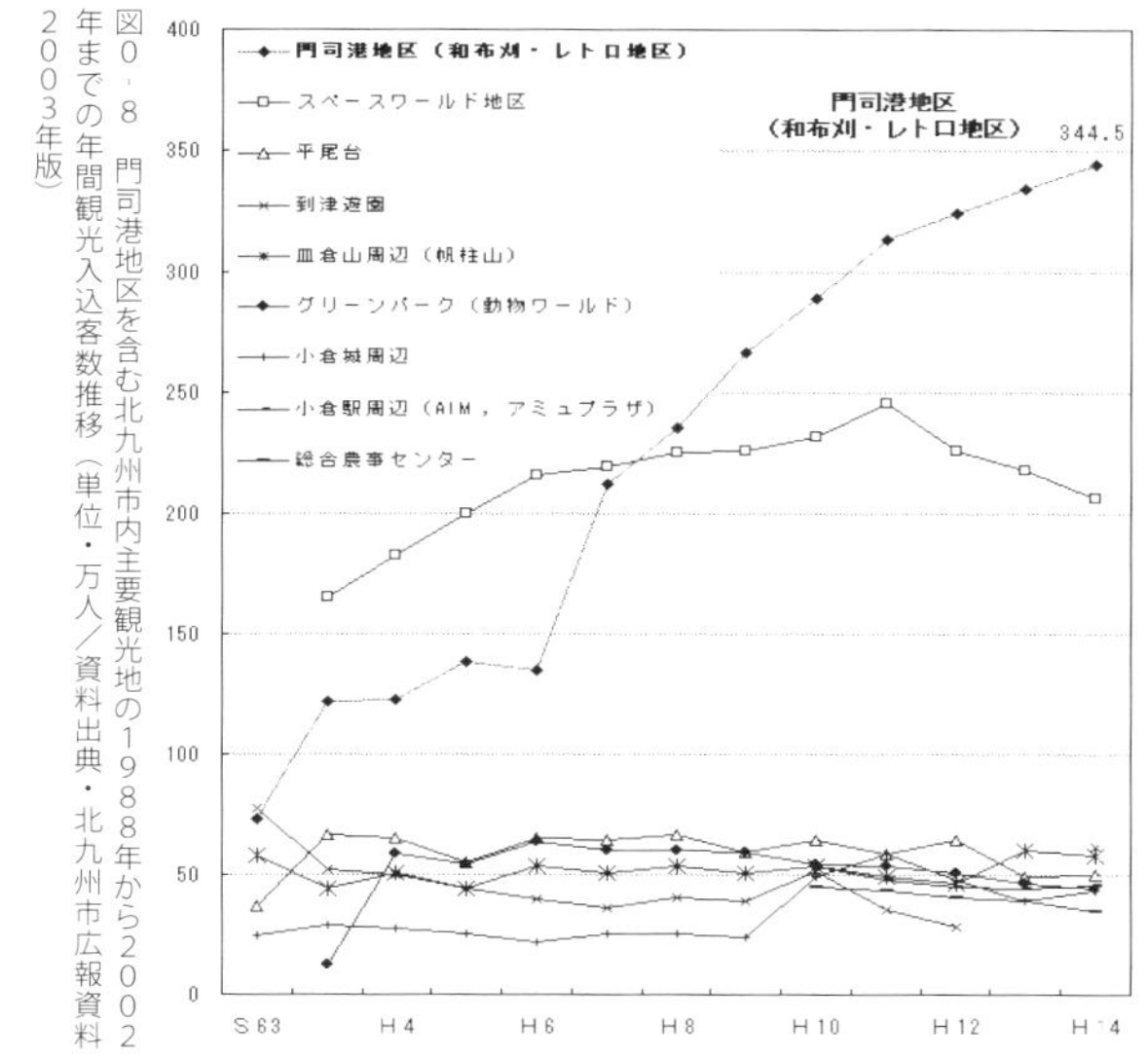

図0-8　門司港地区を含む北九州市内主要観光地の１９８８年から２００２年までの年間観光入込客数推移（単位・万人／資料出典・北九州市広報資料２００３年版）

とは言え、歴史的建物の保存修復と屋外公共オープンスペースの質的改善、そして飲食店やショップの増加によって、明らかにこのまちに住みたいという若者たちが増え、結果として街なかには子供連れの家族の姿が多く目に入るようになった。ある意味では、これら官民一体のまちづくりの成果が着実に実ってきたことと示す証と言えるだろう。

この門司港地区の再生プロジェクトのモデルとしたのが、次に紹介する当時の欧米で実践されていたポスト近代都市計画としての「都市デザイン」的なアプローチにほかならなかった。次に序章3として50年代にはじまる都市デザインの世界を紹介しておきたい。

序章3　「アーバンデザイン会議」から槇総合計画事務所「ＵＤセクション」

1　近代都市計画理論的支柱「アテネ憲章」の成立

（1）機能都市＝ル・コルビュジェの「輝く都市」

そもそも都市計画の始まりは、多くの人々が集積する都市の様々な課題、つまり外敵からの防御と伝染病などから守るべく、集団自らが集住する際のある一定のルールを共有することから始まった。そのルールは地域の気候風土や民族性、宗教観や時代によって異なるが、共通するのはまちの経済活動を効率的に進めるとともに、外敵から都市住民を守るための市壁や環濠で区域を定め、その内側に密度高く住まう。その市民生活が不衛生な環境とならないように、区画を定め、そこに上下水道を引き、都市内の移動そして様々な経済活動などを保障することで、富や文化を蓄積せしめてきた。その陸上の移動手段は永らく徒歩そして馬車であり、それによって都市のスケールはある程度制御されてきた。それが18～19世紀にはじまる産業革命を機に大きく変容する。それは内燃機関の発明によって、蒸気船、鉄道そして自動車の時代へと突き進むのである。それと同時に、工業が勃興し、都市の内部やフリンジに工場が立地し、それが市民生活に大きな支障を来す事態が出現する。それを克服するための近代都市計画が確立していったとされる。その経緯を概観してみよう。

写真０-25　56年の第一回アーバンデザイン会議の舞台となったハーバード大学キャンパス、正面の霧の噴水はピーター・ウォーカー設計のタナー・ファウンテン

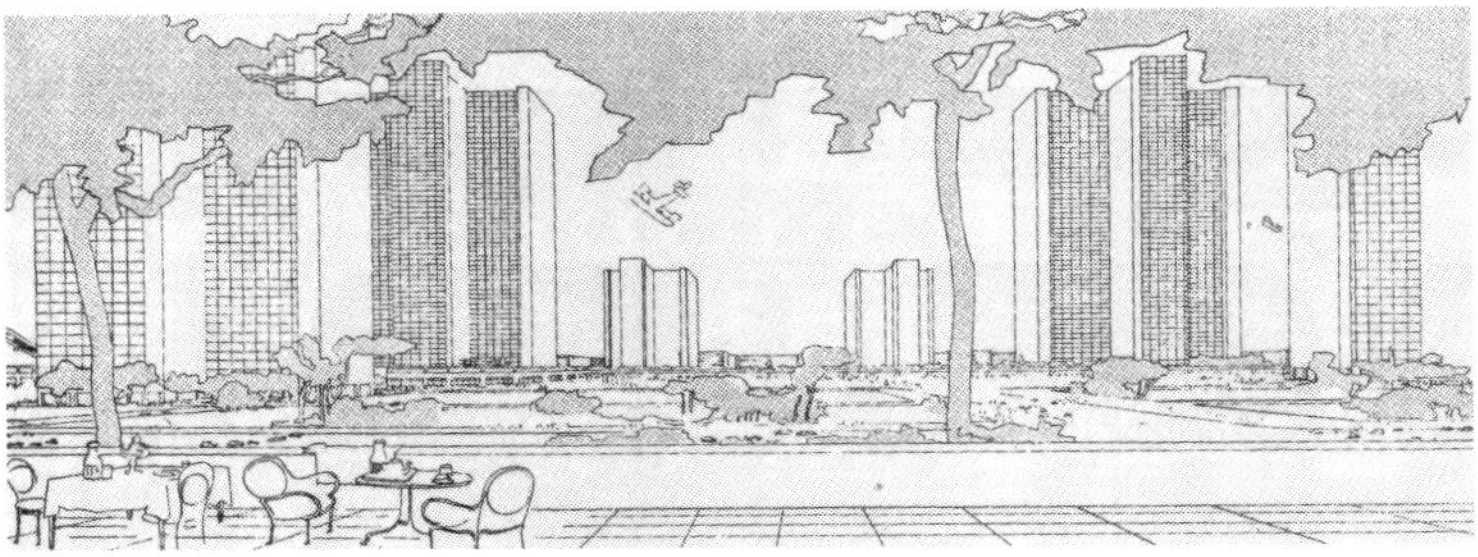

図0-9　ル・コルビュジエの「輝く都市」挿絵　出典：『ル・コルビュジエの構想――都市デザインと機械の表徴』ノーマ・エヴァンソン、酒井孝博訳、井上書院（1984）

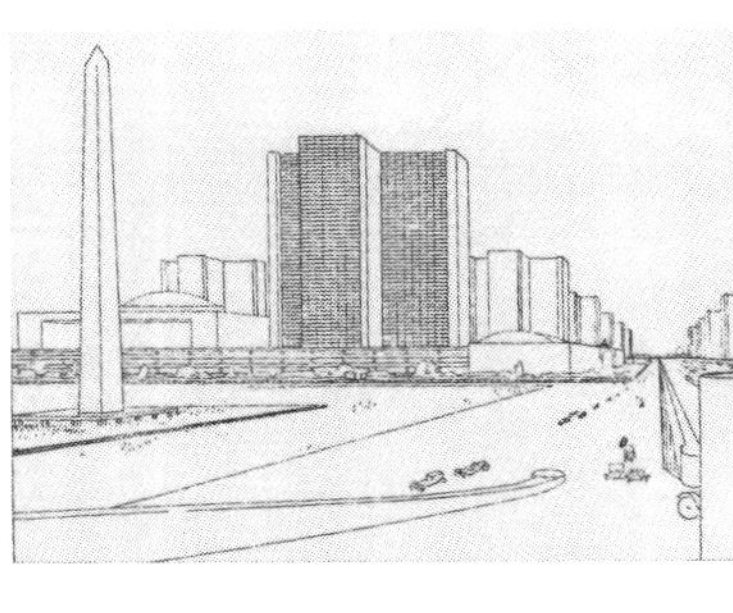

図0-10　同上、シティセンターを自動車専用幹線から眺める、広い道路と塔状建物による理想の都市像を描きだしている　出典：同上

鉄や石炭、綿花などの原材料から様々な製品が産み出されていく訳だが、その工場は原材料の加工や製品の運搬に水が不可欠で、多くは都市の水辺に立地する。大量生産は都市には大きな富をもたらし、その生産を支えるための大量の労働力を農村部から呼び込む。その結果、都市は稠密かつ劣悪な生活環境となり、工場から排出される煤煙や排水は様々な環境問題を引き起こす。それは人々の健康を蝕み19世紀中頃の欧州のとある工業都市の住民の平均寿命は20歳代という過酷な状況に陥っていく（注0-12）。まさに混沌の世界とも言える様相であったことは想像に難くない。その産業革命は英国からフランス、オランダ、ベルギー、ドイツなど西欧諸国へと広がっていく訳だが、それを克服するための様々な都市改造論が19～20世紀にかけて登場する（注0-13）。

その一つが19世紀末のイギリスにおけるエベネザー・ハワードの田園都市論であり、郊

注0-12　英国・リバプールでは、1840年には上流階級（紳士階級、自由職業者等）の平均寿命は35歳、商人と上層手工業者のそれは22歳、労働者・日雇労働者および僕婢階級一般はわずかに15歳にすぎなかった。出典：『病気の社会史　文明に探る病因』立川昭二、NHKブックス（1971）

注0-13　都市改造論：その当時の都市改造論として、当時の主な都市論ロバート・オウエン（1771-1858）やシャルル・フーリエ（1772-1837）の「理想都市」、トニー・ガルニエ（1869-1948）の「工業都市」などが知られる

写真0-26　田園都市レッチワースの緑豊かな住宅街の公園

外の自然豊かな環境の自立都市＝ニュータウンを建設し、そこで理想の都市生活を享受することを提唱し、その実現へと突き進む。その嚆矢となったのが20世紀初頭に建設着手されたロンドン郊外のレッチワースであり、その後の世界の郊外住宅地のモデルとなっていく。それは一種の自立都市であり、そこには働く場と居住の場そして消費のための商店街などが複合的に備わっていた。

もう一つが20世紀前期のフランスの建築家、近代建築の巨匠ル・コルビュジエが提唱した都市改造試案とも言うべき、「輝く都市」論であり、それは近代建築運動のはじまりとほぼ軌を一にする。コルビジェが１９２２年に発表した「人口３００万人の現代都市」の中に次のような文がある。「大公園を通って、輝ける都市に入っていくことにしよう。私たちの乗った自動車は、豪壮な超高層ビルの間につくられた高架の自動車専用道路を、スピードを上げて走り抜ける。24階の超高層ビルが次々と現れては消えていく。町の中心には、行政の機能を果たす建物が左右にならび、その周辺には、美術館や大学の建物が散在している。都市全体が公園そのものなのである。（注０‐14）」、そこに登場する「輝く都市（仏：La Ville Radieuse、英：Radiant City）」のイメージ図は、新しい時代を切り拓く理想郷として、多くの建築家たちの共鳴を受ける。

それまでは中世からの欧州都市に石造りの狭い路地裏、そこはペストや黒死病、そして結核などの伝染病の蔓延する重く暗い世界が続いてきた。たとえば花の都と謳われた貴族社会の華やかな文化隆盛のフランス・パリのまちも当時は建物内にトイレも無く、下水も無い不衛生な状態であったという。コルビュジエの「輝く都市」は、産業革命後の鉄とコンクリートの新たな構造技術、そして内燃エンジンの発達で可能となった自動車、それに裏打ちされた新たな都市のイメージ提案で、来るべき自動車社会を予言し、歩車道の分離された広い道路と緑地のオープンスペース、高層のビル群などの当時としては非常に斬新な都市像が表現されていた。特に広いオープンスペースによってもたらされる太

注０‐14　引用：『輝く都市』（SD選書33）ル・コルビュジエ（著）、坂倉準三（翻訳）、鹿島出版会（1968/12）

写真０‐27　パリ郊外のラ・デファンスの人工地盤中央広場

陽の光と清涼な大気、これは都市住民の健康を取り戻すうえで、極めて重要な要素となると提案した。その後、25年にはパリ市街を超高層ビルで建て替える都市改造案「ヴォアザン計画」を、そして30年の前掲の「輝く都市」、それを実践する舞台が51年から始まるインド・パンジャブ州のシャンディガール新都市計画建設と言える。

ヴォアザン計画をパリ市民が選択することは無かったが、それに似かよった都市開発が提案から半世紀近く経た70年代にパリ郊外のラ・デファンス（仏：La Défense）に実現した。またオーストリアのウィーン郊外の国連都市ＵＮＯシティ、アメリカ・シカゴのイリノイ・セントラル、そしてわが国の横浜みなとみらい21や東京新宿西口の超高層街、シオサイト、湾岸の臨海副都心や豊洲住宅地、そして大阪のＯＢＰ、大阪グランフロントなどもそのイメージと重ねるプロジェクトと言ってもよいだろう。

そして郊外住宅地なるものが出現するのも20世紀前半である。１９２７年にコルビュジェなどの当時の第一線の建築家たちが参画したドイツ・シュツットガルト郊外のヴァイセンホーフ・ジードルンクの住宅（Maisons de la Weissenhof-Siedlung, Stuttgart, 1927）、これは旧来の複合都市から切り離された高台の集合住宅地であり、その後の世界の郊外集合住宅地＝団地スタイルのモデルとなっていく。それはハワードの田園都市と重なり、欧米そしてアジア圏なども含む全世界の都市への人口集中の受け皿として発展していくのであった。

（2）近代都市計画の理論的支柱＝「アテネ憲章」の成立

さて、１９００年代の欧米における近代都市計画の成立の話に戻そう。その主役となるのは新たな鉄とコンクリートの構造技術に裏打ちされた先端的な建築家たちであった。その中心となったのが前

写真０・28　ウィーン郊外の国連都市・ＵＮＯシティ

写真０・29　コルビュジェのヴァイセンホーフ・ジードルンクの住宅、１９２７年　シュツットガルト

掲のル・コルビュジェであった。28年にコルビジェの提唱のもとにヴァルター・グロピウス、ミース・ファン・デル・ローエ、ジークフリード・ギーディオンら欧州の28人の建築家の参画を得てスイスのラ・サラ（La Sarraz）において第一回近代建築国際会議＝ＣＩＡＭが開催された（注0-15）。そこでは将来の都市のあり方を議論し、33年の第四回アテネ会議において当時画期的とも言うべき「アテネ憲章（The Athens Charter）」が提唱される。それは全95条からなる近代都市のあるべき姿の提案であり、都市の機能を「住む」「働く」「憩う」「交通」の4機能に加え、ゾーニング、グリーンベルト、歩車分離、オープンスペースの確保を提唱した。地域は用途別に分離・区画され、それらをつなぐべく歩道・車道の分離された広い街路が造られ、それに沿って高層建築によって生み出されたオープンスペースが設けられ、そこには「太陽・緑・空間」の備わった快適な都市環境が実現すると謳われたのであった。

　このアテネ憲章の基本理念は当時の世界各都市のその後の都市計画に大きな影響を与えていく。とりわけ機能分離理論が、後の近代都市計画の基本となり、「住む」「働く」「憩う」の土地利用の区分つまり用途純化とそれらをつなぐ都市施設つまり「交通」のための道路整備への大きな推進力となっていく。それまでの中世ないし近世までの都市は実にコンパクトで秩序だった商工住の複合した姿で、その移動手段は徒歩または馬車の世界、まさにそれを大きく変える契機となる。世界各国の進歩的な建築家、都市計画家が「近代都市計画」思想に共鳴し、新たな都市のグランドデザインづくりにまい進する。そして欧米の国々がアテネ憲章の思想を新たな都市計画の基軸に据えていくのが１９３０年代以降であった。それは自動車の普及と相まって郊外ニュータウン開発が急速に進展する。それは営々と続いてきた都市の形態に大きな変化をもたらすこととなった。

注0-15　近代建築国際会議（ＣＩＡＭ）開催経緯
第1回1928年、ラ・サラ（スイス）
第2回1929年、フランクフルト（ドイツ）
第3回1930年、ブリュッセル（ベルギー）
第4回1933年、アテネ（ギリシア）マルセイユからアテネ往復の船中で開催
第5回1937年、パリ（フランス）
第6回1947年、ブリッジウォーター（イギリス）
第7回1949年、ベルガモ（イタリア）
第8回1951年、ホッデストン（イギリス）
第9回1953年、エクス＝アン＝プロヴァンス（フランス）
チームXが結成される
第10回1956年、ドブロヴニク（ユーゴスラビア）ＣＩＡＭの事実上の崩壊
第11回1959年、オッテルロー（オランダ）
チームX（テン）によってＣＩＡＭは正式に整理解体

（3）欧米諸国における都市改造計画の進展

商店主自らが郊外に住み、自動車で通勤するパターンが恒常化する。歴史的な街路網の中心市街には自動車が進入し、街の生活環境は悪化し、それがより一層の空洞化を助長させる。その結果、街を歩く人も減るなど、歴史ある都市とりわけ中心市街地は経済的地盤沈下も含め、街の風景は大きく変わっていく。前述のように自動車社会の到来とその時期は符合し、早いところでは第二次大戦前の30年代、多くは40年代の戦争終結直後から50年代にかけて、その問題は深刻化する。特に富裕層が郊外脱出を図り、中心部には貧困層が残されるというインナーシティ問題が当時の欧米での大きな社会問題として浮上していく。

それに対処すべく産業革命そして近代都市計画の発祥の国とも言われるイギリスにおいては「1947年都市農村計画法」を制定した。これは総合開発地区制度を導入し、荒廃した地区のスクラップ・アンド・ビルド方式の再開発を推進していく方式にほかならなかった。行政側が道路等の基盤整備を行い、そこに新しい機能を付加すること、つまり地区の更新を図るべく強制収用権を用いて推進していった。これによって50年代以降、荒廃と定義された地区の再開発と道路建設によるクリアランス事業が急速に進められる。

その傾向は国によって時間的差異はあるものの、西欧そしてアメリカなども同様であった。この時代に各都市においてスーパーブロック方式の再開発プロジェクトが展開される。これは、近代都市計画の掲げる工住混合地域の解消、つまり用途分離の「土地利用計画」だが、国によってはその効率性追求のために「商」と「住」の分離策へと突き進んでいく。そしてそれらの地域間を結ぶ道路や鉄道などのインフラ整備の「都市施設」、土地の高度利用のための「再開発」はその時代の必然として生まれ、それが世界の近代都市計画の主流となっていく。

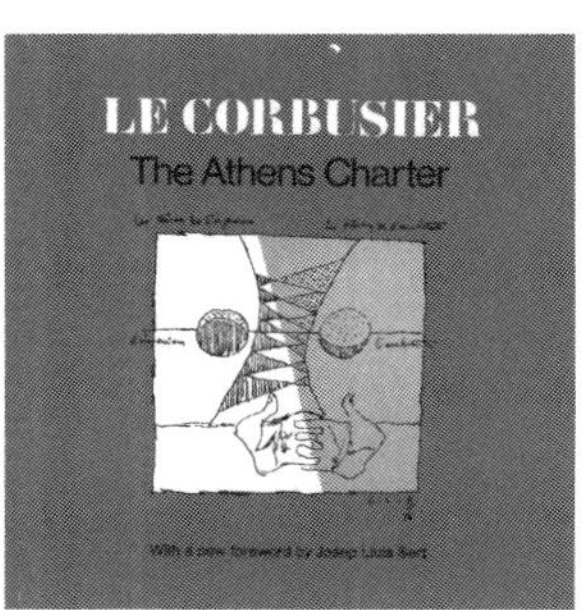

図0-11　コルビュジェのアテネ憲章解説本の表紙、THE ATHENS CHARTER, LE CORBUSIER（著）STUDIO社（1973/12）

それはアテネ憲章の「住む」「働く」「憩う」「交通」の４機能のゾーニング理論をより発展するかたちへと変化し、また新たな再開発手法が付け加えられていく。１９６８年制定のわが国の新都市計画法、そして市街地再開発法の成立もその流れを汲んでいると言えよう。しかし、西欧の多くの都市においてはほぼ同時期いやそれ以前の段階で、このアテネ憲章を否定する動きが芽生えてきていたのであった。その流れはＣＩＡＭの構成員の若手の建築家たちから上がってきた。

（4）CIAMの終焉とチームX（テン）

アテネ憲章を主唱してきたＣＩＡＭだが、設立から20余年の50年代になるとその機能主義的な建築や都市計画論を批判する声が内部から挙がるようになる。それは「アテネ憲章」の適用によって、歴史的な成立経緯を有する欧州都市が様々な矛盾を抱え、危機的状況に陥ったことを意味していた。そして前掲の新たな都市改造への問題提起もなされ、その理論的支柱となったアテネ憲章への大きな反発が生まれてきた。それは都市に対してだけでなく、機能主義的な建築への批判でもあった。

その急先鋒となったのが、53年の第9回エクス=アン=プロヴァンス会議（フランス）の際にチームX（テン）として結成された若い世代の建築家グループの面々であり、主要メンバーはアリソン&ピーター・スミッソン夫妻（英国）、ジョルジュ・キャンディリス（フランス）、ヤコブ・B・バケマ（オランダ）、アルド・ファン・アイク（オランダ）、ジャンカルロ・デ・カルロ（イタリア）らであった。そして56年の第10回ドブロヴニク会議（ユーゴスラビア）の場が実質的なＣＩＡＭ崩壊とされ、3年後の59年第11回オッテルロー会議（オランダ）で整理解体、つまり終焉を迎える。その解体過程にチームXが重要な役割を担ってきたことが判る。それは欧米各地で「アテネ憲章」を主軸とした都市計画理論が欧州の市民そして知識人からも問題視されてきたことがその背景にあったと言えよう。

図0-12　チームXとそのメンバーの作品を著した解説本の表紙　出典：TEAM 10: IN SEARCH OF A UTOPIA OF THE PRESENT 1953-81,DIRK VAN DEN HEUVEL（著）(2006/3)

2　アーバンデザイン会議と新「アテネ憲章」

（1）ハーバード大学第一回アーバンデザイン会議

実はＣＩＡＭ第10回ドブロヴニク会議の３ヶ月前の１９５６年５月に、アメリカ・ボストンにおいてチームＸ主要メンバーも含む当時の第一線の欧米の建築家に加え、都市計画にかかる大学教授、政治家、知識人の集まる重要な会議が開催されている。それはハーバード大学で開催された第一回アーバンデザイン会議（Urban design Conference）であり、その主宰役のＣＩＡＭに関わってきたハーバード大ＧＳＤ（注０‐16）ディーンのホセ・ルイ・セルトをはじめとし、同大学客員教授のルイス・マンフォード、フィラデルフィア計画のエドモンド・ベーコン、ＭＩＴのジョージ・ケペス、カリフォルニア大のリチャード・ノイトラ、後に「モールメーカー」と称されたヴィクター・グルーエン、ニューヨークの公共事業推進者のロバート・モーゼス、後にニューヨーク住宅局に関わるチャールズ・エイブラムス、ランドスケープ・アーキテクトのヒデオ・ササキ、ガレット・エクボなど、それに前掲のチームＸの面々であった。そこに槇文彦氏も大学の関係者として同席されており、以前その話を直接聞いたことがある。

その議論された内容は、当時、世界で進められてきた近代都市計画に対する問題提起であり、そこで確認された事項が、ＣＩＡＭの解体・終焉につながるのは自然の流れでもあった。その場の会議内容は同大学ＧＳＤの史料に残され、また槇さんなどの著書や、修了生の方々のコメントなどからも伺い知ることができる。つまりチームＸのメンバーたちの主張と、アーバンデザイン会議のその後も含めた議論は実に関係が深いことが判る（注０‐17）。

注０‐16　ハーバード大ＧＳＤ：THE HARVARD GRADUATE SCHOOL OF DESIGN (GSD)、ハーバード大学大学院スクール・オブ・デザイン、大学院教育の中でのそれまでの建築、ランドスケープアーキテクチュア、都市計画およびデザインの３つの分野を統合した大学院大学、１９３６年に創学、世界の著名な建築家や都市デザイナー、ランドスケープ・アーキテクトなどを数多く輩出

注０‐17　参考文献 DEFINING URBAN DESIGN, ERIC MUNFORD（2009）

図０‐13　前掲書の表紙

（2）ジェイン・ジェイコブズの著書『アメリカ大都市の死と生』

その第1回アーバンデザイン会議の場で注目すべきは、並みいる専門家の議論の中に、予期せざる発言者ともいうべき存在であったのが、後に『アメリカ大都市の死と生（The Death and Life of Great American Cities）』を著わすジェイン・ジェイコブズ女史であった。女史は当時のアメリカの諸都市で展開される道路計画や都市再開発計画などへの痛切な批判を展開した。その場の参加者は困惑すると同時に、その主張に共鳴する雰囲気も生まれ、終了時には大きな拍手で迎えられた。会議終了時には大御所であったルイス・マンフォードも彼女に握手を求めたという。女史は当初はその参加者リストにはなかったのだが、建築雑誌アーキテクチュアル・フォーラム社の上司ダグラス・ハスケルに替わって参加されていた。マンフォードのその後の著書等などで、ジェイン・ジェイコブズの主張を全面的に支持した訳ではないが、明らかに従来型の都市計画の価値観では問題が生じていることを認識し、新たな時代の到来を悟ったのであろう。それは後のマンフォードの関係者の方々が新たな都市計画に積極的に取り組んできたことでも明らかなのである。

ジェイン・ジェイコブズの主張はそれ以降、近代都市計画に疑問を抱く多くの知識人に共感を持たれていく。その主張を著したのが61年に出版された前掲書である。それは同様の課題を抱える欧州など世界各国で順次翻訳出版されていく。邦訳は77年の『アメリカ大都市の死と生』（黒川紀章訳、鹿島出版会）を待つこととなる。ジェインはアメリカの大都市が自動車中心になり、人間不在の状況になっていることに疑問を抱き、歴史の浅いアメリカと言えども、人びとの生活の集積である中心市街には人間的な魅力をもった要素が数多く残っていることを発見し、「都市が多様性を持つ」ことが重要であると訴えてきた（注０－18）。

そのための条件として４つの原則があるとした。この４条件は既に多くの書に引用紹介されている

図０－14 The Death and Life of Great American Cities の原著表紙

注０－18 ジェイン・ジェイコブズ：Jane Butzner Jacobs,1916-2006
参考・著作一覧：原著名・日本語訳
The Death and Life of Great American Cities『アメリカ大都市の死と生』抄訳：黒川紀章、鹿島出版会（1977）、全訳：山形浩生、鹿島出版会（2010）
The Economy of Cities『都市の原理』中江利忠・加賀谷洋一訳、鹿島出版会（1971）
Cities and the Wealth of Nations『都市の経済学』中村達也・谷口文子訳、TBSブリタニカ（1986）
Dark Age Ahead『壊れゆくアメリカ』中谷和男訳、日経BP社（2008）

ため、ここでは項目のみ紹介する（同書・黒川紀章訳本より）。①混用地域の必要性――地区は、地区内部の出来るだけ多くの場所が一つの基本的機能だけでなく、それ以上の働きをしなければならない。できれば二つ以上の機能を果たすことが望ましい。②小規模ブロックの必要性――大ていのブロックは短くなければならない。ということは、街路が何本もあって街角を曲がる機会がひんぱんでなければならないということである。③古い建物の必要性――地区というものは建てられた年代とその状態のいろいろ違った建物が混じり合っていなければならない。もちろん、その古い建物が秩序ある調和をもっているということも含めて。④集中の必要性――どんな目的で人びとがいようと、その地域には人口が十分密に集中されなければならない。これにはそこに住居をかまえている人たちも含まれる。

その主張は建築家や都市計画関係者だけでなく、多くの知識人、文化人そして政治家にも共鳴され、各国の都市計画制度の軌道修正に大きく貢献していく。それは60年代後半以降である。

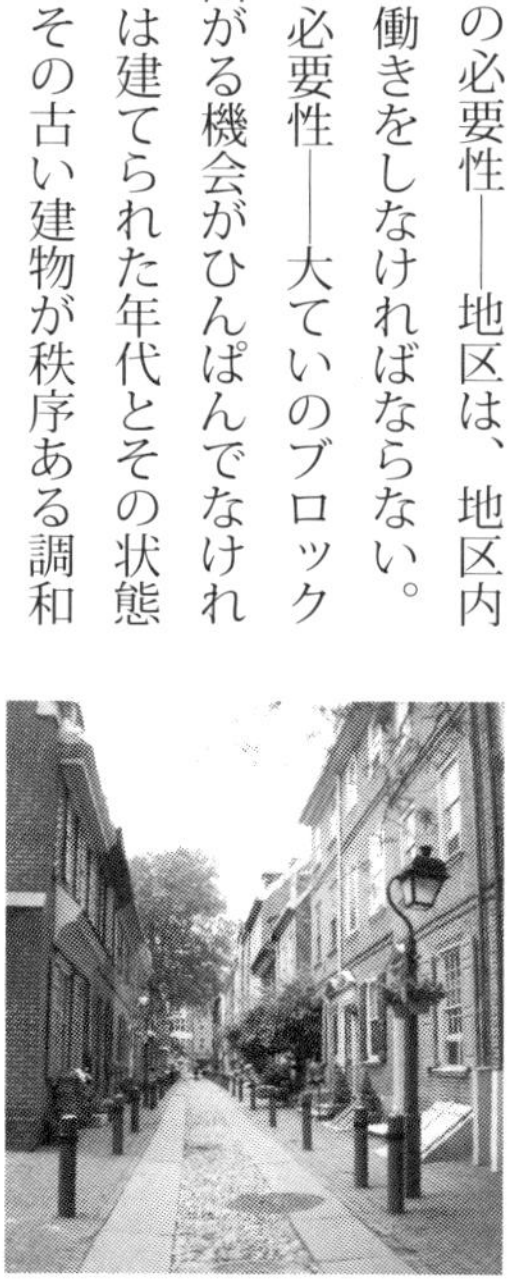

写真0－30　フィラデルフィア市内の歴史的市街の路地

(3) 1970年代まで続くアーバンデザイン会議

ハーバード大ＧＳＤで始まるアーバンデザイン会議は継続され、同大の教授陣を中心に70年代までに計13回も開催されていく。それは当時の欧米の第一線の建築家や都市計画家、文化人たちも続々と新規参加するなど、当時の近代建築や近代都市計画の批判的再検証の場ともなったのである。それは33年の「アテネ憲章」に基づく近代都市計画理論を新たな方向に修正する契機ともなった。以降、「アーバンデザイン（都市デザイン）」は機能主義的な近代都市計画への対語として定着し、以降は「人間環境を重視する感性豊かな都市づくりのための計画設計論」として確立していくこととなる。

それを契機として欧米の諸都市において様々な試行が展開される。それはＣＩＡＭの崩壊を決定づけたチームＸのメンバー、またそれに共鳴する欧米の建築家や都市計画家、支援する文化人など、彼らは既成の都市計画の転換を促す大きな力となっていく。アーバンデザイン会議には世界各国の進歩的な建築家や都市計画家、文化人、学者、政治家たちが参集し、新しく試行されつつある具体の都市プロジェクトの発表、そして批評も含めた様々な議論が展開されたのであった（注0-19）。

その中で、チームX主要メンバーのヤコブ・B・バケマは53年に完成するオランダ・ロッテルダムの戦災復興計画（第8章解説）において秩序ある用途混合のスタイル、そして自動車社会への批判を込めた歩行者専用道路の商店街づくりを実践する。またジャンカルロ・デ・カルロは60年代以降取り組んできたイタリア山岳都市・ウルビノの再生計画（第4章解説）などに挑戦していく。それらの試みもアーバンデザイン会議において取りあげられ、近代都市計画の見直しへのイニシアチブを構築していくのであった。

また後に全米の「モールの父」と呼ばれるヴィクター・グルーエンは、59年に全米初の歩行者モールとされるカラマズー（Kalamazoo、ミシガン州）、アチソン（Atchison、カンザス州）を手始めとする数多くの都市で歩行者モールの計画設計を手掛けているが、その間の64年の著作『The Heart of the City: The Urban Crisis, Diagnosis and Cure』の中で、「都市の中心市街の危機」を誘引した要因こそ、CIAMの掲げた「アテネ憲章」、それに基づく近代都市計画の適用にあることを主張している。それはまさに先のアーバンデザイン会議において、その検証のための議論が重ねられ、近代都市計画に基づく機能分離を根本的に見直すとともに、あらためて中心市街再生のための歩行者環境整備、すなわち市民のための街路空間の公園化の必要性を説いたことにつながっている。

彼らは実践活動の傍ら、大学の教授または客員教授・講師として、次世代を担う若者たちに新たな都市デザインの世界を説いていく。例えば、バケマは建築家としての活動とともに、50年代から60年代にかけて、アーバンデザイン会議が開催されたハーバード大学をはじめとするアメリカ国内各大学、

注0-19 筆者は実務の傍ら、その当時留学生としてその会議に参加された諸先輩からそれを身近に聞きながら大いなる刺激を受けたのを記憶している。なお、当時の議論の一部は注0-16の文献に紹介されている

写真0-31 第5回アーバンデザイン会議の光景 出典：注0-16 この自由闊達な議論の雰囲気は、筆者の属していた槇総合計画事務所での「岡目八目」という全所員での各プロジェクト発表会の状況に酷似。槇さんはこの会議のメンバーであった

そして欧州の各大学において客員として招かれ、ロッテルダムにおけるラインバーンの職住複合型の街並みそして歩行者空間整備を当時の学生たちに解説していった。その中には新たな都市デザインを学ぶべく世界各国から集まった留学生も多く、帰国後に各地で新たな試みを実践していったとも聞き及ぶ。またデ・カルロは76年に建築都市ワークショップＩＬＡＵＤ（注0-20）を設立、アメリカのエール大学、マサチューセッツ工科大学、ハーバード大学の客員の後、ヴェネツィア建築大学、ジェノヴァ大学（83〜89年）教授として後進の指導を行っている。グルーエンも各地の歩行者モールや建築計画の実務の傍ら、コロンビア大学、ハーバード大学、エール大学を始めとする多くの大学で教鞭をとっている。そして、アメリカ国内だけでなく、母国オーストリアの首都ウィーンの歩行者モールの実現に一役買っている。

その都市デザイン教育を修得した人たちが、アメリカ国内はもとより世界各地で、新しい都市計画＝アーバンデザインの実践を始めていく。それは歴史的市街の保存修復、中心部の歩行者空間整備、河川や港のウォーターフロント整備などだが、その根底には都市住民の生活環境の改善、そして用途分離策の見直しつまり職住近接型社会の回復があり、それは行き過ぎた自動車社会への警鐘の意味も有していた。わが国でも70年代にはじまる横浜市の都市デザイン行政、そして先端的な建築家や都市計画家たちによる都市デザインプロジェクトはその延長線上にあると見てよい。

それから約半世紀余りを経過し、その取り組みの成果は、欧米と日本とでは大きく異なっているのであった。それはその国の都市が有する歴史的要因や自動車社会への評価の差異、そして政治的風土との関わりなど、複雑な要因が絡んでいるようにも思える。専門的な見地からは、旧来からの近代都市計画派と新進の都市デザイン派の闘いと言えるものだが、結局は一般市民層にどこまで理解が得られたのか、が大きな分岐点となったようにも思える。そのなかで着実に旧来の近代都市計画を大きく

図0-15　The Heart of the City: The Urban Crisis, Diagnosis and Cure,by Victor Gruen著，Simon and Schuster, 1st edition (1964)の原著表紙

注0-20　ＩＬＡＵＤ (International Laboratory of Architecture and Urban Design)：ジャンカルロ・デ・カルロが1976年に設立した建築都市ワークショップ。イタリア国内のベネチア、シエナ、ウルビノなどの都市で、27年間にわたり夏期に毎年体系的に開催されてきた

転換し中心市街の再生を成し得たのは、欧州諸都市と言ってもよい。

（4）欧州都市計画家評議会における新アテネ憲章とその後

その転換の進む年代は国の制度や都市の状況によって異なるが、欧州諸都市は60年代末から70年代にかけて、行政、市民、専門家が対話のプロセスを経て合意形成に至り、旧来の都市計画を改め、人間中心のまちづくりへと転換を図っていく。たとえば、中心市街の主要街路は歩行者空間となり、そこは都市住民の買物空間そして憩いの場となる。それは次第に増殖し、面的な歩行者区域へと昇華していく。80年代以降、歩行者空間を舞台とするオープンカフェ運動が各地で実践され、それが定着する。その最大の顧客は地域に生活する都市住民なのである。かつての荒廃した建物群の修復＝リノベーションが戦略的に展開され、そこに復活したのがかつての「生活街」そのものなのである。

各都市の中心市街に人々が戻り、活き活きとした姿の回復がほぼ確実のものとなった90年代、その活動の中心的役割を担ってきた専門家たちで構成される「欧州都市計画家評議会（CEU、注0－21）」が欧州連合（EU）のもとで設立され、98年の「新アテネ憲章（注0－22）」、そして２００３年に「新アテネ憲章・全面改訂版」へとつながっていく。その改訂版に注目するセンテンスがある。英文は「Urban design will be a key element of the renaissance of cities」、これを直訳すれば「都市デザインこそ都市再生の重要なカギとなるに違いない」。

都市デザインという用語は１９５０年代のアメリカにおいて使われるようになってきた。いまや世界の都市計画は機能論を脱却した感性論の、市民が魅力的と感じ、住みたい、働きたい、訪れたいと思えるまちをどう守り、創りあげていくのか、という時代になっている。その意味では欧州諸都市においては新たな都市計画＝都市デザインの時代に突入したと断言することができる。なお旧アテネ憲

図0－16　ヴィクター・グルーエンのウィーンのケルントナー通りの歩行者空間化計画のイメージスケッチ　出典：CENTERS FOR THE URBAN ENVIRONMENT SURVIVAL OF THE CITIES ,VICTOR GRUEN 著（1971）

注0－21　欧州都市計画家評議会：CEU THE EUROPEAN COUNCIL OF TOWN PLANNERS HTTP://WWW.ECTP-CEU.EU/INDEX.PHP/EN/

注0－22　新アテネ憲章：１９９８年、EU11カ国の都市計画家が集まり、21紀の都市の目標として市民が都市計画に参加することや公共スペースを再利用地に含めること、都市のアイデンティティを守ることなど10項目を宣言したもの。鳴海邦碩編著『都市のリ・デザイン』学芸出版社「序章　リ・デザインの構図　１節／ヨーロッパにおける新アテネ憲章の採択」に詳しい、ぜひ参照されたい

章が固定化された理論ゆえに、社会の変化の中で時代遅れとなったという弊害を生じたことから、新アテネ憲章は何年かおきに随時改訂することが取り決めされている。

3　60~80年代の槇総合計画事務所におけるアーバンデザイン・セクション

アメリカ・ハーバード大学を舞台とした計13回にも及ぶアーバンデザイン会議にわが国の建築家・都市計画家も多数参加されたと聞き及ぶが、その中で第一回から参加され、都市デザインの世界の確立に尽力されたのが建築家・槇文彦氏であることは誰もが知るところであろう。64年にハーバード大学の准教授を辞し、東京に自らの実践活動の場である槇総合計画事務所を設立、以来50余年の間に数多くの都市計画や建築作品を通して、また前掲の横浜市の60年代末に始まる都市デザイン行政の中心的役割を担われた田村明さんを外部から支え、都市デザインの価値を一般市民に知らしめる活動を展開されてきた。ある意味ではわが国の都市デザインの草分けと言ってもよい。

筆者は縁あって74年より84年までの10年間、同事務所のアーバンデザイン・セクション、通称UDセクション（注0-23）に在籍した。いわば筆者のこの世界の師のおひとりである。そこで各プロジェクトの実務に関わる傍ら、事務所創設の64年以来約15年間の事務所のアーバンデザインプロジェクトの系譜、そして槇さんのアメリカ時代から当時の論文や雑誌原稿などにも目を通し、アーバンデザイン作品集の編集責任を任され、80年にとりまとめに至っている。ある意味ではわが国の都市デザインの分野の草分け的な存在の数々のプロジェクトの設計思想、やはり明らかに筆者が大学で教わった都市計画とは全く異質のものであった。筆者はその完成の4年後84年に退所し自らの事務所を設立、それを機にアーバンデザイン・セクションは事実上の消滅となったが、槇さんのその根底を流れるアー

注0-23　槇総合計画事務所UDセクション：筆者の74年入所時代、建築セクションは日本橋にあったが、UDは泉岳寺の分室にあり、チーフが長島孝一（ハーバード大GSD修了、独立後㈱AUR建築・都市研究コンサルタント主宰）、そのもとに保科秀明（後に国際協力事業団JICA国際協力専門員）と筆者、そしてプロジェクト単位で建築セクションメンバー、小沢明、中村勉、高品信、元倉真琴、行冨誠一、西田勝彦、栗生明、らが加わり協働、槇さんは日本橋と自宅の間の分室に通っていた。翌75年には日本橋に統合移転した（諸先輩方の人名・敬称略）

図0-17　槇総合計画事務所UD作品集1964~80の表紙、筆者が編集とりまとめ担当（注0-24）

バンデザイン的視座は建築作品の中に脈々と貫かれてきたと言える。

その中で自らが入所直後に関わった2つのプロジェクトは、大学で教わった都市計画の世界から見ればまさに異端の世界、ハーバード大学仕込みの先端のアーバンデザインとも言うべき存在にほかならなかった。また、槇さんの主要作品として知られる約40年近く続いた代官山ヒルサイドテラスの集合住宅プロジェクト、筆者は担当することはなかったが、あらためてこのプロジェクトの都市デザイン的アプローチは、初期段階における行政の特例許可のうえに成立したものと言えよう。この3つのプロジェクトを紹介することで、当時の日本の常識と彼の地との違いを再認識する縁とされたい。

(1) 横浜・金沢シーサイドタウン第一期低層高密住宅地計画

ひとつは横浜市内の金沢シーサイドタウン低層高密住宅地の基本デザイン計画、これは60年代末から始まる市の6大事業の枠組みにおける市街地内の工場等移転促進のための埋立て造成地の就業者用住宅地の開発計画だが、当時主流の住宅公団（UR都市再生機構の前身）のスーパーブロック型開発（大街区）そして中高層住宅地の方式とは全く異なる格子状の小街区の基盤の上に、大通り・通り・小路のシステムの低層高密住宅地の提案であった。しかも街路は歩車分離ならぬ歩車融合の共存道路とし、沿道には店舗や公共施設などの非住居施設を積極的に配置するという基本計画案であったが、団地の性格上、住居地区内への店舗立地は認められず、非住居施設は学校・幼稚園等の公的施設のみ、歩車共存は当時の市道路局の受け入れ難し、との回答で必ずしも意図通りには実現し得なかった。しかし低層高密住宅群は実現し、今では濃密な地域コミュニティが存続しているとの報告もある。その点は大いなる救いとも言える。

振り返ってみれば、歩車共存道路の概念は70年代初頭のオランダのボンエルフが始まりだが、槇さ

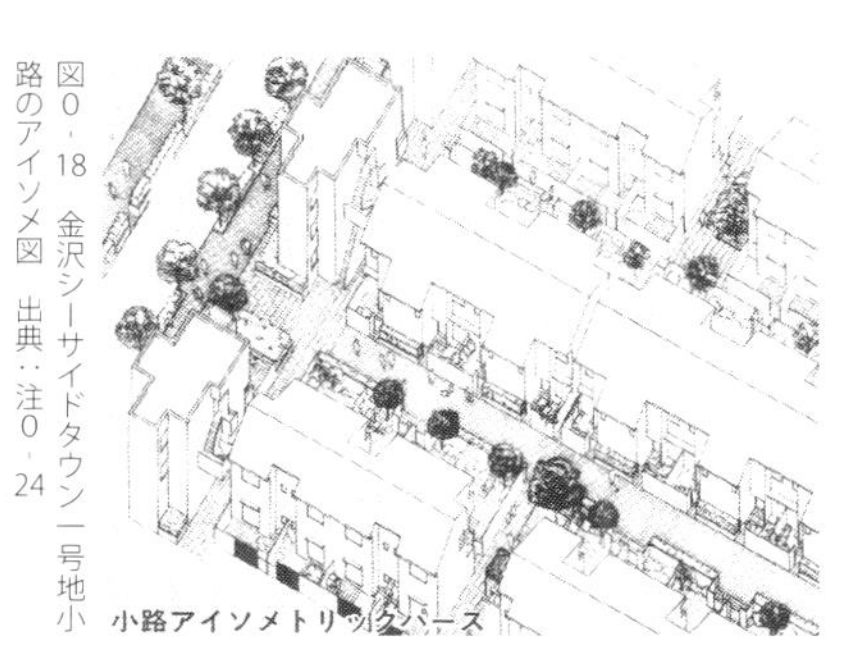

図0・18 金沢シーサイドタウン一号地小路のアイソメ図 出典：注0・24

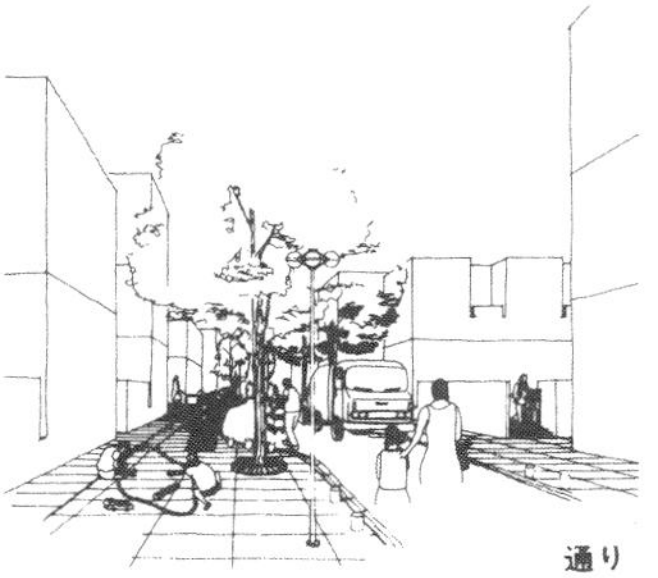

図0・19 金沢シーサイドタウン一号地歩車共存道路の提案（幅員8mの通り） 出典：注0・24

んは当時親交のあったチームXのヤコブ・バケマからその情報を得ていたのではないかと推察する。また大通り~小路・路地は京都の町家につながる日本の伝統的市街地の再評価、そして小街区の低層高密集合住宅地、複合用途型市街地の目論見などは、当時のわが国の都市計画で進められた用途分離そして新都市建設の主流となっていた広いオープンスペースの「輝く都市」信奉、その双方へのアンチテーゼとしての意味もあったと見るのが自然であろう。

当時の横浜市内でほぼ同時期に進められた建築家・大高正人氏主導のみなとみらい21計画とはオフィス街と住宅街の用途やまちのスケールの違いはあれど、ともにメタボリズム運動に名を連ねた建築家ではあったが、全く異なる設計思想が両者の間には存在することを物語る。ちなみに、みなとみらい21計画は世界最大規模の「輝く都市」の理想プロジェクトと言われてきた。しかし着手から半世紀経過した２０１０年代時点でも未完の事業として継続中にある。一方の金沢シーサイドタウンは完成から30年余を経過し、改めてヒューマンスケールの街並みが再評価されているようにも思える。

（2）東京都23区高密住宅地調査＝ミニ・アーバン・デザインの試行

ミニ・アーバン・デザインの試行というタイトルは、70年代当時の専門雑誌『都市住宅』の特集号のタイトルだが、実際は74年の入所当時、事務所で担当した都内23区を対象とした高密住宅地の環境改善のための調査（注０‐25）の成果を雑誌に公開したものである。ここではあえて再開発計画提案を避け、地道な道路や河川などの公共オープンスペースの環境改善を目指してきた。とりわけ路地街については沿道の塀の緑化や舗装改良などの地道な提案に終始し、バス停やゴミステーション廻りの特異点の修景など実にきめ細かな作業を経て、成果品としてまとめられている。ある意味では担当者間で参考としたのが第5章にて紹介するアラン・ジェイコブスが主導した「サンフランシスコのアー

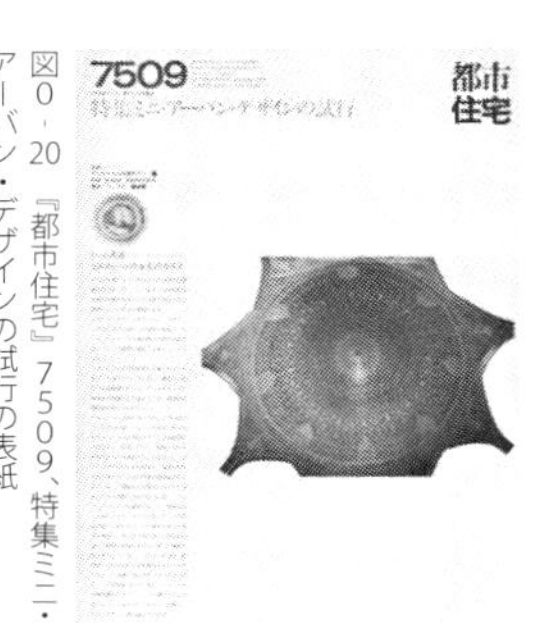

図０‐20『都市住宅』７５０９、特集ミニ・アーバン・デザインの試行の表紙

注０‐25 委員長・佐々波秀彦建築研究所第6部長、当時

図０‐21『都市住宅』７５０９、特集ミニ・アーバン・デザインの試行に掲載された路地空間の環境改善提案のスケッチ

バンデザインプラン1971（The urban design plan for the comprehensive plan of San Francisco 1971）であった。当時のわが国の、オイルショックを経験し経済の高度成長から安定成長へと転換する時代を象徴するとともに、それまでの「メガ・アーバン・デザイン」から「ミニ・アーバン・デザイン」という思考をチーム内で共有したことも記憶に新しい。しかし、わが国経済はオイルショックを克服し、バブル景気そしてその後の規制緩和の流れの中で、このようなきめの細かい環境改善提案は顧みられることがなかったようにも思える。その意味では都市デザインはわが国の近代都市計画の本流から見れば、まさに「異端」と捉えられてきたような気がする。

その点では筆者の学生時代も東京下町・墨田においての約2年におよぶ学友たちとの江東防災再開発の検証のための木賃アパートでの合宿、そして京島等の密集市街地のサーベイなどを行い（注0-26）、その過程でジェイン・ジェイコブズの世界を知る。それが筆者のこの世界での「異端」の始まりだったのかも知れない。

(3) 代官山ヒルサイドテラスにみる複合型市街地への回帰

筆者は担当していないが、槇総合計画事務所の代表作の一つとされるのが68年から40余年に及ぶ代官山ヒルサイドテラス&ウェストの一連の集合住宅プロジェクトである。その一期（竣工69年）～三期（同77年）の段階での敷地の用途地域指定は第一種住居専用地域（注0-27）で、住居以外の商業施設は禁止のはずだが、この3層建物の1層には店舗を配する商住複合型の極めて質の高い街並みを実現したことで知られる。

それを敢えて可能としたのが、建築基準法第48条の建築許可制度の適用で、旧山手通りの交通量に見合った形での「東京都による特例許可」を得ている。この件で筆者なりに槇さんに確認したのだが、

注0-26　東京大学都市工学科進学の確定した71年秋以降、学友たちと墨田区立花の木賃アパートを拠点とし、江東防災問題をテーマに2年間の輪番制の合宿を継続、その間大学五月祭での関東大震災被災～江東防災再開発計画等のパネル展示、ミニシンポジウム開催、機関紙「都市子」を発行、などの活動を展開した

写真0-32　代官山ヒルサイドテラスの第三期計画のD棟と猿楽塚

注0-27　第一期、第二期計画時点では住居専用地区、73年法改正で第一種住居専用地域、89年の見直しで第2種住居専用地域に変更

「ごく自然のことを行っただけ」とのそっけない回答、その意味では近代都市計画の根底に流れる用途分離すなわち純化の考え方は、都市デザインの常識からは全く論外のものとして消去されていたようにも思える。あわせて、理想の集合住宅群を形成すべく、同法第86条の一団地申請を適用し、さらに高さ制限の緩和まで、労を惜しまず実現する姿勢、それが周囲の街並み形成のまさに原点とも言うべきものとなったのである。それは向かいの蔦屋書店のTサイトガーデンや周囲の良質の建築群への波及など、この代官山の地域にもたらしたものは多大なるものがある。その意味では、都市デザイン的建築の最たるものと言えるだろう。

（4）海外最新情報にみるポスト近代都市計画＝都市デザイン

槇さんから受けた最大の宝は、海外出張の度に撮影された現地スライド写真、それは帰国後すぐに映写会が行われ、そして最新の文献などのお土産、それらに大いなる刺激を受けたのであった。そして入所し数年以内には1か月以上の休暇を取り、国内外行脚をするのが所員のノルマのような雰囲気もあった。筆者も3年目の24歳の時に3か月間の海外行脚を経験した。それこそ当時のインナーシティ問題に取り組む新たなる都市デザインの試みの現場であった。当時を振り返ると、日本の地方のまちの方が賑わいがあったと記憶する。

それから40年近くの歳月が流れた現在、その姿は全く逆転したかの感がある。その間、極力かつて訪れたまちの再訪を繰り返し、その再生手法を研究し、自ら関係するプロジェクトでそれを実践してきたつもりである。以降、本論において、ポスト近代都市計画＝「都市デザイン」のプロセスを解説することとしたい。それをわが国のまちと対比することで、筆者なりの「都市デザインの目指すものは何であったのか」を理解する縁としていただきたい。

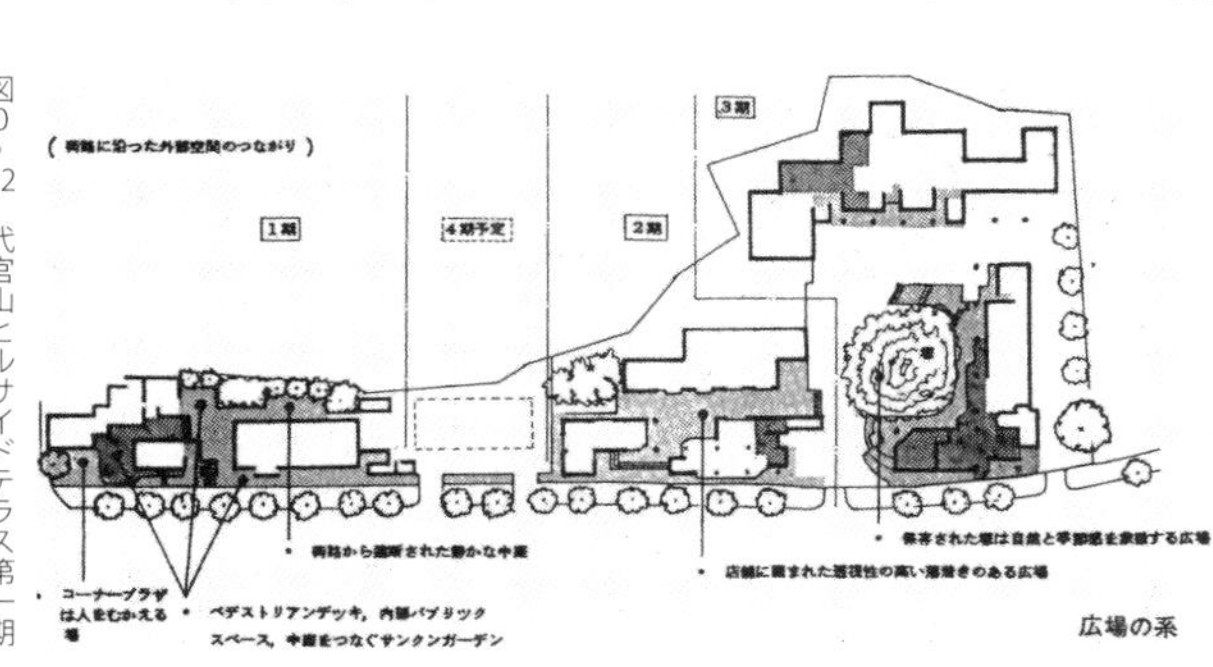

図0-22　代官山ヒルサイドテラス第一期〜第三期時点でのアーバンデザインヴォキャブラリーの図　出典：注0-24

第Ⅰ編　欧米諸都市の都市計画の転換

写真1・1　賑わいの復活したチェスターの中心市街を象徴する風景、イーストゲート通り

第1章　英国における都市回復運動

1　ポスト「近代都市計画」の胎動

（1）「近代都市計画」の進展と都市の変貌

前章にて、20世紀初頭にCIAMの掲げた「住む」「働く」「憩う」「交通」の4つの機能区分、つまり土地利用計画と都市施設計画の両輪が近代都市計画の理論的支柱となり、それが自動車社会の進展を受け入れるための道路等のインフラ整備、そしてそれまで複合していた各機能を用途別に分化させ、その結果が都市の膨張・拡散へと突き進んでいったという経緯、それが第二次世界大戦後の1950～60年代には都市計画先進国におけるインナーシティ問題＝歴史的な中心市街の衰退につながっていったことを紹介した。そして、それを克服するための郊外と中心部をつなぐ道路整備や大規模な再開発事業が50年代以降大々的に進められていった。

実は中世からの歴史を誇る英国の諸都市、その中心部は、狭い街路と稠密な市街、下層部は商業や作業場、上層階は住居の形態が営々と続く。産業革命に伴い農村部から集中する労働者は市街や周縁部に溢れる。そこに近代都市計画に基づく新都市つまり郊外ニュータウンが建設され、街路網も整然とし、豊かなオープンスペースや緑、燦々と降り注ぐ太陽の光、そこでは夢の自動車保有も可能となる。

写真1-2　チェスター市内における1950年代に道路拡幅が行われている最中の写真　出典：Chester Through Time, 2010（注1-1）

その理想の住まいに商店主をはじめとするまちの有力者がこぞって居を移していく。それに一般市民層も追随することで、中心部には空き家が増加し、旧来からの中心市街地は活気が失われていった。

当時の英国政府はその空洞化した市街を新しい時代に即したまちに改造するために、「１９４７年都市農村計画法」を制定し、総合開発地区制度による荒廃した地区をスクラップ・アンド・ビルド方式の再開発によって都市改造を推進していく。そのための国の再開発補助制度を創設し、そして借入金も事業後の収入金で60年償還を可能とする優遇策で、これを推進する。行政に強制収用権を持たせ、密集市街地の更新すなわちスラムクリアランスのための道路整備と地区更新事業を進め、そこには新しい機能としての大型商業ビルや郊外からの顧客受け入れのための駐車場整備が進められていく。

第二次大戦後の好景気を反映し、自動車の普及とともに中心部への車の流入が進み、道路は自動車で席巻され、排ガスや騒音、交通事故の危険性は増大する。それによる生活環境悪化を嫌う一般市民層も中心部から脱出するが、それは過去から営々と続いてきた職住一体型の都市の秩序の崩壊を意味していた。職住分離、郊外開発そして中心部の再開発や新たな道路計画の挿入は、結果として歴史的都市の解体に拍車をかける。

（2）英国における１９６０年代以降の近代都市計画の修正

その誤謬に気づき、各都市がその修正方策を模索していく。その大きな政策転換がスタートするのは60年代から70年代にかけての時期であった。50年代以降には前掲のスクラップ・アンド・ビルド再開発プロジェクトは各地で展開されたが、その手法が多くの市民の反発を呼ぶ。特に自然環境、伝統的景観、歴史的建物等の破壊に危機感を抱いた市民層を中心に、シビック・トラストなどの活動が活発化していく。そして英国議会において議員立法で前掲の「１９６７年シビック・アメニティ法」が成

写真１・３　チェスター市内のグロブナー地区の再開発地区の従前の状況　出典：前掲書（注１・１）

写真１・４　チェスター市内グロブナー再開発地区に実現した立体駐車場、右写真とほぼ同じアングル

立する。それに関連して「1968年都市農村計画法」が制定される。それは47年の同法の大転換にほかならなかった。この2つの法律によって、都市内に残る歴史的建造物単体そしてそれらが集積している区域を保存地区として指定し、保全計画を進める仕組みが整備されることとなる。そして「1969年住居法」が制定され、それ以降、個々の建物改修に対する支援の仕組みが立て続けに整備されていく。それは住居の性能、そしてアメニティの用語に見られるように、住民の健康的な生活のための水廻り、例えばキッチンやトイレ、浴室・シャワーなどの部位の改修支援を中心に、当然のことながら建物の外壁や窓、屋根なども含めた内観・外観全般の改修であり、これを建物ごとに展開することで街並み全体の修復につながっていく。

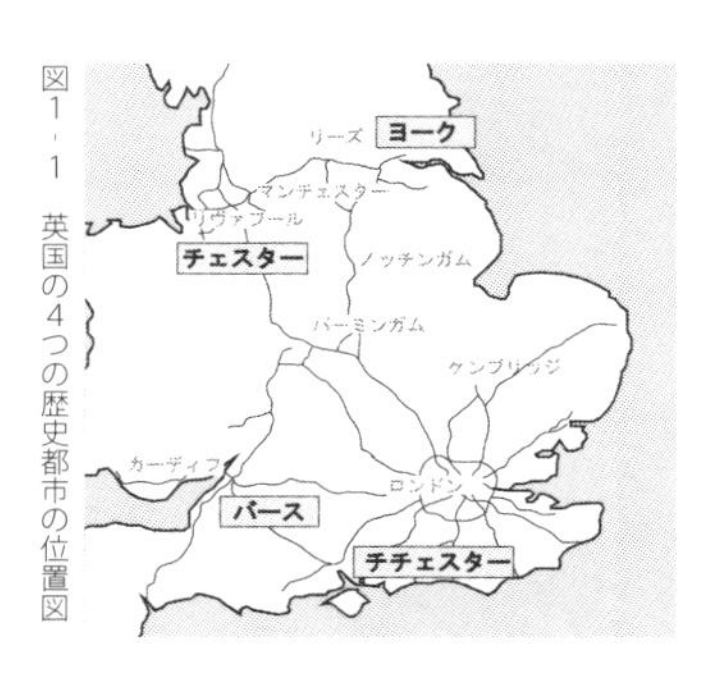

図1-1　英国の4つの歴史都市の位置図

(3) HMSOの1968年歴史的都市の再生調査報告

その契機を与えたとされるのが1968年に報告された英国政府による一連の歴史都市保存調査レポート「Studies in Conservation」(HMSO：Her Majesty's Stationery Office、英国王立出版局)であった。ここではイングランドの地方の4つの歴史都市、バース、チェスター、ヨーク、チチェスターを対象とし、綿密な建物、景観、交通等の調査を行い、その分析・研究によって得られた共通した結論は以下の5項目であった。①周辺に自動車道路と駐車場を整備し、保存地区内には車を入れない。②地域保存のためには人が住み着くことが絶対に必要である。③環境を損なわない限り、個々の建造物は新しい機能への積極的な適応をはかるべきである。④重要なのは環境であり景観であるから、建物のファサードの保存を徹底すれば、建物の内側や背後は必要に応じて改造してもかまわない。⑤半官半民の性格をもった組織を設け、保存修景の企画と実務を担当させ、管理を集中していくことが望ましい(注1-2)。この報告書の抄訳が6年後の74年の雑誌『都市住宅』(7412)に掲載されている(注

注1-2　上記5項目訳文は『英国の建築保存と都市再生――歴史を活かしたまちづくりの歩み』(大橋竜太著、鹿島出版会、2007)より転載引用

1－3）。

ここで訴えかけていることは、中心市街地は旧来からの商業活動を継続することとし、その消費と就業を支えるための居住環境を整備すること、そして中心市街地の住み手のいなくなった商店の上層部分を居住用に戻すための政策の推進、そして中心市街地への人口呼び戻しを大前提とした活性化政策であり、それは一旦推し進めてきた用途分離から伝統的な秩序ある用途混在、多様性のある土地利用への原点回帰であった。

その結論に至る調査過程で、棄てられていく市街の建物の最大の欠陥は何か、そして、そこに人を戻すためには何をすべきかを徹底的に検証し、その到達点として、居住空間のアメニティ向上すなわち住居階の水廻り設備改良も含めた性能の付与が提唱された。そして誰もが使い易いように階段を改修し、窓面改修や屋根面からのトップライト新設など、快適に住み続けるために必要な建物改修に、国や州・市の自治体の補助金、英国ヘリテイジ協会（注1－4）などからの助成が可能となる法改正が実現する。それは民間個人所有物であっても、伝統的な住まいの回復こそ地域の歴史文化の継承につながり、まちの再生を図ることが公共性の論理に合致するという考え方に立脚していた。

これを機に国を挙げて都市再生に必要となる根源的な住空間の回復に取り組むこととなった。その担い手こそ市井の建築家たちである。これは歴史的街並み保存修復のための外壁補修と構造補強とあわせて実施され、中心市街の歩行者環境の回復、すなわち自動車抑制のための交通計画、そして環境デザインの展開、それらが総合的な視点で進められていく。それが始まるのは70年代になってからのことであった。イギリス全土で一旦郊外転出へと傾いた振り子を、「都心居住」を可能とする施策を展開することで揺り戻すという、街づくりの大きな方向転換でもあった。

注1－3 『都市住宅』7412「特集 保存の経済学」鹿島研究所出版会（1974/12）

注1－4 英国ヘリテイジ協会（English Heritage）：英国政府が歴史的建造物や史跡を保護する目的で設立を促した民間団体、歴史遺産協会とも訳されることもある

写真1－5 チェスターのイーストゲイト通りの街並みと歩行者空間

（4）1968年の英国・都市農村計画法と住居法の制定

空洞化する中心市街再生への契機となったのが、繰り返しになるが68年都市農村計画法の改定であり、翌69年の住居法の制定である。その背景には産業革命の恩恵をいち早く享受してきたこの国が、その工業化の進展そして自動車社会への移行のなかで、都市の姿を健全化すべく適用してきたはずの都市計画が、営々と築き上げてきた都市を解体・拡散へと導いたことがあった。その実情をつぶさに把握し、対策を導くべく行動し英国国会との橋渡し役を果たした人物が、専門家チームのとりまとめ役でもあったケネット卿（注1-5）、当時の住宅・地方自治省副大臣その人である。

そしてその検討チームに参集したのが建築家、都市計画家、それにランドスケープなどの分野の総勢12人の専門家たちであった。彼らは各都市を綿密に調査・分析、原因究明、そして再生への処方箋とも言うべきそれぞれの計画案を提示した。それを実現するための法整備、それらが全く同時進行で進められていった。それは結果として、「用途分離」「道路整備」「再開発」を推進してきた従来型都市計画を見直し、「秩序ある用途混在―都心居住」「歩行者中心―快適環境」「歴史文化の尊重―街並保存」へと軸足を大きく変えることとなった。それは歴史都市に限らず、一般の地方中小都市へ、そして中核都市へと大きく展開していくこととなる。

筆者もその転換が軌道に乗り始めた70年代に英国の幾つかの都市を訪れ、その後も再訪を重ねてきたが、行くたびにまちが元気になる姿を目の当たりにしてきた。とりわけ地方の小さなまちほど元気で、人々がまちなかの街路や広場、水辺に憩う幸せな光景が存在する。そして自治体独自にきめ細かい都市デザインルールを自ら定めている。あらためて筆者の尊敬する田村明さん（注1-6）の「イギリスは豊かなり」の本のタイトルを思い起こさせられたのであった。次に具体の都市の事例を紹介しよう。

注1-5　ケネット卿：Lord Kennet (Wayland Hilton Young 2nd Baron Kennet, 1923-2009) 60年代のウィルソン労働党政権時代の有力政治家

注1-6　田村明（1926-2010）：元横浜市企画調整局長、のち法政大学教授（名誉教授）、横浜市の都市デザイン行政の創始者。著書『イギリスは豊かなり』（東洋経済新報社、1995）

2　英国の都市回復運動その1——チェスター市の中心市街再生

68年の英国政府による4つの歴史都市の保存調査レポート、その一都市・チェスターのまちの再生プロセスを紹介しよう。チェスター市は英国中西部の人口約8万人のまち、北約25㎞に北大西洋にのぞむ港町リヴァプール（人口約45万人）が位置している。古代ローマ時代から中世まではこのチェスターがディー川の舟運を生かした川港として栄え、その富によって立派な木骨建築様式の街並みが築かれていった。中でも世界でも稀とされる伝統的な2階レベルの連続公共歩廊「ロウズ」のまちとしても知られる。このまちも、1900年代以降の経済発展期に工業化の進展と郊外開発、そして

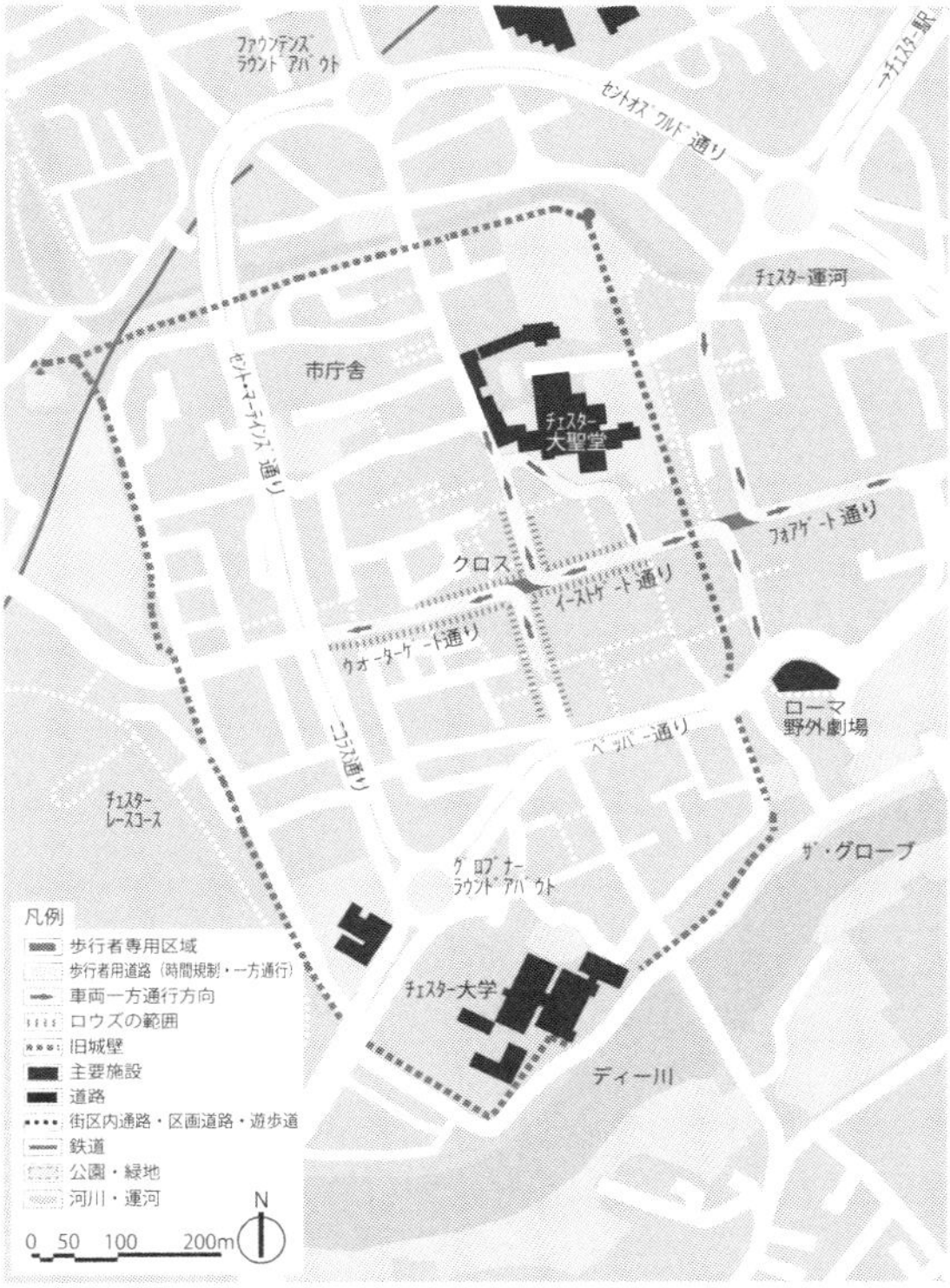

図1・2　チェスターの旧市街案内図

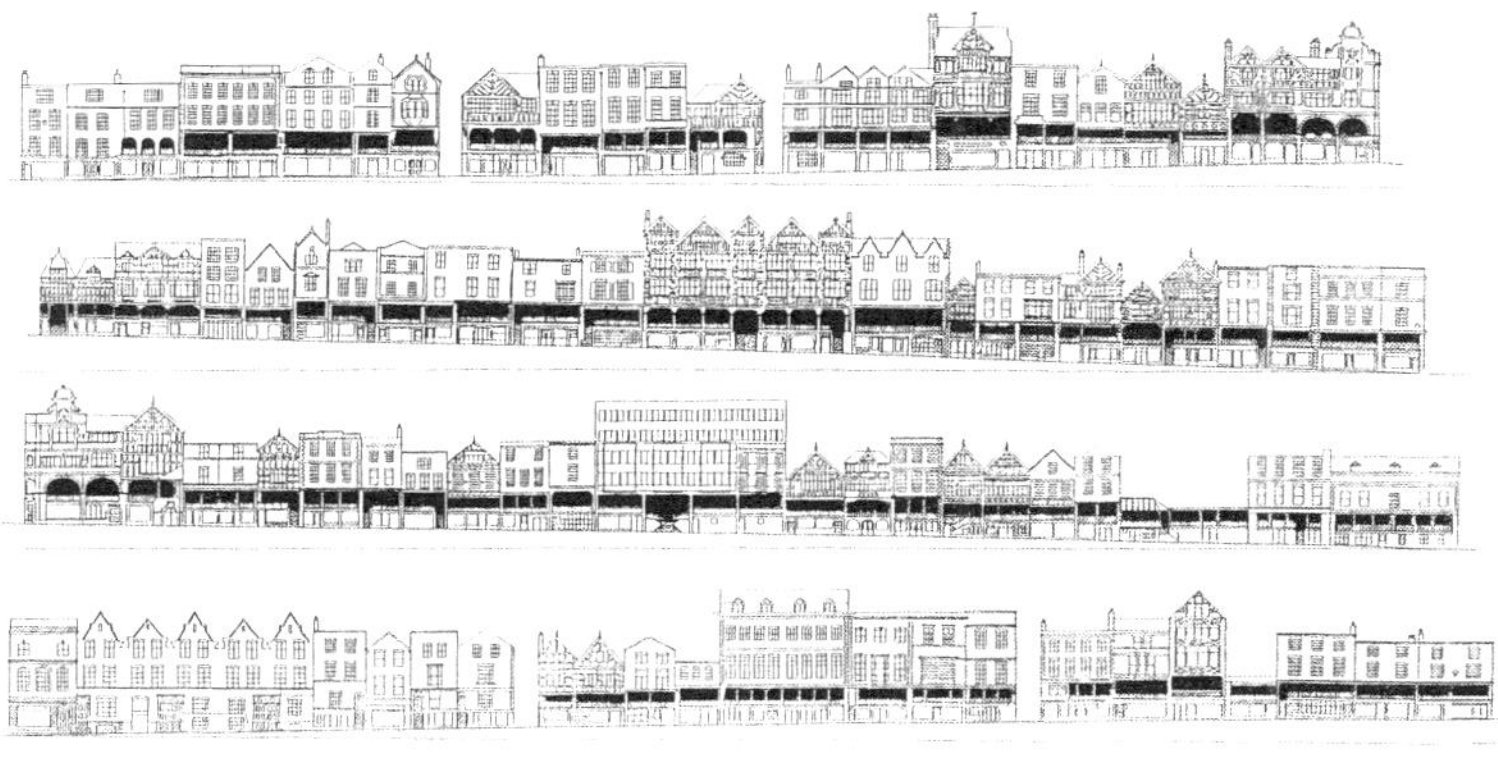

図1・3　チェスターの中心部街並み連続ファサード（85年当時、黒い部分がロウズ範囲）　出典：Chester, England: Urban Design Ideas from an Ancient Source, Wabren Boeschenstein, 1985

自動車の普及により、中心市街から商店主の多くが郊外の近代的な住まいに移り住んでいく。そして30年代以降一般市民もそれに追随し、まちの衰退に拍車がかかる。

前節に紹介した「１９４７年都市農村計画法」に基づき、市も近代的な都市計画を推し進め、道路整備や再開発事業を軸に、大型店舗の誘致と立体駐車場の整備を進めていく。その代表例が駅周辺のニュータウンと旧市街を周回する新たな環状道路（内環状 Inner Ring Road）整備計画であり、東西南北ほぼ半径５００ｍに納まる形で旧市街の城壁2箇所を貫通し、空き家の集中する旧市街中心部のクロスの西側約２００ｍ、南側約２００ｍの位置に計画され、城壁に囲まれた旧市街北東側のほぼ３／４を区切り、駅側へと延びる4車線道路計画であった。この事業は60年代初頭に城壁の一部を壊し、周辺の街並みの撤去が開始され、72年に完成した。

また環状道路整備と呼応するかたちで、60年代から始まる商業再開発計画が旧市街の2箇所で進められた。ここが道路付きの悪い、老朽化した建物が並び、空き家の集中する、再開発を行うべき区域とされたのである。クロスの南東側の一角、ブリッジ通りとイーストゲート通り、東側城壁、ペッパー通り（環状道路の一部）に挟まれたグロブナー地区（Grosvenor Precinct）、１９１０年に造られたサン・マイケルズ・ロウのパサージュにつながる約２００ｍ四方の区域が大型商業施設と駐車場に生まれ変わった（Grosvenor Shopping Centre は65年完成、再開発事業完了71年）。なお、この再開発建物はロウズ側の歴史的景観の建物一皮は残され、十字の街路からは全くその存在が見えないように配慮されているが、城壁側と環状道路側は近代的な建築と多層式駐車場が顕わになっている（写真１‐４）。

もう一つがクロスの北東側の市庁舎と聖マルチン通り（環状道路の一部）に隣接したフォーラムショッピングセンターの地区である（完了73年）。こちらも近代的な外壁を纏った大型店舗と多層式駐車場、そしてホテルの複合施設であった。残念ながらこちらはウォーターゲート通りのロウズの一角

写真１‐６　ロウズの代表的建物セント・マイケルズ・ロウ

写真１‐７　2階レベルの連続するロウズ、上層階の木製の梁が露出している。右がお店側、左が道路側

にコンクリート造の建物が露出することとなった（写真1－11）。

しかし、この2つの再開発計画も完成する前から、市民の間で多くの批判の声が挙がる。木骨建築の歴史的景観の中へのコンクリートの近代的な建物の挿入、そして自動車交通の誘引への拒否反応であった。それは再開発計画の完成後、現実のものとなり、4車線の環状道路計画の建設と再開発事業による大型商業施設の立地そして多層式駐車場建設は、より一層の狭い道路の中心市街への交通集中を促してしまったのである。その環境悪化を嫌った市民が続々とまちを棄て、空き家が増加するという悪循環に陥っていった。

（1）チェスターの再生にみる建築家ドナルド・インソールの活動

チェスターの1968年調査報告書作成の中心的役割を担い、その後のチェスターの歴史的市街の都市計画の一大転換、そして具体の建築物の改修までも手掛け、このまちの再生に貢献した一人の建

写真1－8　チェスター市の60年代の中心市街の建物の荒廃状態　出典：1－7

写真1－9　チェスター中心部の空き家状態となったジョージア様式の建物　出典：注1－8

写真1－10　チェスター市のウォーター通りのロウズに連なる中心部の空き家　出典：注1－7

写真1－11　ロウズの連続する歴史的な街並みに露出するコンクリートの建物（83年筆者撮影）

注1－7　「CHESTER: A STUDY IN CONSERVATION」Report to the Minister of Housing and Local Government and the City and County of the City of Chester Donald W. Insall and Associates, HMSO,1968

注1－8　ARCHITECTURAL PRESENTATION,THE PRESENTATION OF HISTRIC CHESTER 1983

ARISE SIR DONALD

Architect Donald Insall, an Honorary Freeman of the city of Chester, received a knighthood for services to architectural conservation in the Queen's Birthday Honours.

The award recognises a lifetime's achievement in the field for which he has been one of the country's pioneers. It has been welcomed in Chester where he has been involved since he was commissioned in 1966 to prepare the report "Chester – A Study in Conservation", which became the basis for the conservation programme and his appointment as the city's Conservation Consultant.

Donald Insall has frequently praised the enthusiasm and energy of members of Chester Civic Trust and the Trust's influence in shaping public opinion on many heritage and conservation issues.

He has, during the last fifty years, given many lectures to the Trust including the silver jubilee lecture in 1985 when the Chairman, John Maddock, described him as "a true friend of Chester". His most recent lecture was given in February this year to celebrate the Trust's Golden Jubilee. His lecture was based on his recent book "Living Buildings" which celebrated another 50th anniversary, that of the architectural practice he founded.

Cyril Morris

図1－4　ドナルド・インソールがナイトの称号を賜ったことを報じる記事　出典：Chester Civic Trust News-letter-Dec-2010

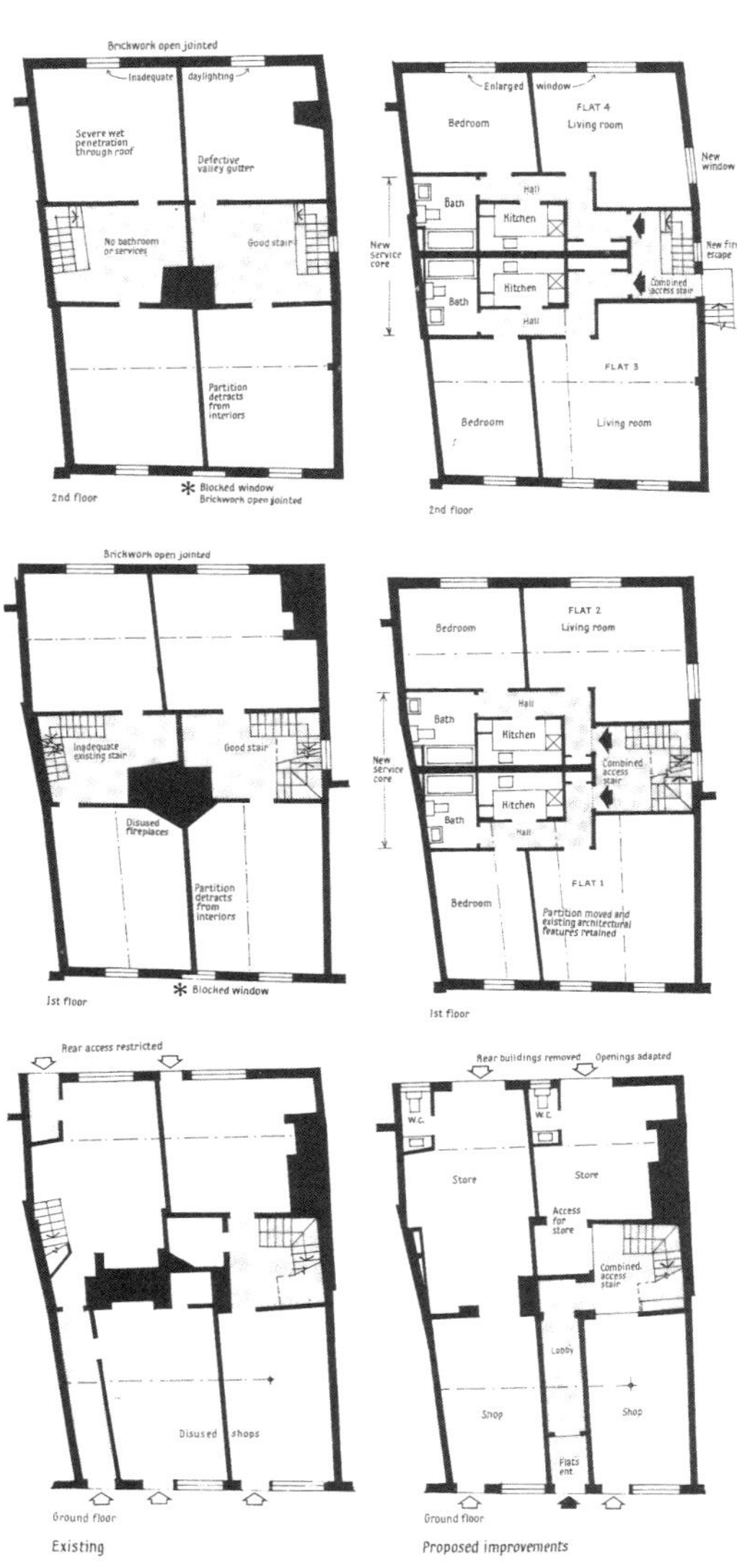

図1-5　建物改修提案の一例。1層店舗階から2、3層の住居階までの構造補強とキッチン、浴室、トイレなどの水廻り改修、窓やトップライトの開口部改修、屋根防水、外壁改修など　出典：注1-7

築家を紹介しておきたい。建築家の名はドナルド・インソール（注1-9）、彼は同市の調査に66～68年のほぼ2カ年関わり、69年には城壁内に囲まれた80haの広がりを保存地区（Conservation Area）に指定すべく尽力した。その後、具体の建物の保存修復の実践のために市内に事務所も置き、地域の建築家たちとの協働などを通して、今あるチェスターの再活性化に貢献してきた。

その永年にわたる活動の功績から2010年に英国では最も栄誉あるナイトの称号を女王陛下から賜っている。英国を代表する歴史的建物の保存に関する建築家としても知られ、著作に事務所設立

写真1-12　修復された市内のファルコン・ハウスという名のパブ。設計：ドナルド・インソール

写真1-13　自動車進入抑制のための手動でのボラード設置

注1-9　ドナルド・インソール（Sir Donald William Insall,1926-）：歴史的な建物保存修復を手掛ける建築家として知られる。Donald Insall Associates. を主宰

50周年に出版した『Living Buildings』(2008) の書、それは彼の活動軌跡でもあり、その中にチェスター市内の数多くの歴史的建物の改修事例が掲載されている。

(2) 街に人を呼び戻すための提案

68年調査報告書の目指すところは、まちに人が戻り、住み着くこと、その第一は市民生活の基盤となる住居性能の向上、そして住みたいと思うまちの環境再生、それを保障するための自動車進入抑制を基本とする冒頭に掲げた5つの項目であった。それを実現するための要点を幾つか挙げてみよう。

①提案その1――街なかの建物改修計画

インソールたちは中心部の建物の悉皆調査を実施し、中世からの歴史を刻む木骨建築の上層階の多くが、旧態依然とした水廻り設備も不備の狭小住居で、一部には雨漏りなども起こし、多くが廃屋然となっていることを指摘し、その健康的な生活を保障するための改修支援方策を提案する。その改修対象は内外装すべて、そして階段部に及ぶが、とりわけ力を入れたのが、中世からの歴史的建物に備わっていなかったキッチン、トイレ・浴室などの水廻り設備であった。

②提案その2――自動車進入抑制策

そして人々が安心してまちに住むためには、自動車によって席巻されてきた歴史的市街の街路網への交通規制の実施と、人間中心の環境への回帰を求めたのであった。その交通規制の本格的な導入は83年より中心部・クロス(Cross)の食い違い十字路の交通遮断、中心部一帯を時間規制による進入抑制、そのための自動車Uターンのためのミニロータリーや狭窄、車止め、遮断器などが導入され、中心部は歩行者優先の空間へと姿を変えていった。

筆者の再訪は概ね25年後の09年そして12年だが、調査報告書から40年経過した時点でのまちの姿の

写真1-14 ミニロータリー

写真1-15 狭窄

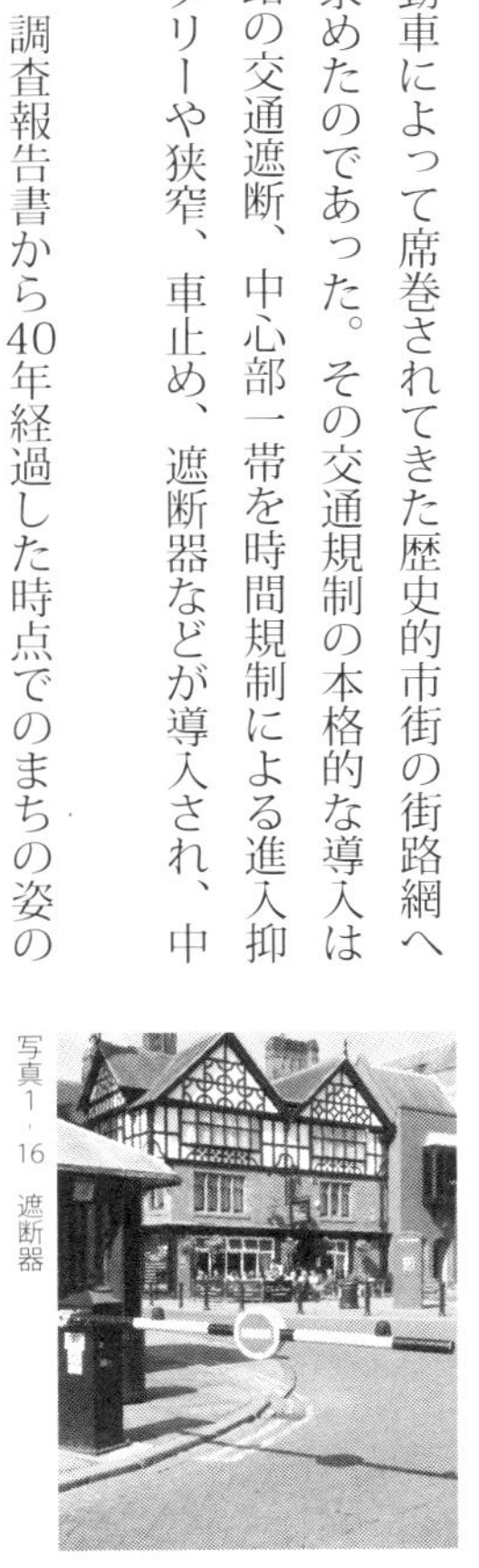

写真1-16 遮断器

→写真1-17　1966年当時のクロス周辺の自動車で溢れた街路の状況　出典：注1-7／↓写真1-18　2009時点の同アングルの風景。クロスの部分は完全に自動車の進入は禁止の歩行者専用空間に、周囲は時間規制・一方通行となり、市民の集まる街角に変身した

ビフォー・アフターの写真比較（写真1-17～20）をご覧になれば、その成果は一目瞭然たるものがある。

③提案その3——誇りに思える街並み景観回復

個々の建物の改修を積み重ねることで、まち全体の街並みが改善されていく。その中で注目すべきは、保存地区内の建物保存修復に対する国、自治体（州・市）、民間団体からの手厚い助成金、補助金（Grant）が整備されたことである。とりわけ84年から活動を開始する英国ヘリテイジ協会の補助、様々な慈善団体からの寄付などの支援も積極的な展開を見せる。

④提案その4——公共オープンスペースの改善

街並みの回復、街路の交通規制に連動するかたちで展開されていったのが、市街地内の街路や水辺

→写真1-19　1966年当時　出典：注1-7／↓写真1-20　2009年のブリッジ通り、ここもお昼前から自動車の進入は禁止され、通り一面にオープンカフェ・レストランの風景が出現した

の公共オープンスペースの質的改善であった。とりわけ街路空間に関しては自動車の時間規制も含めた進入抑制とともに歩行者優先領域を示すべく、歴史的な石畳が復活し、街路灯や様々な街具類が整備されている。また交通規制時間帯が始まれば沿道の飲食店からテーブルと椅子が出され、そこはオープンレストラン街が展開している。

一方の水辺空間もディー川のかつての川湊の護岸も改修され、多くのボート類が係留され、その前面の広場は市民の集う場所に変身した。そこは多くの市民の憩う水辺の緑地と遊歩道となり、対岸への歴史的な歩行者専用橋の修復などが行われている。そしてかつての産業革命期の物流を支えたチェスター運河も全面的に改修され、遊歩道が整備されていく。何よりかつての川沿いのレンガ造の工場建物などが外観を保全し、新たな用途、例えば集合住宅やオフィス、ホテルなどにコンバージョンされるなど実に魅力的な空間へと大きく変身していった。

(3) 欧州建築遺産継承年におけるパイロットプロジェクトの展開

また75年にはチェスターの街並み保存修復計画は欧州建築遺産継承年におけるパイロットプロジェクトの一つに選ばれ、それを機にチェスター遺産センター（Chester Heritage Centre）が開設され、以後のこのまちの保存修復事業の司令塔として機能していく。

改修も店舗付住宅の町家だけでなく、歴史的な木骨建築ランドマークであるビショップ・ハウスやダッチ・ハウジズなども80年代には修復されていく。その中で注目すべきは83年から始まるクロスの北東角のゴッドストールレーン地区（Godstall Lane）の修復計画であり、狭い路地を残し、そこに面していた倉庫群を改修し、飲食店として再生させている。今ではこの路地空間はこのまちで最も人気の飲食街となっている。

写真1・21　ディー川のかつての川湊も今では市民の憩いの場に再生された

写真1・22　ゴッドストールレーンの路地飲食街の賑わう光景

そして市民の街並み保存意識も大きく高まり、かつての再開発によってできた近代建築ファサードの露出していたノースゲート通りのショッピングセンターは、通りの一皮が木骨建築に再改修される（89年）など、市内の不似合の近代的な建物外観が修復され、歴史的街並みに調和するようになっていく。またチェスター運河沿いのかつての工場は集合住宅やホテルに改修コンバージョンされ、町家も民宿などへと改装されるなど、今では観光がこのまちを支える産業へと成長し、地域経済を支える存在となってきた。

その魅力は、古代ローマ時代の遺跡保存や中世からの城壁の修復、歴史的街並み保存だけでなく、活きたまちであるからこそ、というモットーに裏付けられている。車の喧噪から解放された街路や広場、路地、そして緑地、水辺には、多くの市民が活気の戻ったまちを楽しんでいる。まさに「生活街」が復活したのである。ここに人間中心のまちづくりの神髄を見たような気がする。

3　英国の都市回復運動その2――3つの歴史都市の再生

（1）ヨーク（York）

ヨークは英国中部（イングランド中北部）の北海からウーズ川（River Ouse）を約50km遡った人口約19万人の交易都市（ノース・ヨークシャー州）、古くはローマ人そしてヴァイキング、ノルマン人の拠点として栄え、1220年築のヨーク大聖堂のほか、多くの歴史遺産を擁している。1830年代の鉄道の開通、そして1900年代の自動車の普及は市街地の拡大を誘発し、旧市街の狭い街路には多くの車が進入し、生活環境を悪化させ、50～60年代には居住者が続々と転出し、街は活気を失っていく。68～9年の一連の歴史都市調査報告書（注1-10）のとりまとめを担当したのが建築家・都市計画家

写真1-23　ヨークの有名な細街路、ザ・シャンブルズ通り

注1-10　ヨークの歴史都市調査報告書：YORK A STUDY IN CONSERVATION, HMSO,1969

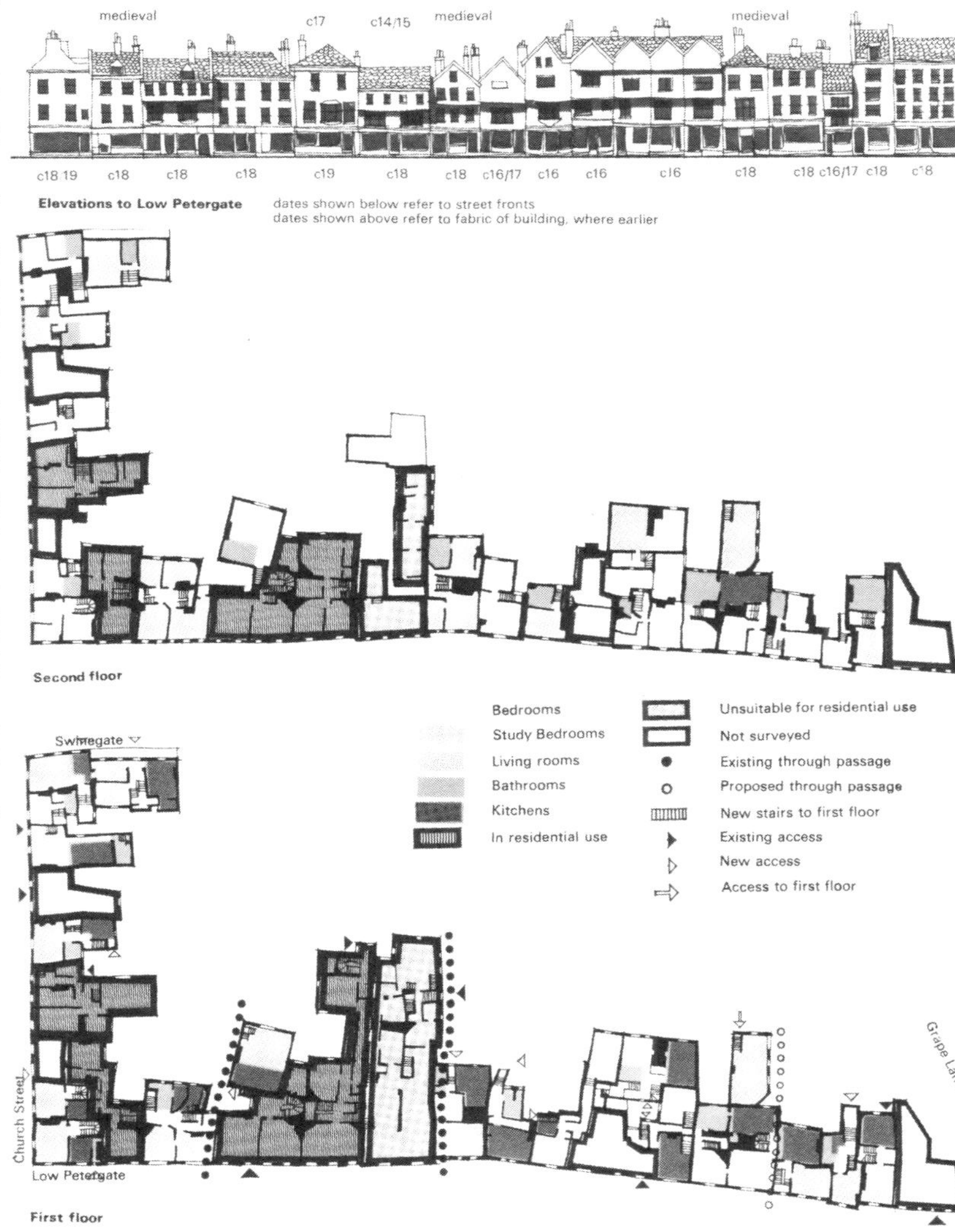

図1・6　ロウ・ピーターゲート通り街並みファサード立面図と建物サーヴェイ図の一例　出典：注1・10

写真1・24　ミックルゲート通りの住居3階改修前／1・25・同改修後　出典：共に注1・10

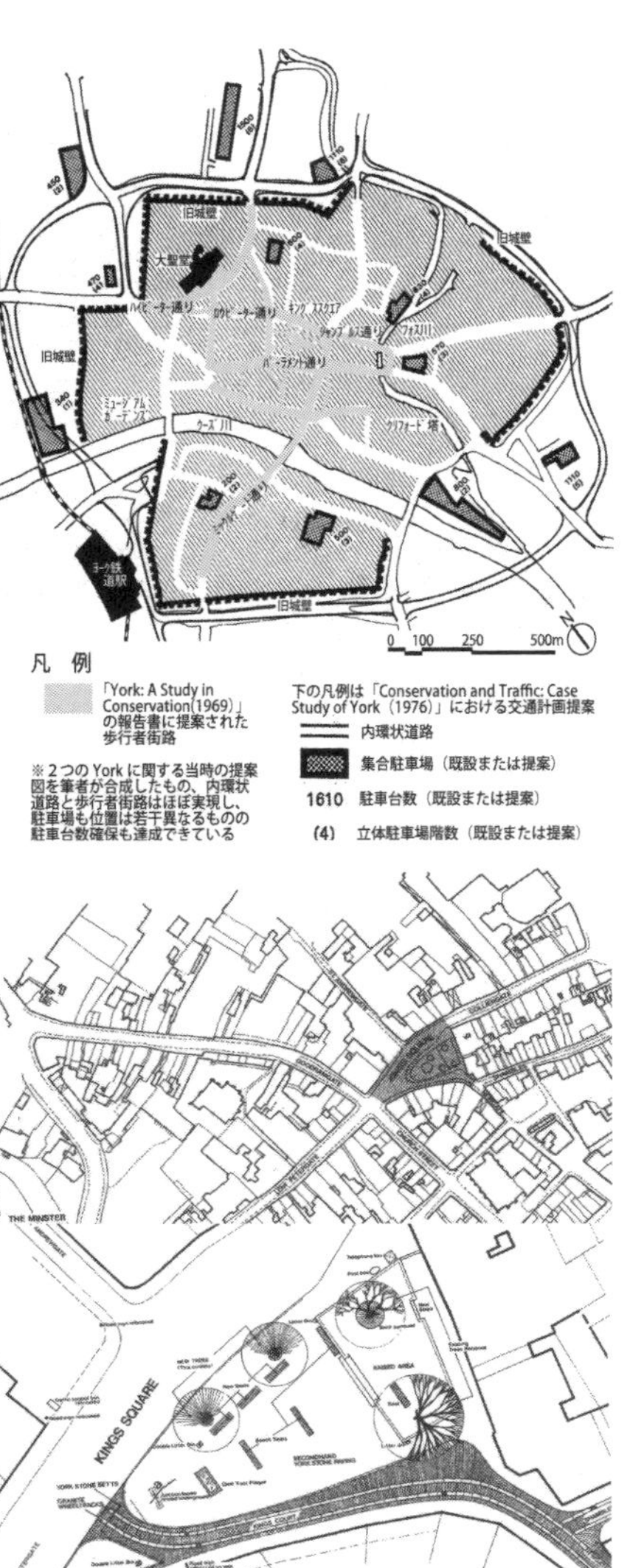

図1‐7　69年歴史都市調査で提案されたヨークの中心部の歩行者区域（着彩部分）と「Conservation and Traffic: Case Study of York (1976)」の交通計画提案の合成図（筆者作成、出典：注1‐10／注1‐12）

図1‐8　60年代末当時に提案されたキングス・スクエア整備計画図（完成は74年）出典：注1‐13

のライオネル・エッシャー（注1‐11）である。街に人々が戻るための手立てとして提唱したのは老朽化した建物の改修とあわせ、街区規模での修復型再開発、空地の確保による居住環境改善、そして中心市街地街路の歩行者空間化を含む自動車交通抑制策、そして市民の居場所となる公共オープンスペースの環境整備、これらを包括的に進めていくことであった。

例えば、中世からの街並の残る有名なザ・シャンブルズそしてロウ・ピーターゲート通りなども含めた歴史的なレンガ造の建物群そして一部の木骨ハーフティンバー様式の建物の残る一帯は、建物悉皆調査が行われ、それぞれに建物診断、そして具体の修復計画が進められていく。そしてその修復計画に基づき1階店舗、2～3階部分の住居階も含めた全面的な改修が行われ、一部の街区では、片側

写真1‐26　キングス・スクエアの現在、多くの市民の居場所となっている様子　出典：Google Street View の画像より

注1‐11　ライオネル・エッシャー（Lionel Viscount Esher, 1913-2004）

注1‐12　「Conservation and Traffic: Case Study of York」Nathaniel Lichfield, Alan Proudlove, 1976/2

注1‐13　「Living Cities: A Case for Urbanism and Guidelines for Re-Urbanization」Jan Tanghe 他, Pergamon Press, 1984（英訳本）原著はオランダのWonen of Wijken,1975

の街並みが伝統的な様式の新しいレンガ建物にそっくり建て替えられるなどの大胆な手法も採用されている。

中心市街の屋外公共オープンスペースの環境改善のための提案も、街路から広場、公園など様々な場所に及んでいる。その中で、大聖堂の近くのロウ・ピーターゲート通りからシャンブルズ通りに至る街角広場とも言うべきキングス・スクエアの改善事業はいち早く着手され、74年には完成している。今では多くの市民の居場所となっている様子を示す画像がグーグル・ストリートビューで公開されている。

また歩行者空間の実現のための交通計画に関しても、歴史都市ゆえに旧市街内の主要街路は限られ、そこへの自動車交通の集中といった側面も否めないが、まずその交通量削減のために都心環状道

写真1-27　ロウ・ピーターゲーター通りの街並みと歩行者街路

写真1-28　60年代のハイ・ピーターゲート通りの風景、溢れる自動車が路上駐車している様が判る　出典：注1-10

写真1-29　2009年の同通りの風景

写真1-30　60年代の多くの自動車で占拠された感のある広幅員道路のパーラメント通り　出典：注1-10

写真1-31　2009年の同通りの路上マーケット開催風景

写真1-32　ニューゲートマーケット広場の露店市

路（内環状道路）の建設を進め、また中心市街の縁を形づくる旧城壁廻りには公共駐車場が用意される。そして中心部の主要街路の歩行者空間化が積極的に進められてきた。

ちなみにその後の76年に出版されたヨークの歴史的街並み保存と交通計画に関する文献（注1－12）と先の69年報告書との整合性（図1－7）を確認すると、ほぼその計画通りに実現したことを物語っている。加えて、外周部には5か所の大型パーク・アンド・ライド駐車場が設けられ、中心市街までは連絡バスの運行も行われている。ちなみに歩行者空間となっている街路沿道の商店や住居への配送などのサービス車両の進入は午前中など歩行者交通量の少ない時間帯に認められている。また歩行者空間にもショップモビリティ（歩行が困難な人のための電動車イス等の貸し出し窓口）が用意されるなど、街なかを誰もが心地よく移動できるような配慮がなされている。

あらためて半世紀近く前の調査報告書に紹介されている当時の写真と現在とを並べてみると、その成果は一目瞭然というべきであろう。街なかに市民が戻ったのである。そして歴史的な市街地風景が修復整備され、また歩きやすい街路が実現することで、多くの来街者を受け入れる街となり、それによる「観光」も地域経済を支える大きな柱になっていることが判る。このように、実にきめ細かい街づくりが展開され、旧市街つまり中心市街には生活街が復活していることが伝わってくる。これもこの半世紀の都市計画の蓄積の成果なのである。

（2）バース（Bath）

英国南西部（イングランド南西部）サマセット州の人口約8万人のユネスコ世界遺産都市、ロンドンから西に150㎞、古代ローマ支配の時代に温泉の街として知られたことが、地名の由来とされる。18世紀には上流貴族階層が集う高級リゾート地として、ロイヤルクレセントなどの名作集合住宅群が

写真1－33　バース中心部ユニオン通りの歩行者空間

建設されるなど、街は大いに繁栄していった。そして20世紀になると、郊外部の発展が進み、1900年代半ば以降、自動車社会の進展の中で旧態依然とした中心市街は勢いを失い、他の歴史都市と同様に次第に衰退していく。中でも60年代のバースの中心部の建物の空き部屋は全体の40％にも及び、崩壊寸前の危険な家屋も幾棟も存在するなどの状況を呈していたという。

バースの再生のための歴史都市調査報告書（注1-14）のとりまとめを担当したのが都市計画家コーリン・ブキャナン（注1-15）、交通計画の専門家でもあった彼の再生計画の特徴は、大胆な形での行き止まり道路や十字道路の対角遮断などによる歩行者区域の設定と言ってもよい。そして当然のことながら建物の修復作業に加え、居住スペースの改善による住民の呼び戻し策も提案されていく。その中で特徴的な提案の一つに、稠密な市街地環境を改善するための、建て詰まった区域の建物除却と小広場や通路の新設があった。これは90年代に実現した中心市街居住地の環境改善、それこそバルセロ

→写真1-36　1960年代の市内ストール通り、出典：注1-14／↓写真1-37　2009年の同通りの風景

写真1-38　1886年築の改修されたコリドー・アーケードのエントランス部

写真1-39　中心部のグリーン通り沿道の建物群、現在も建物の改修が随時行われている

写真1-34　コリドー地区の路地裏の小広場ミルソン・プレイスのオープンカフェ

写真1-35　バース中心部の路地商店街の風景

注1-14　Bath: A Study in Conservation, Great Britain: Department of the Environment, 1969

注1-15　コーリン・ブキャナン（Colin Buchanan 1907-2001）：1963年の「ブキャナン・レポート（Traffic in towns）」イギリス運輸省、（邦訳：「都市の自動車交通」八十島義之助、井上孝、1965）は全世界で翻訳され、当時の都市交通計画のバイブル的存在となった

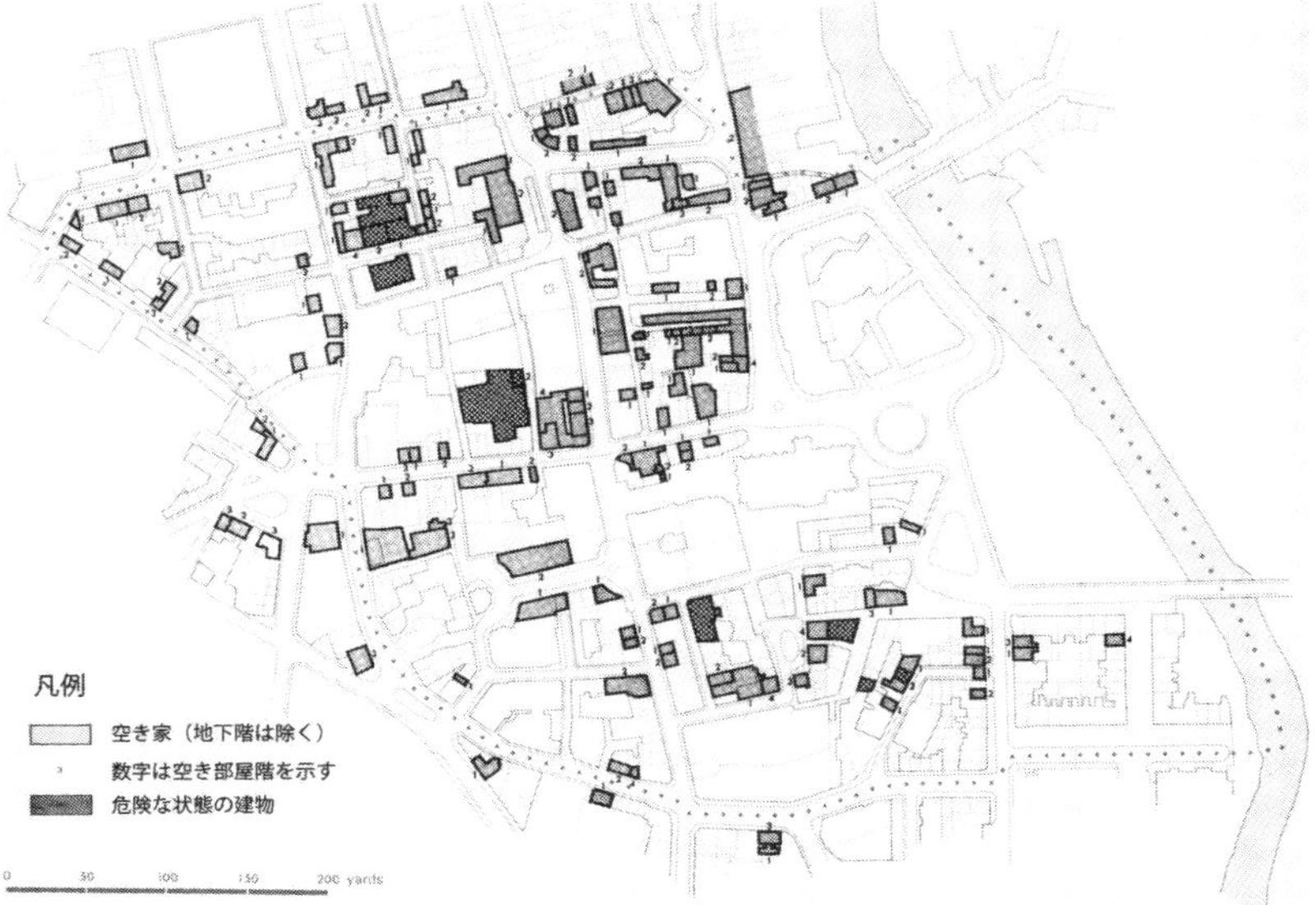

凡例
空き家（地下階は除く）
数字は空き部屋階を示す
危険な状態の建物
0 50 100 150 200 yards

図1-9 1960年代のバース中心部の空き部屋を有する家屋の状況 出典：注1-14

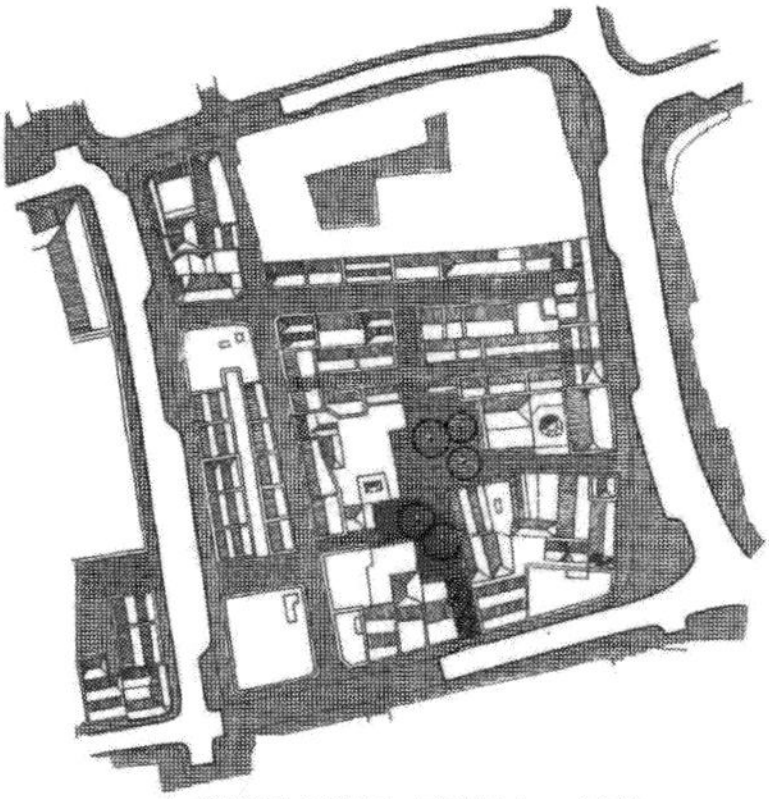

①廃屋を除却⇒広場とし、植栽、舗装、ベンチ等整備
②周囲の歩行者環境整備
③個々の家屋改修

図1-11 中心部コリドー地区にみる稠密地区の空地確保の提案の一例 出典：前掲書

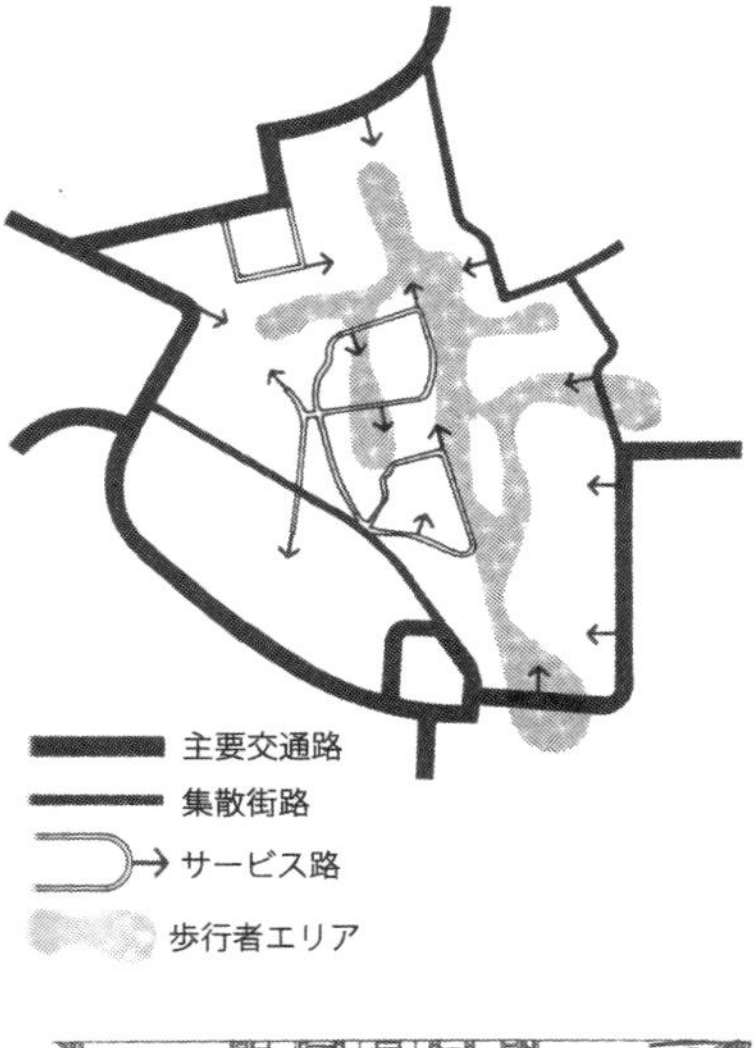

主要交通路
集散街路
サービス路
歩行者エリア

図1-10 1968年報告書に提案された中心部交通計画 出典：前掲書

after

before

図1-12 提案された街路の従来の姿（右）と改修提案（左） 出典：前掲書

ナ市街のオープンスペース確保によるスポンジ効果として知られる手法、その先取りと言うことができるだろう。

筆者はこの街に幾度か訪れたが、その歴史的な街並みの修復作業は年々積み重ねられているように感じられる。実際、このまちに訪れる度にまちの中心部の建物修復現場に出くわしている。このように当初計画から半世紀経た今でも、その街づくりが継続している。中心部のユニオン通り、ストール通りなどのメインストリートの歩行者専用空間は、ほぼ計画通りに実現し、そこには露店の花屋さんやオープンカフェが展開している。そして部分的ながら、前述の68年調査報告書に提案された街区の中の隙間、つまりかつての建物が除却されたと思われるような小広場や路地が連なり、周囲の住居の日照通風の緩衝空間になるとともに、樹木が植えられ、そこにもオープンカフェ・レストランが営業している。そして迷路のように連なった街路網も含め、面的な歩行者区域が構成され、そこには地元の生活者に加え、多くの来街者で溢れていた。

しかも一歩路地に入ればそこは市民の生活空間となるなど、それがこの街のより一層の魅力になっている。このように、都市内居住を前提とした人間環境の再構築、それのための交通計画であり、建物改修計画、外部空間の改善などの積み重ねがそれを支えてきた。これが英国の歴史都市のまちづくりを象徴しているようにも思えるのである。

(3) チチェスター (Chichester)

英国南部(イングランド南東部)ウェスト・サセックス州の西端に位置する人口2・3万人の小さなまち、ロンドンの南約100km、イギリス海峡に面するかつての港町で、ここも古代ローマ時代に遡る歴史を有している。現在も残るほぼ円形の市壁は、イングランドで唯一完全な姿を留めるもので往

写真1・40 チチェスターの60年代のサウス通りの風景 出典:CHICHESTER: A Study in Conservation,Great Britain: Department of the Environment, 1968 (注1-16)

写真1・41 チチェスター・イースト通り入口の交通標識

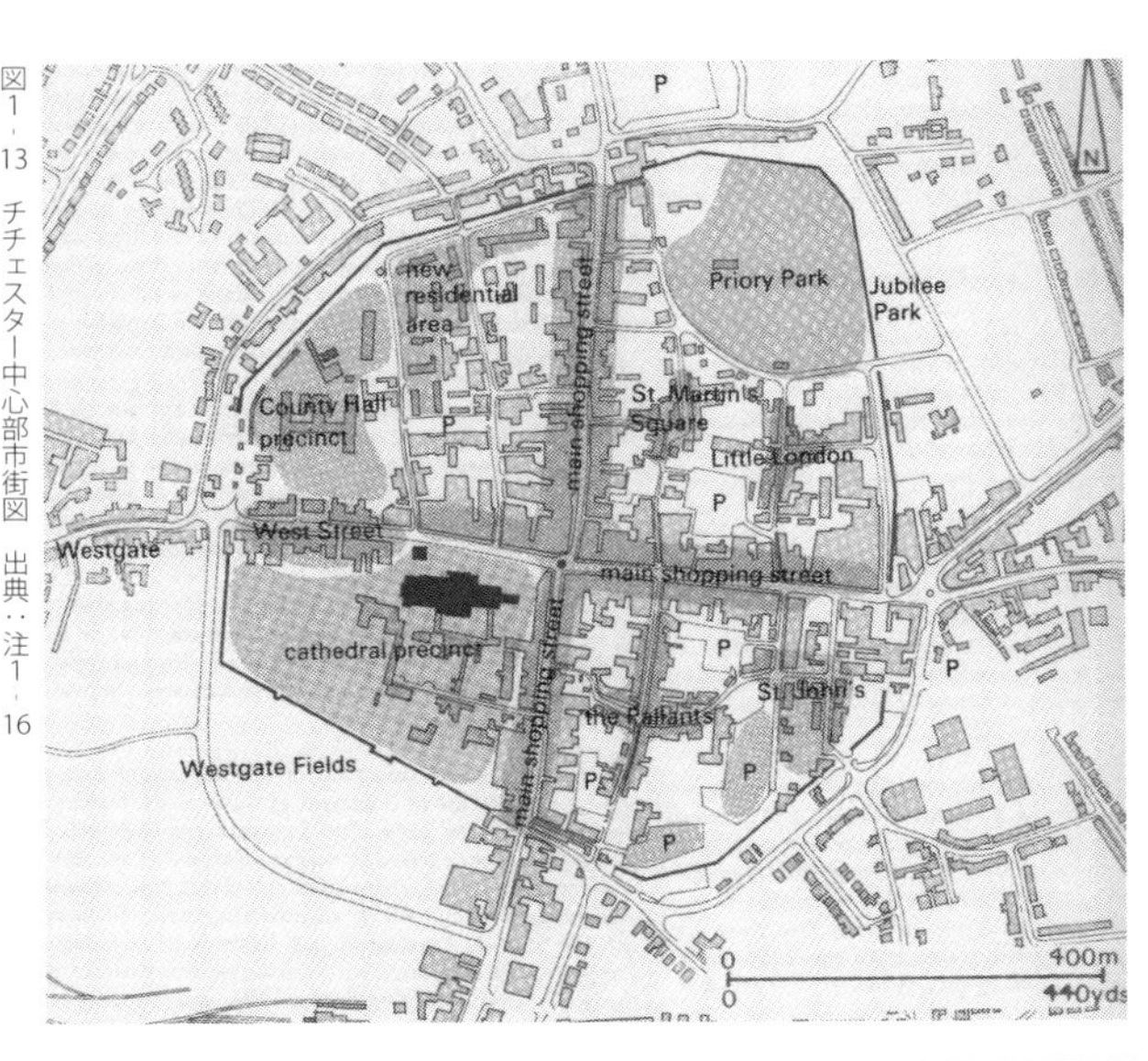

図1-13　チチェスター中心部市街図　出典：注1-16

図1-14　チチェスターの中心部の街路のビフォーアフター計画の一例　出典：注1-16

時に起源をもつとされる。そして東西南北に軸的な4本の街路、中央部にクロスと呼ばれるモニュメントが置かれている。その脇に11世紀に創建された大聖堂が残るも、その他の文化財的な建物は他の歴史都市に比べ極めて少なく、多くがこの街が貿易都市として繁栄した時代、つまり18～19世紀頃の比較的新しい建物群に建て替えられ、その後の鉄道の開通、そして20世紀の自動車の普及が舟運による交易都市の衰退へとつながっていく。その相対的な時代性の薄さが観光地としての性格を弱くしている要因で、その意味で一般的な街と言ってもよいが、急速に寂れたがゆえに、近代化による破壊を免れ、往時の姿を最も忠実に留めている。

このまちも前述の都市と同様の問題が50年代以降に露呈していく。68年の調査を担当したのが

写真1-42　チチェスター・イースト通りの歩行者空間

写真1-43　チチェスター市内で見かけた電動車いすで移動するおばあさんの姿

ジョージ・バロウズ（George Stokes Burrows）、同氏に関する詳細は不詳だが、後に『Tree planting in urban areas』という本の著者でもあることから都市計画家というよりはランドスケープ系に主軸を置く専門家と言うべきであろうか、しかし計画内容については他都市の手法とほぼ共通している。この街の保存修復計画は、市壁内と十字の道路の入口となる4つの門の周辺地域を保存地区に指定し、次にその区分ごとにより詳細な調査を実施し、居住環境区域の画定、そして最終的に建物保存修復の提案を行うもので、それは後に上層階の住居スペースとしての復活を前提とした店舗修復助成へとつながっていく。つまり居住機能の回復を目指した商店街の再生であり、それこそ営々と続いてきた地域コミュニティの再生と言ってもよい。

そして商店街道路の歩行者空間化を実現するための、十字に交差する4方向の大通りのクロスの対角遮断を含むカテドラル周辺一帯の歩行者空間化計画が進められていく。その一部にはバス、タク

→写真1‐44　周辺サウス通り　出典：注1‐16／↓写真1‐45　2009年のほぼ同じ位置からの画像

→写真1‐46　1951年のサウス通り　出典：注1‐17／↓写真1‐47　2009年のほぼ同じからの画像

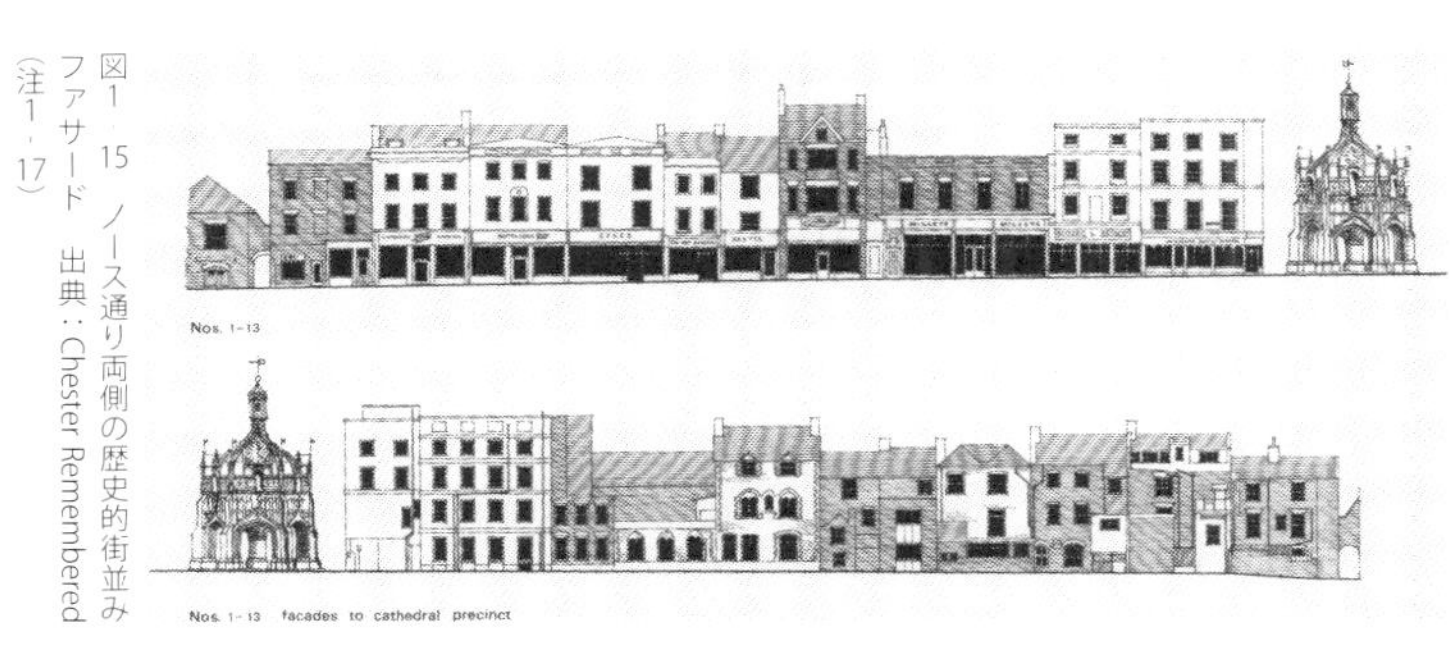

図1‐15　ノース通り両側の歴史的街並みファサード　出典：Chester Remembered（注1‐17）

シーなどの公共交通のみの通行を認めるトランジットモール区間も含め、面的な歩行者優先区域の実現が図られ、着実に実施されてきた。

この小さなまちの中心市街だが、観光地でもない普通のまちの夏のウィークデイにも拘らず、多くの市民で賑わっていた。よく考えてみれば、これこそ私たちが忘れていた本来の都市の姿と言ってもよい。つまり実現できていた生活街の復活、ここに都市再生の原点を見たような気がする。そしてまちには建物の高さを抑えるルールが定着し、それも良好な居住環境を担保することにもつながってる。商店街の店構えもきめ細かいデザインガイドラインが定められ、歴史的な景観の保持が定められている。

第2章　フランスにおける都市改造試論と「生活街」の保全

1　ル・コルビュジェのパリ改造ヴォアザン計画

ここではあらためて、ＣＩＡＭそしてアテネ憲章の主導的役割を担ったル・コルビュジェのパリ都市改造論から解説してみたい。彼が１９２５年に発表したヴォアザン計画（Plan Voisin、図２‐１）、この存在を知る人は少ないだろう。これこそコルビュジェの有名な22年の「３００万人の現代都市」と30年の「輝く都市」の２つの都市論の中間的な時期におけるパリ改造試案であり、それは33年のＣＩＡＭ「アテネ憲章」へと昇華していく。この提案はナポレオン3世時代のジョルジュ・オスマンの凱旋門や広場から放射状に延びる都市軸とも言うべき広いブールバールを実現させた「パリ改造計画」に次ぐ実に大胆な構想であり、シテ島の右岸側に広がる歴史ある地区を、広幅員の格子状街路とスーパーブロック、そして広いオープンスペースを確保し、高さ２００ｍの超高層建築群に改造するという、当時のコルビュジェの理想都市イメージを体現したものと言われている。提案された街路幅員は１２０ｍ、80ｍ、50ｍで、建ぺい率は各街区５％程度に抑えることで、健康的な都市住民の生活環境の実現と、来たるべき自動車社会の到来を予言したものであった。

これが実現することは無かったものの、この提案に酷似する都市開発が場所を変えて50年代から実

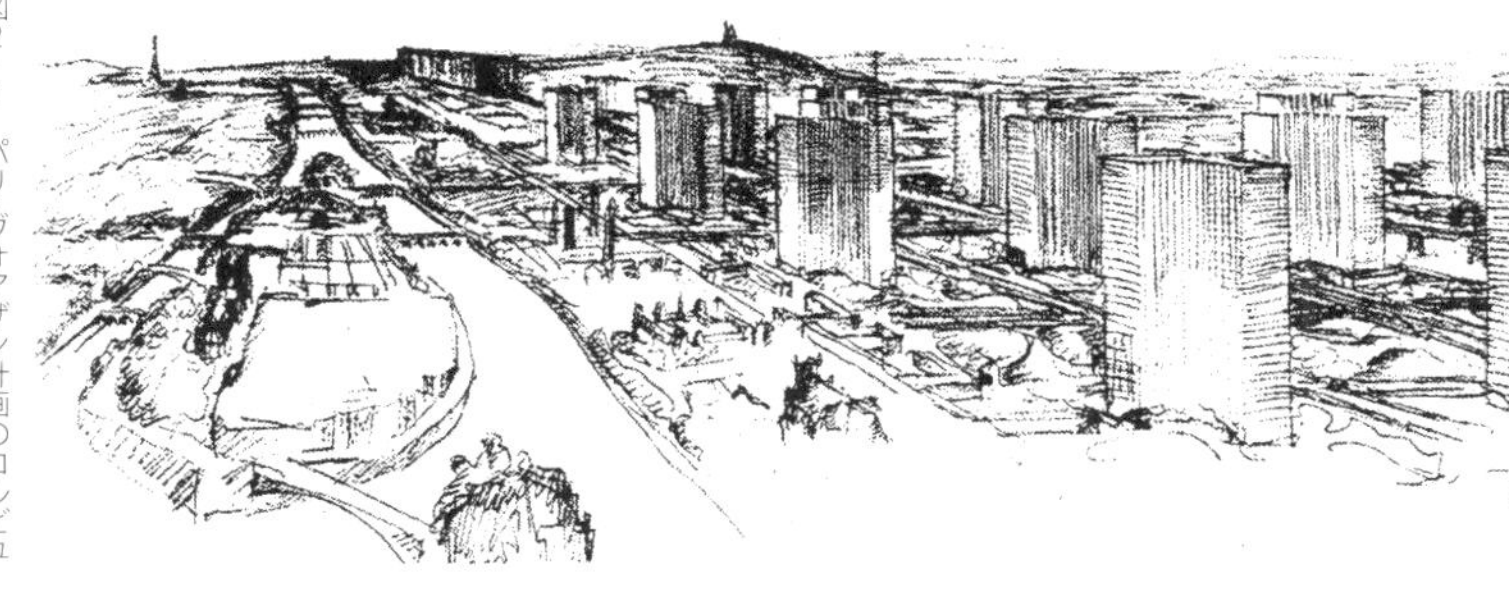

図２‐１　パリ・ヴォアザン計画のコルビュジェのデッサン、ル・コルビュジェ財団蔵
出典：アサヒグラフ別冊・シリーズ20世紀―都市（1966/3）

現される。それはパリ西郊のラ・デファンス地区（La Défense、約750ha）、そしてポーグルネル再開発地区（Beaugrenelle、約29ha）である。そこには、地上階は車のための広い道、空中の歩行者デッキと人工地盤があり、モータリゼーション時代にふさわしい近代的な都市改造モデルとして、欧州各地そして北米、アジアなど、全世界に広まっていった。

2　1962年マルロー法制定と都市計画法制の改訂

未来型新都市の出現と郊外住宅地の開発の一方で、車社会以前の旧市街の旧態依然とした佇まいから脱出する新富裕層や旧貴族の地主層たちが転出していく。それはいつしか一般市民も追随することとなる。富裕層たちが抜け出した空洞化の著しい地区の代表例に、かつてパリで最も高貴な貴族のまちと言われたマレ地区がある。その兆候は1900年代初頭から始まり、それは多くの移民が住む場所となり、第二次大戦時のナチス占領下でのユダヤ人狩りの悲しい歴史にも遭遇する。その空いた家屋に大量のイスラム圏、東欧、アジアからの人々の流入も進み、街区内にはバラックが建て増しされ、一種のスラム的様相を呈するなど、歴史的な建物やまちは荒廃していく。

これは首都パリに限らず、地方の都市も同様であった。その状況を憂いたフランスの作家で当時の文化相アンドレ・マルロー（注2－1）が提唱した歴史的街区の保存と不動産修復を支援する法、有名な「マルロー法」が1962年に制定される（注2－2）。その条文には「都市の歴史的・文化的かつ美的な価値自体は、単体の歴史的建物に限らず市街地を構成する建物群とそれによって創られる空間にある」とされ、これを機にフランス全土で歴史地区を含む旧市街の保全、修復を目指した計画が進められる。

写真2－1　ラ・デファンス地区の人工地盤のセンタープロムナード、正面にグラン・プロシェのひとつ新凱旋門が見える。手前はミロの屋外彫刻

注2－1　アンドレ・マルロー：（André Malraux, 1901-1976）

注2－2　正式名称は「フランスの歴史的および美的遺産の保護についての法律を補完し、不動産修復の促進を目指すための1962年8月4日の法」という

そして60年代末から80年代にかけての土地基本法（ＬＯＦ：Loi d'orientation foncière 1967）の制定、都市計画法典の改正（Code de L'urbanisme 1973）へと続く。そしてＰＳＭＶ風致保全再生計画（Plan de Sauvegarde et de Mise en Valeur 1976）、ＺＰＰＡＵ（建築・都市・文化遺産保存地区、Zones de Protection du Patrimoine Architectural et Urbain 1983）の制定へと繋がり、修正都市計画の中に「歴史」「景観」、それは「伝統的な都市への回帰」が位置付けられたことを示すものであった。

3　パリのまちの下町の再生

（1）貴族たちの住んだ「マレ地区」の再生

マルロー法の誕生によってパリのマレ地区はすぐさま「歴史保存地区」（secteur sauvegardé）」に指定され、保存計画が着手された。早急に保存改修されるべき建物の評価軸として、⑴優れた美的価値、⑵きわめて憂慮すべき保存状態、の２点が定められ、その基準に基づき１７００棟以上もの建物が順次改修されていく。その際、地区全体も次の６つの基本方針、①空地と緑地を復元し建ぺい率を下げる、②復原した庭園の地下に駐車場を設ける、③合理的設備を備え在来の手工業者を再編する、④歩行者道路をつくる、⑤邸宅建築を再利用する、⑥学校、文化センターの環境を再編する、という内容に沿って整備されることになる。

歴史的建物と言えば、このまちのほとんどの建物がそれに該当するが、その中でも文化的価値の高い旧有力貴族の館はパリ市によって買収され、美術館などに

図２-２　ヴォージュ広場一帯の鳥瞰図　出典：『都市住宅』１９７１／２特集・都市と保存、鹿島出版会。この広場は１６０５年に完成、イタリアルネサンスに心酔するアンリ４世（1553-1610）により「王の広場」として計画的に造られたパリの最初の都市広場とされる

修復・転用されていく。そして一部の建物を除却し、そこは公園として解放される。また街区内の度重なる増築で建て詰まっていた不要な建物の除却によってオープンスペースを確保し、日照・通風のための広場や通路が設けられる。このような手法で、この地区の居住性能も格段に向上していった。

これ以降、単体の建物とまち双方の改修を同時に進めるという本来の姿が定着することとなる。今ではパリの下町「貴族の館の残るマレ」として観光ガイドブックに紹介されるなど、整った街並、そしてショップやレストランが並ぶ、実に魅力的なまちになっている。筆者もパリを訪れる度に、ヴォージュ広場近くのホテルに逗留したが、その時間の蓄積に加え、様々な庭園や中庭が解放され、そこは多くの市民で賑わっていた。また低廉なレストランやパン屋さん、果物屋さんも豊富で、まさに市民のための「生活街」の復活、つまり都市の再生がほぼ完璧なかたちで実現していたと見る。

この法制定は不動産修復を通して実現する文化的価値の再創造が主目的ではあったが、見方を変えれば、歴史地区とは永年にわたって形成された職住一体型のまち、それこそ「生活街」そのものでもあった。一旦都心から離れた住機能の回復と改善事業、これこそ20世紀後期から始まる欧州の都市再生運動にほかならない。居住機能の回復、すなわち生活街に似合わない自動車交通を抑制するとともに、歩行者優先型のまちに戻すことも並行して進められた。こうしてフランス各地での歴史地区の修復、居住人口の復活が70年代以降、急速に図られていく。歴史的建物そして街並み保存運動は、全欧州だけでなく世界レベルでの共感を受け、各国に伝播されていくのもこの時代である。

その中で79年に修復が完了したヴィラージュ・サン・ポール（Village Saint Paul、図2-3、4）を紹介しよう。ここは今ではマレ地区を代表するギャラリーやアトリエなどのある有名なショップ街（80店舗）となり、上層階の住戸（295戸）も全面的にリノベーションされ、地元では格別人気の集合住宅街に様変わりした。修復前には街区内は永年の増築によって、きわめて劣悪な環境となっていた。

写真2-2　マレ地区ヴォージュ広場の芝生広場で憩う多くの市民たち

写真2-3　生活感あふれるマレ地区のまちの風景

それが同法制定を契機とする修復事業によって、減築すなわち増築部は撤去され、かつての明るい石畳の樹木が植えられたれた中庭（ポシェ）が復活し、周辺街路からその魅力的な中庭に自然と引き込まれ、そこには椅子・ベンチが置かれ、1階の要所にはカフェ・レストランそして画廊や工房などのアトリエが配されている。

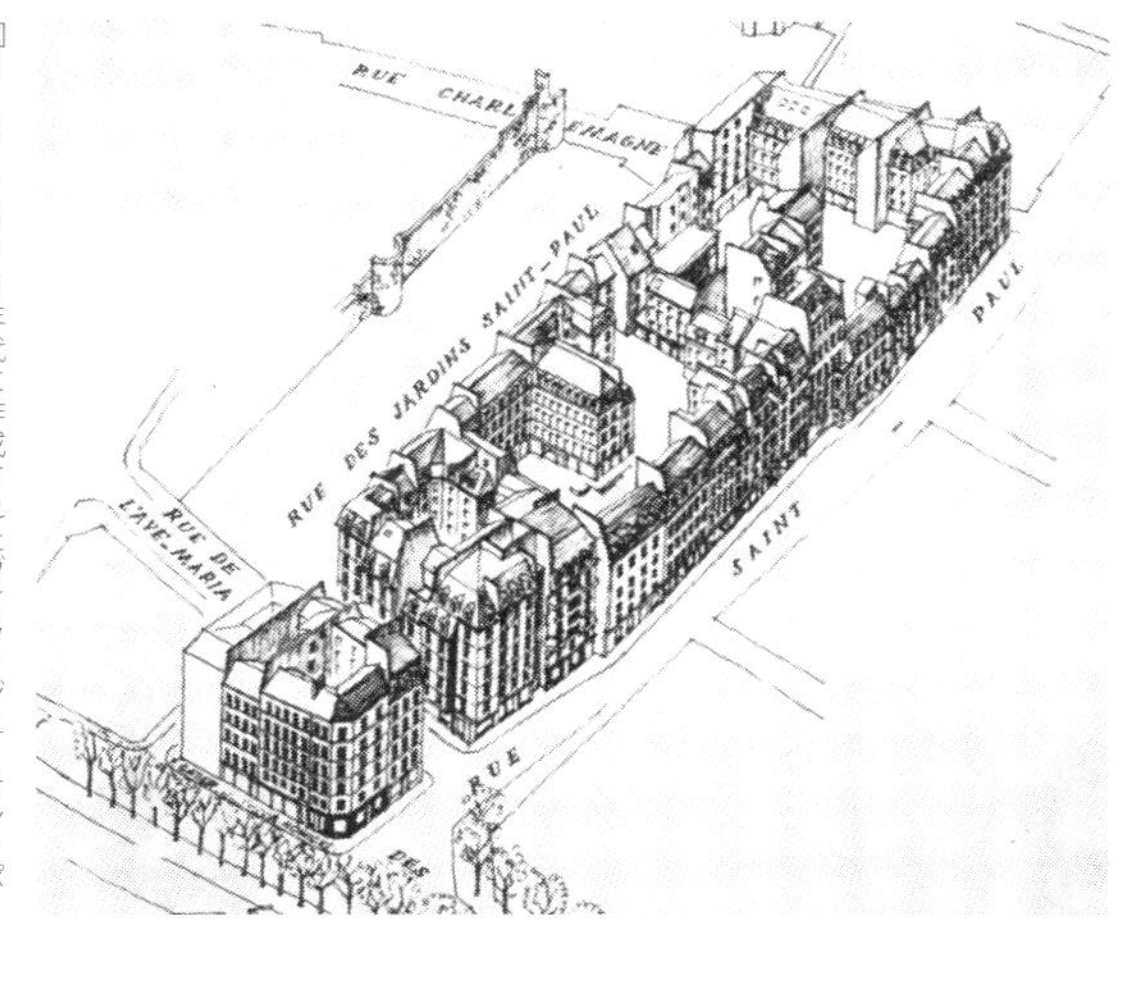

図2-3　1970年代に作成されたヴィラージュ・サン・ポールの修復計画の鳥瞰イメージ図　出典：イコモスHP Construire_expo_pp221-240.

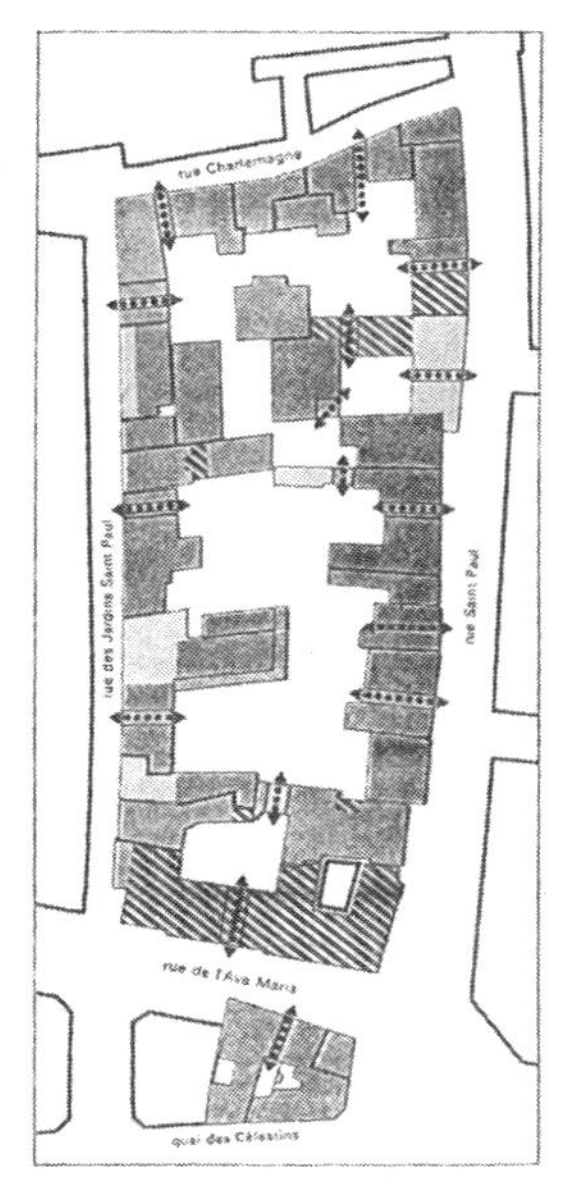

図2-4　街区内空地の確保の例―ヴィラージュ・サン・ポール地区。左は従前、右は整序後の状態。不要な建物群が除去され、そこに空地に生まれ変わっている　出典：『パリ神話と都市景観』荒又美陽

写真2-4　かつての邸宅の庭園も今は子供たちの遊ぶ公園となっている

写真2-5　ヴィラージュ・サン・ポールの改修された中庭部分

（2）パリのパサージュと下町の「生活街」

マレ地区の北、レピュブリック広場を東の端とし、北にノル（北）駅とサンラザール駅、西にマドレーヌ寺院の一帯が産業革命期に栄えた言わばパリの下町、この三角地帯に18世紀末から19世紀にかけて架けられた鉄とガラスのパサージュが、多数いまだに現役として息づいている。その呼び名は国や地域によって異なるが（注2-3）、これこそ当時の最先端のまちと言ってもよい。

筆者は若い頃このパサージュに魅せられ、70年代以降40余年の間に世界の事例、１００余例を観察し、写真に収めてきたが、その造りの繊細さと数でパリに敵う都市は無いであろう。その数は知る限りでは19本（当時建造されたのは40余例とされる）、それらもパリ市の進める保存修復対象となり、往時の姿が復元された華麗なショップの並ぶパサージュもあれば、「生活街」そのものつまり下町の雰囲気を漂わせる独特なパサージュもある。それらが各界隈に群として連なり、一種のラビリンス（迷路）のような錯覚をもたらしてくれる。それが余計にパリのまちの魅力を倍加させるとも言える。

このパサージュこそ産業革命当時、多くの労働者が都市に集中し、街区内を埋め尽くした増築建物を整序しつつ、ガラスの天蓋の通路に商業的価値を付与し、上層の住居階の環境を保全する方式、つまり職住近接スタイルを保障するための当時最先端の都市空間なのである。完全透明ではなく歪んだ光を透すガラス面の上は、パリに息づく生活街とも言える。下層階「商」の求める光と「住」の求める静寂、それを造りだす1枚の環境装置のスクリーンがこの鉄とガラスの装置、すなわち職住一体化維持装置なのであった。上を覗けば、歪んだ光の奥には4～5層の住居階が存在する。そこが伝統的な低層建物主体の町家文化の街路を覆うことで、職住分離を誘発していった日本のアーケード街とは本質的に異なるのである。

このパサージュ群を舞台に展開される文化人や市民の生活像を膨大なノートに遺したヴァルター・

注2-3　パサージュ：イタリアではガレリア、イギリスではアーケード、ドイツ・オランダではパサーゲもしくはパッサーゲン、フランスはパサージュそしてギャルリーなどと呼ばれる。西欧のパサージュは街区内に挿入された光の通路を有する建築物である。一階は店舗等であっても上層階に住居を併設するものが伝統的なスタイルでもある。その点、日本の20世紀中期以降のアーケードは道路上の日除け・雨除けとして発達するが、2層の高さに設置され、結果として上層階の住居を排除することとなった。その点が対照的でもある

写真2-6　世界で現存する最古のパサージュと言われるパリのパサージュ・デュ・ケール（Passage du Caire, 1798）

ベンヤミン（Walter Benjamin, 1892-1940）の『パサージュ論』（注2-4）、これこそオースマンの広幅員の軸的街路＝ブールバールの挿入に始まり、コルビュジェたちによって発展されていく近代都市計画をシニカルに捉えた名著と言われる。20世紀初頭つまり100年前の時代に、この生活街に息づく姿を忠実に他者の文章を継ぎ接ぎによって書き遺した本当の意味、それは定かではないが、世界の多くの建築家たちがこの書を引用しながら、自戒を込めてポスト近代都市計画、つまり「機能都市」から「人間環境都市」「遊歩都市」への脱皮を唱えていることからも、その存在価値の大きさが伝わって来るであろう。

　パリは世界に冠たる近代都市だが、その中身は中世からの伝統的な居住空間を内包するまちなのである。パリ中心

写真2-7　パサージュ・デュ・ケールの外観、上層が住居階となっている

写真2-8　パサージュ・ブール・ラベ（Passage du Bourg l'Abbé,1828）

図2-5　パリ中心部のパサージュ位置図

凡例（築造年順）：番号/名称/築造年：①パサージュ・デュ・ケール/Passage du Caire/1798, ②パサージュ・デ・パノラマ/Passage des Panoramas/1800, ③パサージュ・ヴィヴィエンヌ/Galerie Vivienne/1823, ④パサージュ・デュ・グラン・セール/Passage du Grand-Cerf/1825, ⑤パサージュ・ヴェロ・ドダ/Galerie Véro-Dodat/1826, ⑥パサージュ・ベンヌ・エオード/Passage Ben-Aïad/1826, ⑦ギャルリ・コルベール/Galerie Colbert/1826, ⑧パサージュ・デュ・ポンソー/Passage du Ponceau/1826, ⑨パサージュ・ヴァンドーム/Passage Vendôme/1827, ⑩パサージュ・ブール・ラベ/Passage du Bourg-l'Abbé/1828, ⑪パサージュ・ブラディ/Passage Brady/1828, ⑫パサージュ・ショワズル＋サンタンヌ/Passage Choiseul＋Ste Anne/1829, ⑬パサージュ・デュ・プラド/Passage du Prado/1830, ⑭パサージュ・プトウ/Passage Puteaux/1839, ⑮ギャルリー・デ・ラ・マドレーヌ/Galerie de la Madeleine/1845, ⑯パサージュ・デュ・アーブル/Passage du Havre/1845, ⑰パサージュ・ジョフロワ/Passage Jouffroy/1845, ⑱パサージュ・ヴェルドー/Passage Verdeau/1847, ⑲パサージュ・デ・プランス/Passage des Princes/1860,

写真2-9　パッサージュ・デュ・グラン・セール（Passage du GrandCerf,1825）

写真2-12　パサージュ・ジョフロワ（Passage Jouffroy,1847）

写真2-10　パサージュ・ヴィヴィエンヌ（Galerie Vivienne,1826）

写真2-13　パサージュ・デ・プランス（Passage des Prince,1860）

写真2-11　パサージュ・デ・パノラマ（Passage des Panoramas,1800）

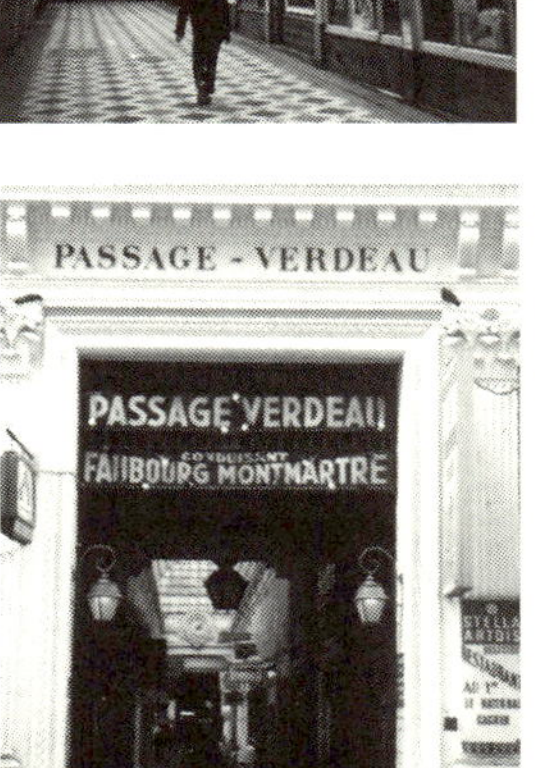

写真2-14　パサージュ・ヴェルドー（Passage Verdeau,1846）の入口部

写真2-15　パサージュ・ブラディ（Passage Brady,1828）、生活街の雰囲気がよくわかる

注2-4　『パサージュ論』（岩波現代文庫第1～5巻、W・ベンヤミン著、今村仁司、三島憲一ほか訳）

部のほぼ全域にわたる高さ規制の存在が、秩序ある用途混在を保障している。その姿はエッフェル塔からまちを望めば、中心部の建物の高さは一定に揃えられ、その最上階は憧れの最高級とも言われる屋上テラス付の邸宅らしき住居が連なる。そして足元の広いブールバールの歩道でよく見かける犬を連れた貴婦人、そしてシャンゼリゼ通りなどのオープンカフェが居並ぶ光景の中の常連の紳士淑女、彼らこそそこからの徒歩圏に居住する時間とお金に余裕のある地元の住民の人たちである。

大通りから一歩裏手に回れば、連綿と続く生活街が存在し、常に人の気配を感じることのできる安心感がある。そして市内の広場では週末となれば野菜・果物、食料品などのマルシェ（青空市）が催される。これも市街に暮らす市民の生活を支える重要な商いの場であるがこそ持続されている。これが昼間人口より夜間人口の多い首都・パリだと言われる所以と言ってもよい。

4　ルーアンの歴史都市再生と歩行者空間整備

そのパリから北西１３０㎞に位置する中世都市・ルーアン（人口約12万人）は今では中世からの伝統的な木骨建築の街並み、そして荘厳なゴシック様式の大聖堂や14～15世紀の仏英百年戦争の愛国少女ジャンヌ・ダルク終焉の地として知られる。今では「街そのものが美術館」と呼ばれる観光都市だが、60年代末までは中心市街の空洞化による経済的地盤沈下は著しく、かつて20世紀初頭には市人口の約半数の６万人が居住していたのに対し、60年代で約３万人と半減する。その要因は歴史的市街ゆえの建物老朽化と自動車社会の進展、そして郊外開発による人口移動であった。その背景にはルーアン特有の狭く曲がりくねる街路、そこに50～60年代には大量の車が進入し、中心市街の居住環境が大きく阻害されたことも、その脱出の大きな要因ともなった。

（1）歴史的環境保存地区の保全と住居改善

62年のマルロー法制定を機にその再生が本格的にスタートする。67年に策定された歴史的地区再生計画において伝統的な木骨建築の街並みの保存再生そして居住性能の向上のための住宅改修支援、歩行者環境整備を包括的に行うべく、①中心市街の約35haの区域を歴史的環境保存地区に指定し、地区

写真２‐16　かつてのルーアン中心部の伝統的木骨建築群の姿（76年筆者撮影）

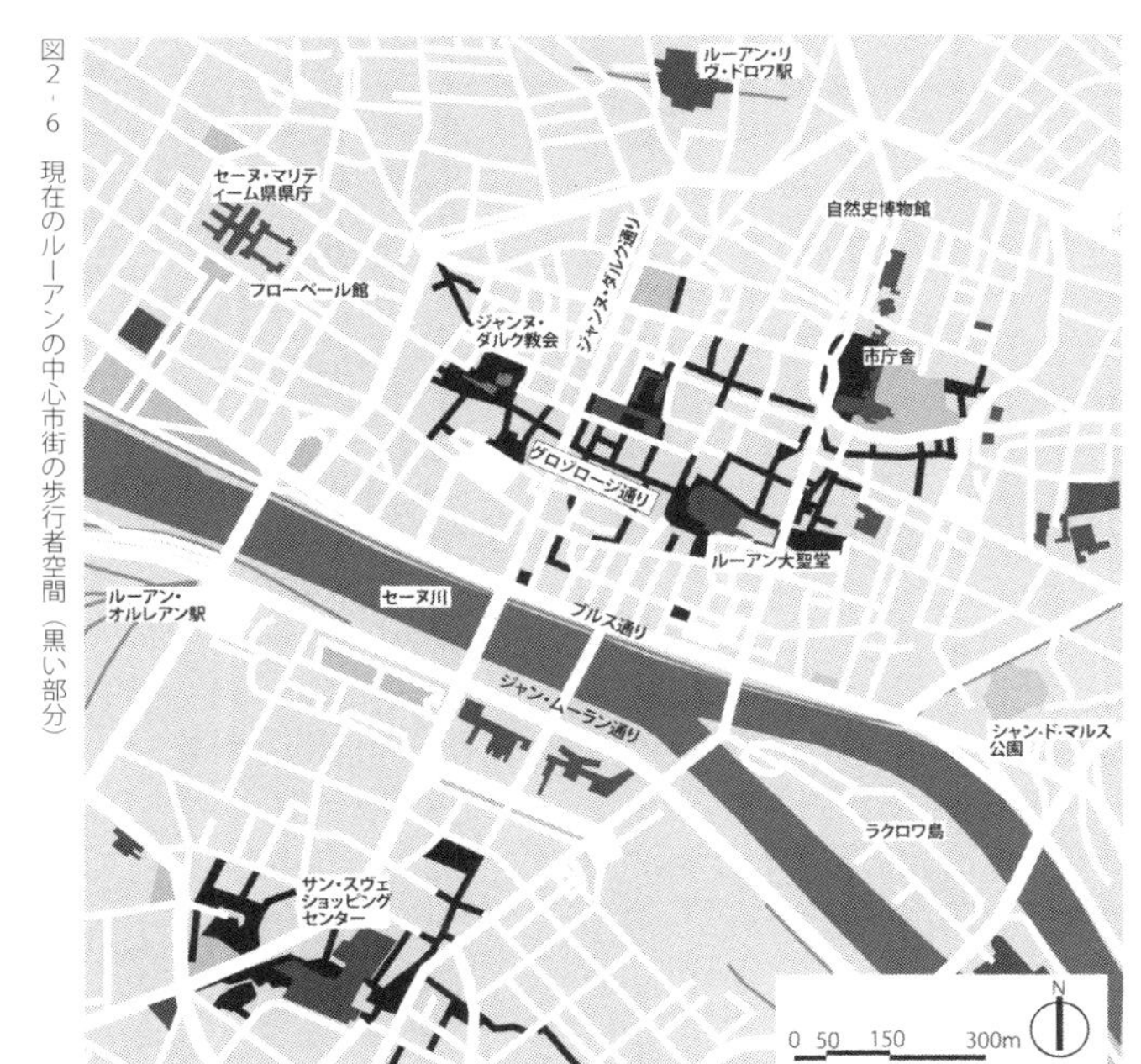

図2・6　現在のルーアンの中心市街の歩行者空間（黒い部分）

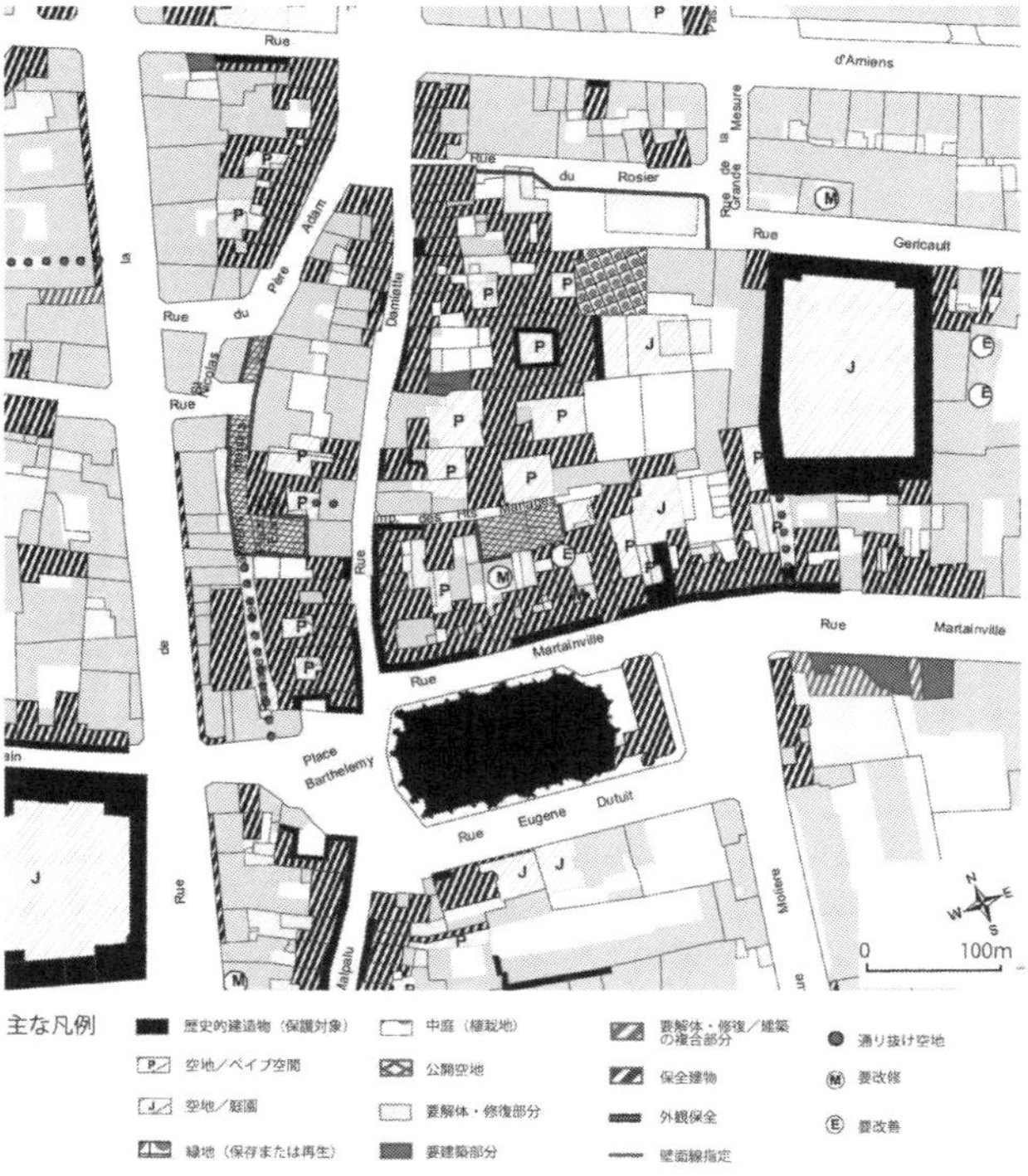

図2・7　ルーアン中心市街地のPSMVの一例　出典：ルーアン市2006年視察団公式訪問時受領資料

内の建物改修を行うとともに街区内建物の減築等による日照・通風等の性能向上を図る、②歴史地区の周囲に数か所の駐車場を整備し、街路網を歩行者空間化する（当初計画は約3km区間、後に延伸）、③地区内の交通規制（歴史的地区の周囲の道路一方通行化、一方通行に逆行するバス専用通行帯の設定）などの施策を展開する、とした。

注2・5　PSMV（保護管理計画）：Plan de sauvegarde et de mise en valeur

注2・6　資料出典：treets for People（OECD編、1974）邦訳版として『楽しく歩ける街』宮崎正（訳）、岡並木（監訳）、経済協力開発機構、パルコ出版（1975）

歴史的環境保存地区内はＰＳＭＶ（保護管理計画、注2-5）の対象となり、歴史的建造物だけでなく住居も含むすべてが調査対象となり、個々の建物老朽化の状況から構造・設備も含む居住性能、街区内環境などの把握が行われ、保存建物、改修そして除却も含めた改善計画が進められる。それは73年のフランス都市計画法典の制定、そして76年以降のＰＳＭＶ風致保全計画へと受け継がれ、着実に外観も含めた街並みから居住環境全般の改善が図られていった。その後、83年のＺＰＰＡＵ（建築・都市・文化遺産保存地区制度）、そして93年のＺＰＰＡＵＰ（建築・都市・景観文化遺産保存地区）へと移行していく。図2-7は06年の海外視察団の市役所公式訪問時で受領したＰＳＭＶプランの部分図（中心部東側）だが、ここには歴史的建造物指定に加え、地区内の空地確保のための壁面指定やすべての建物の改善メニューが記され、随時更新される仕組みになっている。

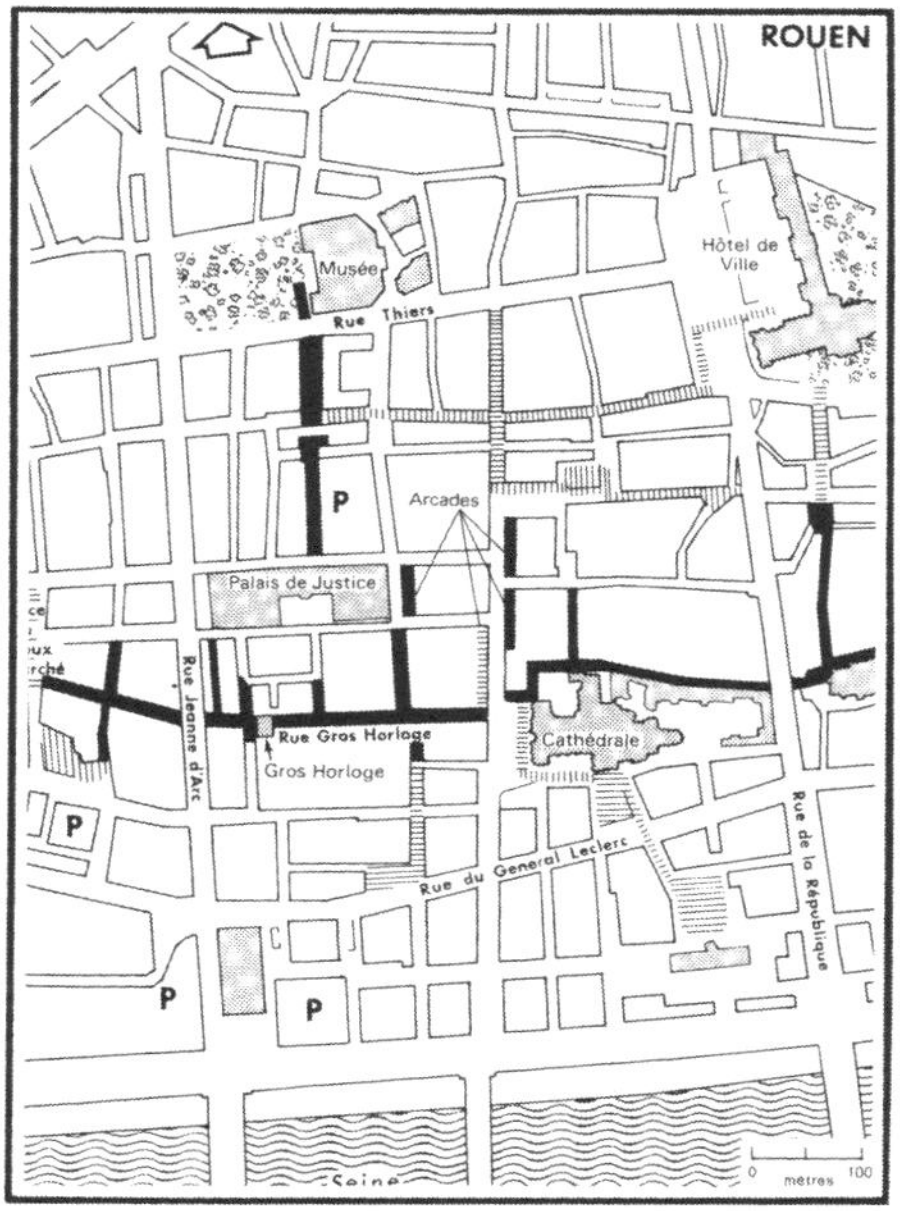

図2-8　1970代初頭のルーアンの中心市街の歩行者空間（黒い部分）　出典：注2-6

（2）フランス国内初の歩行者街路実現から区域へ

中心市街の歩行者環境の改善だが、70年にフランス国内初の歩行者空間とされる大時計通り（グロゾロージ通り、幅員6～8m）が誕生する。そして73年にはそれが西側のジャンヌ・ダルク教会にまで延伸される（注2-6）。それは通過交通排除のための外郭環状線の整備、セーヌ川

写真2-17　修復されたルーアン中心部の伝統的木骨建築群の街並み（2014年）

写真2-18　ジャンヌダルク教会前の広場と修復された街並み

写真2‐19　1960年代の中心部のグロゾロージ通りの自動車であふれた状況　出典：注2‐6

写真2‐20　ルーアン中心部の大時計通りの賑わい

写真2‐21　中心部の歩行者ゾーンの標識

写真2‐22　セーヌ川沿い遊歩道には多くの行き交い・憩う市民の姿がある

の新架橋、歴史的地区周辺における駐車場増設計画と連動するかたちで進められていく。

その後90年代には南北交通の軸としてLRTを導入し、鉄道駅ルーアン・リヴ・ドロア駅からジャンヌダルク通りを経由しセーヌ川までの中心部は全面地下化がなされている。現在はほぼ3～10分間隔に走行し、市民の大きな足となっている。そしてメトロ（トラム）の導入に引き続き、東西方向の交通軸として、専用レーンバスであるTEOR（通称テオール：Transport Est-Ouest Rouennais）を導入した。このTEORは、バス専用レーンを一歩進めて、路線の大部分を専用レーン化したバスシステムで、一般車の進入は原則として規制され、一種のトランジットモールともなっている。TEORで使用された車両は連接低床バスで、これによって軌道系交通システムに匹敵する定時性・輸送力を確保し、また中心市街では光学式ガイドウェイバスとなり、停留所部分の白線を読み取るガイド誘導でホームとの隙間を最小に抑えるなどのバリアフリーに配慮している。

中心部のいくつかの主要な広場も車から完全に解放され、歩行者広場として再整備され、今では多くの市民の憩う空間となっている。例えば、ジャンヌ・ダルク教会前の広場には椅子やベンチがランドスケープの一部として設えられ、また周囲にはオープンカフェ・レストランが軒を並べるなど、常に人の気配を感じる場所となっている。加えて歩行者区域は年々拡大の方向で、今ではそのネットワークはセーヌ河畔にも及び、かつての物流・工場地帯であった川沿いの地区は新たな先端系の業務や住宅街に変身しつつある。そしてセーヌ川沿いには立派な遊歩道・自転車道が実現している。

筆者がここを最初に訪れたのは歩行者街路が実現し、拡大されつつあった76年で、2度目以降が06年と14年、ほぼ30～40年の月日が流れているが、当初見た街並みとは全く見違えるほどの街の賑わいと美しさであった。まさに60年代以降の都市計画の転換が、まちの再生に大きく寄与してきたことは紛れもない事実である。

第3章　ドイツにおける複合型の中心市街再生

1　ドイツ諸都市の第二次大戦後の復興計画

ドイツの諸都市も中世以来の歴史を有し、19世紀以降の産業革命を経て工業化の道を歩み、発展期を迎える。しかし20世紀の第一次・第二次の世界大戦は各都市に大きな傷跡を残す。とりわけナチス・ヒットラー政権のもとで45年の敗戦に至るまでの間に中心部は連合国軍の空爆によって壊滅的な被害を受ける。そこはわが国の被災都市と共通だが、わが方が土地区画整理事業を主軸とする道路基盤と防災不燃化を柱とした都市改造を目指したのとは異なり、同手法の元祖とされるアディケス法（注3－1）を発明した同国にしてはその手法が使われることはほとんど無かったのである。そこには先人たちが築き上げた伝統的な風景、街並みなどへの畏敬の念に加え市民生活の回復を最優先する国民性ゆえとも言われている。

しかしドイツにおける戦前の都市計画制度は33年の「アテネ憲章」に基づく職住分離を旨とする土地利用計画思想に基づき、緑豊かな郊外住宅地開発と中心部に至る放射道路、リング状の環状道路整備が求められ、戦後の復興計画においてもそれは踏襲された。その中で都市への人口集中による稠密化そして旧態依然とした街路網への自動車の進入に伴う様々な問題も抱え、各地の復興計画のなか

注3－1　アディケス法：旧プロイセン時代の20世紀初頭、フランクフルト市長であったフランツ・アディケス（Franz Adickes/1846-1915）が考案し、制度化された。日本では関東大震災の復興土地区画整理事業の参考にされた

写真3－1　ブレーメンのベッチャー通り、レンガ建物の狭い路地が保存され、多くの市民や観光客が訪れている

で再開発も進められていく。しかし歴史的市街地ゆえに都市改造も市民の反発を招くことも少なくなかったのである。

たとえばドイツ北部のハンザ都市で有名なブレーメン（人口約55万人）も第二次大戦の空爆により中心市街は大きく破壊され、復興計画は歴史的市街を区切る環濠の内側の城壁を都心環状道路とし、戦前からの歴史的な路地街を対象とした再開発計画も立案されている。今は中世からの佇まいの狭い路地が魅力的な北ドイツを代表するブレーメンの有名な観光名所となっている市庁舎やマルクト広場に近いレンガ造の街並みが残るベッチャー通り（Böttcherstraße）界隈、そして東側の戦火を免れた中世から続く木造家屋街シュノーア通り（Schnoor）界隈だが、ともに自動車社会から取り残された感のある狭い路地街で、戦災復興の中で面的な再開発が計画されていた。しかしそれは地元建築家や市民層の反発を招くこととなり、中止に至っている。中でもシュノーア通り界隈は59年に保存地区に指定され、建物修復が繰り返された結果、今では多くの市民や観光客を惹きつける名所となっている。その路地街には伝統的な手工芸店や工房、飲食店が軒を連ね、その一歩裏手には高級感の漂う住宅街が連なっている。ここも観光と居住とが実に上手く共存している。

後述するドイツ南西部のフライブルクでは市街の80～85%が空襲で破壊され、奇跡的に残ったミュンスター（大聖堂）と周囲の一部の建物を中心に、再建される建物もファサードを再現するなどの努力で、歴史的な街並みを復活させてきた。その中で空き家となった地区の再開発計画も進められたが、市民の反発もあり、修復の方向に転換した結果、今では足元の1階のカフェや店舗も復活し、人気の界隈となっている。

また旧東ドイツの大都市ドレスデンもじゅうたん爆撃の被災で知られるが、ここも共産主義政権のもとでの都市改造が進められるも、貴重な歴史的建物の多くが再建への道を辿り、街並みの一部が再

写真3・2　ブレーメンのシュノーア通り界隈、中世から続く木造家屋の路地街

写真3・3　ドレスデンの復元された歴史ある街並み

現されている。それは戦後の半世紀近くの期間をかけて実現させていく。

このように、ドイツの諸都市は第二次大戦後の東西の分割の不幸な時期を経験するも、双方とも先人たちが築きあげてきた歴史の蓄積ある街並みや街路網を尊重し、それを現代の自動車社会のなかでの交通、そして市民生活をどのように適用させていくのかを工夫してきたのである。そして70年代以降の中心市街の歩行者空間整備（第9章解説）も同時並行的に進められていく。それは中心市街における「生活街」の復興をも意味していた。

2 旧西ドイツにおける1960年代の都市計画転換

旧西ドイツの戦後都市計画の大きな転機が60年の「連邦建設法」（注3-2）の制定とされる。それに基づき各自治体が、土地利用計画に相当するFプラン（注3-3）と「地区詳細計画」とわが国に紹介されるBプラン（注3-4）の二つの手法を組み合わせて具体のマスタープランを規定するという仕組みが確立する。それは62年に導入された「建築利用令」（注3-5）の土地利用計画で示す用途区域（Baufläche、注3-6）で、住居区域、混合区域、産業区域、それに特別区域と定められ、容積率指定も住居系100%、混合系200%と定められていく。その点はわが国と基本的には同じだが、後に～300%（1990年）と緩和されていくが、概して低いことが判る。これは一部の業務中枢地区を除き、多くが歴史的市街という経緯から、その伝統を重んじたと見ることができる。それと注目すべきが、わが国では商業地区と指定されることが一般的な中心市街の区域が「混合区域」と表記され、商住の混在を意味する用語が用いられていること、それが大きな違いと言ってもよい。つまり、ドイツの諸都市も職住近接型の歴史的経緯と近代都市計画とのはざまで葛藤があったこと、それが後

注3-2　連邦建設法（BUNDESBAUGESETZ = BBAUG1960）

注3-3　Fプラン（FLÄCHENNUTZUNGSPLAN）

注3-4　Bプラン（BEBAUUNGSPLAN）

注3-5　建築利用令：通常BauNVOと表記、正式にはBaunutzungsverordnung

注3-6　用途区域：住居区域（菜園地区・純住居地区・一般住居地区）、混合区域（村落地区・混合地区・中心地区）、産業区域（産業地区・工業地区）、特別区域（週末住宅地区・Bプランで地域ごとに定める特別地区）に指定され、その都市の歴史性に由来する混合型を意識した表記になっている

の中心市街地の再生に大きく寄与することとなる。

前に紹介したジェイン・ジェイコブズの著書『アメリカ大都市の死と生』の出版の2年後、63年にドイツ語翻訳本が出されている。その内容に啓発された学者、建築家、都市計画専門家たちから「アテネ憲章」に対する疑問の声が次第に沸き起こる。実は中心市街の衰退を目の当たりにした多くの識者が、伝統的な歴史地区への近代都市計画理論導入に疑問を抱いていた。それは都市計画の本格的な転換への大きな呼び水となったのであった。

そして68年建築利用令改正を機に、それまでの中心市街の住居系用途規制がBプランに定めることを条件に、商店の上層階や街区内側において緩和され、次の77年改正、90年改正と大きく見直しの方向に舵を切り替えていく。つまり中心市街地の崩壊を阻止するのに居住人口の回復が不可欠とされ、Bプランが中心市街のほぼ全域に指定されることで、居住機能が中心部に定着することが認知されていった。それは用途純化から秩序ある混在へという土地利用計画の転換、つまり居住環境回復のための建物改善を公的に支援する修復型再開発手法の確立でもあった。次に筆者が見聞きしてきた70年代の居住環境回復のための幾つかの修復型再開発、商住複合型再開発の事例を紹介してみたい。

3　「環境首都」フライブルクの中心市街地再生

フライブルク市（Freiburg、人口約20万人）はドイツ南西部のシュヴァルツヴァルト（黒い森）地方に位置し、ドイツ国内でも美しい自然と温暖な気候で、とりわけドイツで最も日照時間が長く、観光都市・保養地として、非常に人気の高い都市の一つである。60年代の酸性雨による森の樹々の枯死問題、隣接地域への原発立地問題を契機とした市民運動は大きな環境再生活動として実を結ぶ。今では欧州

写真3・4　賑いの復活したフライブルク・ミュンスター広場の朝市の風景

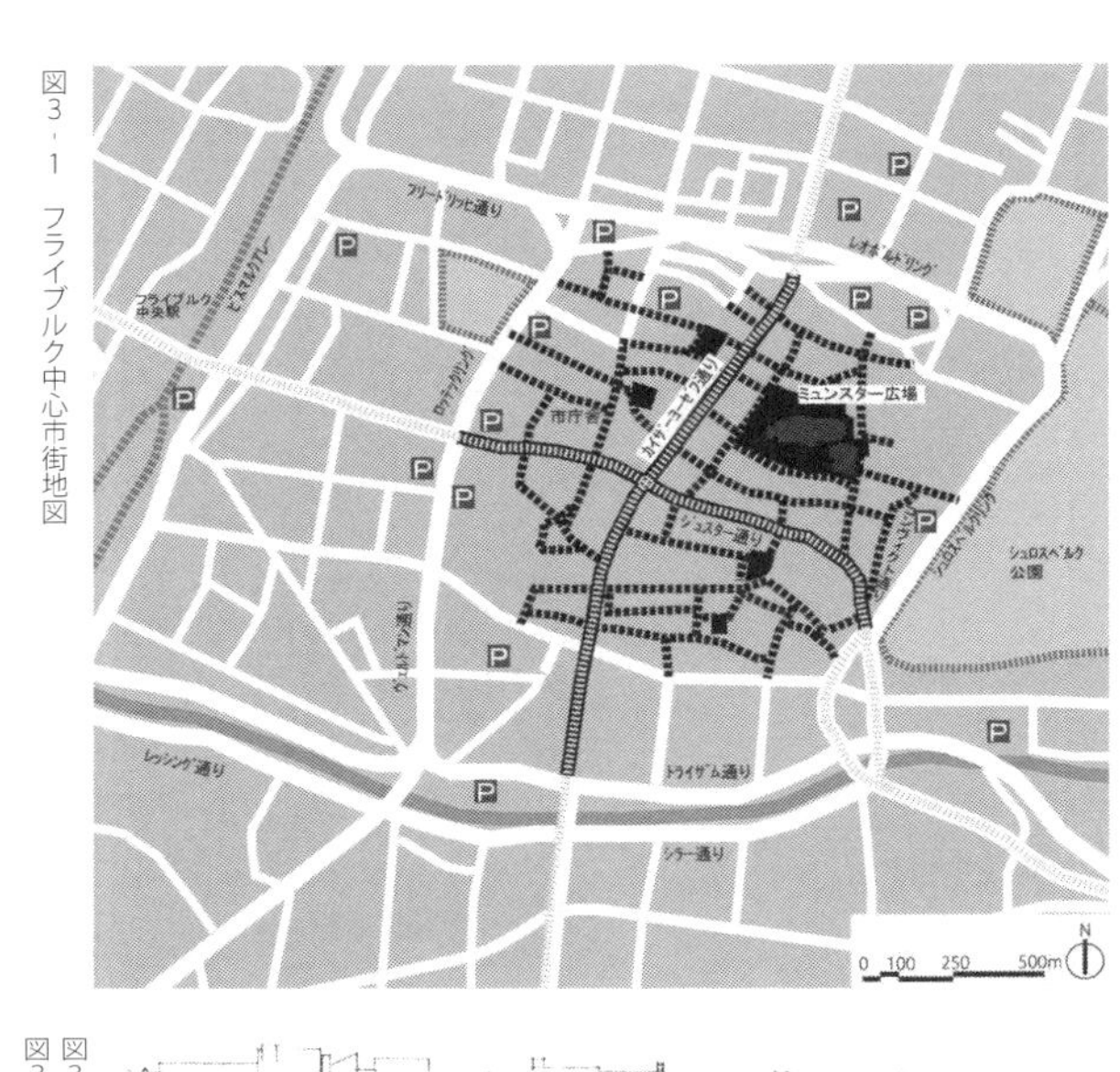

図3-1　フライブルク中心市街地図

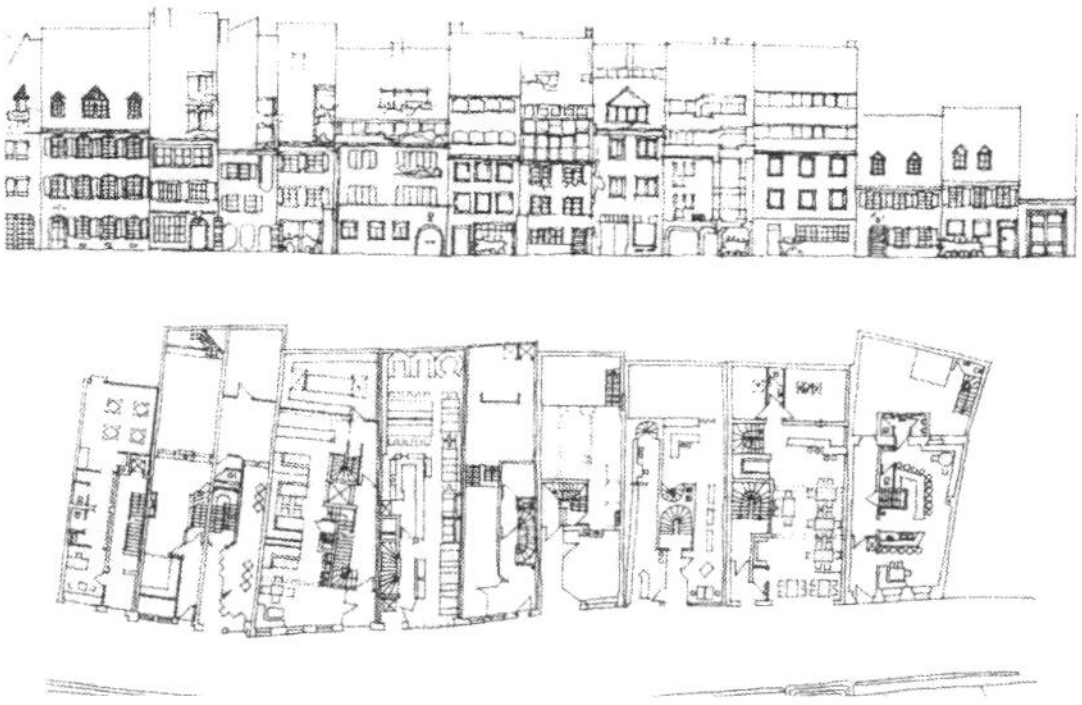

の「環境首都（エコポリス）」としても広く知られる歴史的な街並みを有するこのまちも、１９４４年の連合国軍の空爆で中心市街の80％近くが破壊されている。

復興計画は被害を逃れたミュンスター（大聖堂）とその広場を中心に進められ、50年代には今ある歴史的市街の風景も多くが復元されたものである。あわせて、周辺区域は建物の高さが制限されている。しかし60年代には他の都市と同様に中心部の人口の郊外流出に伴う空洞化の現象が露呈する。中

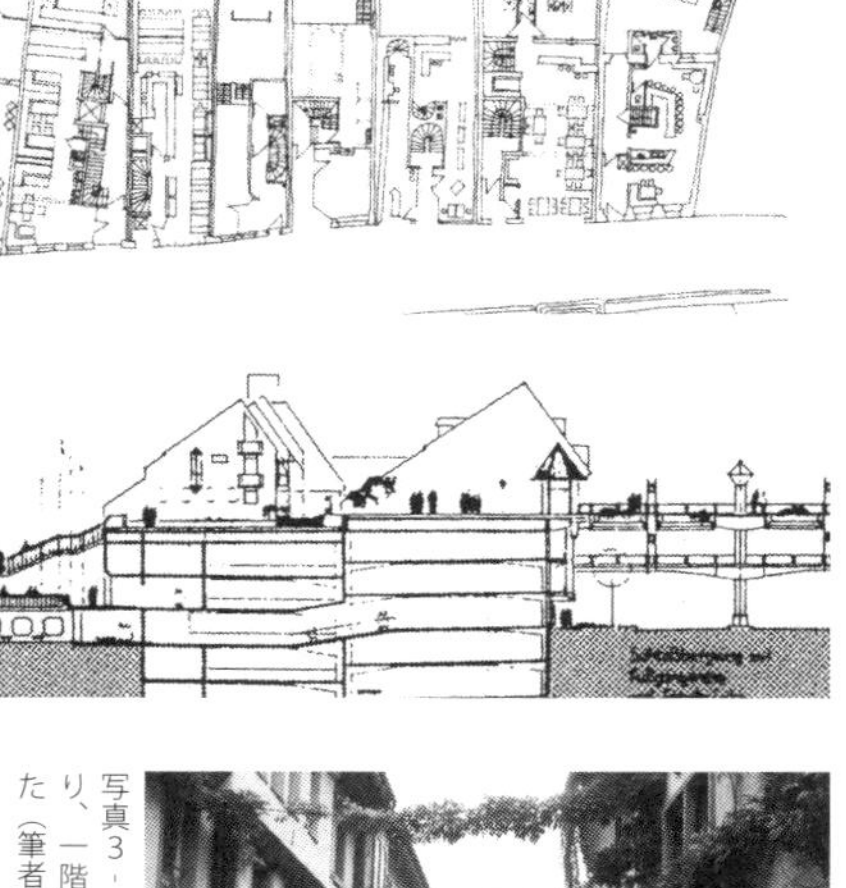

図3-2　コンヴィクト通り街並み改修計画立面図・平面図　出典：注3-7／
図3-3　シュロスベルク駐車場計画図　出典：同上

写真3-5　1979年のコンヴィクト通り、一階のレストランの営業が始まっていた（筆者撮影）

写真3-6　2012年のコンヴィクト通り、緑の天蓋が大きく成長している

心部に流入する自動車は年々増加し、ミュンスター広場が自動車６００台の青空駐車場と化すなど、まちの環境は大きく悪化していく。かつては約２万人いた住民がほぼ半減するなど、活気が失われ、空き家が続出していく。

67年のクラオス・フンベルト博士の都市計画局長就任を機に、市は都市計画を大きく転換し、「公共交通機関を軸とした交通再編と歩行者区域の設定」「歴史的な街並みの尊重」「居住の回復による街なか再生」を目指すこととなる。交通政策では市電の継続及び路線延長を決定し、同時にミュンスター広場を中心とする約42haの面的な歩行者区域が設定されている。また既に着手していた再開発計画も見直しが行われている。その第一号となったのが老朽化していたコンヴィクト通り（konvikt Straße）沿いの町家10棟のスクラップ・アンド・ビルド型の再開発計画が修復型に切り替えられ、またシュロスベルク駐車場ビルが住宅併設型に改められ、シュナイダーデパートの再開発も歴史的景観に配慮した形態に改められていく（注３・８）。

コンヴィクト通りの空襲を免れた10棟の町家群は半数の5棟は保存修復とし、残る5棟は旧来ファサードを残した部分保存に変更となり、歴史的な街並みの連続性を尊重した建物高さ、窓の大きさ、色彩等についての意匠上のきめ細かなガイドラインが定められている。それに基づいて設計が行われ、完成した建物群は外観が歴史性を踏まえつつ、中は斬新なものとなり、一階にはオフィスやレストラン、上層階には住居が復活した。また通りの建物際の足元にはフジのようなつる性植物が植えられ、東側の向かいの建物との間に張られた番線に巻きついた緑が天蓋を作っている。

再開発と連動するかたちで北東側街区の内環状道路のシュロスベルク通り沿い駐車場ビルが計画されたが、これも居住機能の回復に寄与すべく、上層階に住宅を併設した複合駐車場ビルに変更された。この計画にあたっては、①旧市街他の歩行者空間と自然遊歩道とをつなぐこと、②歴史的な街並みと

注３・７　出典：アーバンデザインレポート（ヨコハマ都市デザインフォーラム実行委員会、１９９２）

注３・８　本稿は視察団公式訪問時当時に現地通訳をお願いした卯月盛夫氏の「アーバンデザインレポート１９９２」を参考にさせて頂いたことをお断りしておきたい

写真３・７　シュロスベルク駐車場に併設された集合住宅群、人工地盤上の庭付きなど多様なタイプ

自然に調和する意匠にすること、③駐車場ビルの上部は住民呼び戻し策として住宅とすること、が条件となった。つまり駐車場は3層まで（地下2層、計5層）とし、コンヴィクト通り側は6層の集合住宅とし、駐車場は直接見えないように変更され、駐車場の屋上階には人工地盤の緑地が造られ、その上部は庭つき3層の集合住宅（22戸）となっている。通りを挟んで東側のシュロスベルクの高台があり、人工地盤からそこに続く連絡歩道橋が設けられ、地上の通りからはエレベーターで上がることができ、それは「黒い森」の自然遊歩道につながれている。建物の断面やファサードは、できるだけ細かく分節化され、そして、外から車が見えないように工夫されている。そして周囲の建物もこれらの計画に刺激され、続々と改修・建替えなどが行われ、一部には背後への通り抜け通路が設けられることで、商業スペースが奥に連なるなどの効果も生まれている。

かつては自動車で占拠された感のあったミュンスター広場だが、これに面するシュナイダーデパートの開発に際しても、その歴史的景観を図るべく、設計調整が行われ、①建築線、②1階のアーケード、③軒高、④軒の出幅、⑤住宅を基本とする歴史的建物のスケールの尊重、⑥傾斜屋根、などの条件のもとで事業が進められている。「歴史的環境における近代建築のあり方」への模索のプロセス、その好例でもある。これらの事業を契機とし、市民の意識も「都心居住」「歴史的環境」へと大きく変化し、旧い建物の改修に対して補助金制度が確立され、周辺の建物も民間サイドでの修復が積極的に行われることになった。今では外観は旧来のものでも内側にはガラスのアトリウム空間を内包するなどの斬新な建物も幾つか存在する。この旧い建物の修復事業はその後の環境政策のなかでも重要な位置づけがなされたことは言うまでもない。中心市街の建物の居住性能の向上が、歴史的な街並みの再生、居住人口の回復に一役買っているのである。

加えて中心部への自動車流入抑制、ＬＲＴの導入、歩行者・自転車優先策など最先端の交通計画が

写真3・8　ミュンスター広場から見るシュナイダーデパート、周囲の景観との調和が図られている

写真3・9　市内の改修された伝統的な建物内のガラスを用いた斬新なデザインの天蓋のアトリウム空間

導入されている。また旧市街他の街路はすべて伝統的なコブル（玉石）舗装に復原されている。これこそ伝統的な透水性舗装の復活でもある。また通りの多くには、幅50㎝程度の水路（ベッヒレ）が復活した。これは中世の約８００年前に防災対策としてつくられた水路の復活で、すり鉢状の地形によるヒートアイランドを防ぐ効果を期待したもので、当然のことながら子どもの遊びや、車と歩行者の分離帯にもなっている。

今では中心市街には多くの子育て世代が戻ってきた。ミュンスター広場では朝市が開かれ、そこには地元に暮らす市民と近郷の生産者たちの交歓の場が生まれ、かつての空洞化が全く嘘のような賑わいを見せている。市内では、隔年ごと春に開催される消費者のためのヨーロッパ最大の環境見本市「エコメッセ」が開かれ、84年以来毎年、国際エコロジカル映画祭「エコメディア」が開かれるなど、まさに「環境首都」を名実ともに実践している都市なのである。

写真３‐10　イザール川沿いのレストラン屋外パラソルの下での食事風景

4　パサージュ手法による商住複合型市街

60年代以降の都市計画の修正に伴って、ドイツ各地で住居を併設した商業開発が進められることとなった。中でも象徴的な建築形態が現代版パサージュの復活である。実はドイツ国内には30年代をピークに当時の首都ベルリンのカイザー・パサージュを始めとし、名作と謳われた鉄とガラスの数多くのパサージュ空間が造られてきた。その大半が第二次大戦の空襲で灰燼と帰してしまった。それが各都市の中心市街における地区詳細計画Ｂプランの策定を機に土地利用規制が緩和され、商住複合型の旧来の姿が復活するのである。

そして時宜を得たとされるのが69年にドイツの建築史家Ｊ・Ｆ・ガイスト（注３‐９）の名著『パッ

注３‐９　Geist, Johann Friedrich,1936-2009

サーゲン（Passagen）』（注3-10）の出版であった。それは先の大戦で失った市民の記憶に残るパサージュの再生への期待とともに、一旦寂れかけた中心市街の再生に向けて同時多発的に始まる商住複合型パサージュ計画を誘発していく。まずはガイストの書とパサージュ再生の関連から解説してみよう。

（1）J・F・ガイストの名著『パッサーゲン』とパサージュの再生

この『パッサーゲン』には欧州はもとより、北南米、豪州、アジア圏に存在した（現存・改廃も含め）300余もの事例解説が写真・図版とともに収録されている。英語翻訳版が登場し、世界のパサージュ研究者にとってのバイブル的存在となった。筆者も縁あって70年代末に入手し、以来、旅する度にこのリストから所在を確認し、これまで撮影できたのが100例余りになる。同書によれば、産業革命期の18世紀の英仏に始まる鉄とガラスのパサージュが欧州各地に伝わり、イタリア・ミラノのヴィットリオ・エマヌエル二世ガレリア（1877年）、ロシア・モスクワのグム（1893年）などの名作へと発展し、アメリカ大陸や豪州、アジア圏へと広がった様が詳細に解説されている。

ドイツにおいても19世紀末から20世紀初頭の経済繁栄の時代に首都ベルリンやフランクフルト、ミュンヘンなどの主要都市の中心部において、実に素晴らしい時代の先端を行くパサージュが築造された。その中で先の大戦の空襲を免れたのはごくわずか、筆者がドイツ国内で遭遇できたのは、旧東ドイツの文化都市として知られるライプチッヒに残る「メードラー・パサージュ（Mädler Passage、1914年）」、これこそ20世紀初頭の名作と言ってよい。ここの天蓋には20世紀初頭に欧州で多用されたガラスブロックが用いられている。その格子状のガラスブロック面から降り注ぐ柔らかい光は異なるパサージュ空間を演出してくれている。次にドイツにおける現代版パサージュの復活となる具体の商住複合型再開発プロジェクトを紹介しよう。

注3-10　Passagen, ein Bautype des 19. Jahrhunderts, J. F Geist Prestel Verlag 1969、英語版：Arcades: The History of a Building Type: MIT Press 1969、18～20世紀初頭に建造された（現存、改廃も含め）全世界のパサージュをリストアップ、その成立から現代までの歴史研究、パサージュの定義と分類（平面、断面、動線、屋根構造）などが綿密に調べられている。なおドイツ語読みはパサーゲだが、本書では固有名詞以外はパサージュと表記する

写真3-11　ライプチッヒのメードラー・パサージュ

（2）シュツットガルトのカルヴァー通り再開発

シュツットガルト（Stuttgart）は南西部のバーデン・ヴュルテンベルク州の人口約59万人の州都、世界的なダイムラー・ベンツ、ポルシェの自動車企業2社が本社を置く工業都市だが、まちの賑わい復活のために、いち早く歩行者中心の街へと変身を遂げたことでも知られる。57年に初の歩行者専用買物通り（シュール通り）が出現、70年代には駅前メインストリートのケーニッヒ通りから自動車が排除され歩行者専用空間へと変身、その周囲も含む中心部一帯が面的な歩行者区域（Fußgöngerzone）に指定されていく（第9章解説）。

Ein neues altes Stück Stuttgart
Rotebühlplatz/Calwer Straße

図3・4　カルヴァー・パサージュ・プロジェクトの立面図、平面図　出典：現地訪問時入手パンフレット（注3・11）

その中で、中心市街の街並み保全と商業業務機能＋都心居住とを両立させたカルヴァー・パサージュ再開発プロジェクトが70年代にスタートし、78年に完成した。その開発は民間の保険会社が事業主体となり、ケーニッヒ通りと西側都心環状道路に挟まれた歴史的な街並みを有するカルヴァー通りの一角、新たなSバーンの駅開設に連動して進められた街区内再開発プロジェクトで、妻入り建物様式の並ぶカルヴァー通り側の街並みを尊重するかたちで中の餡子の部分を建て替える、部

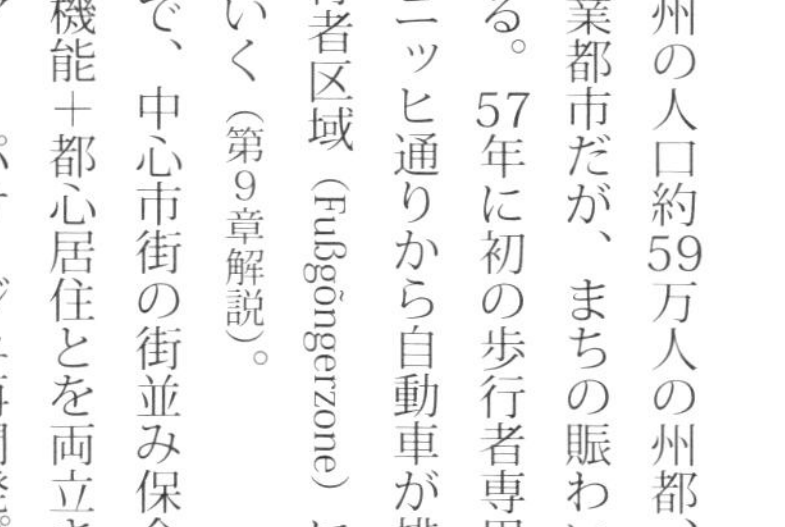

写真3・12　カルヴァー・パサージュのSバーン駅側広場からみる

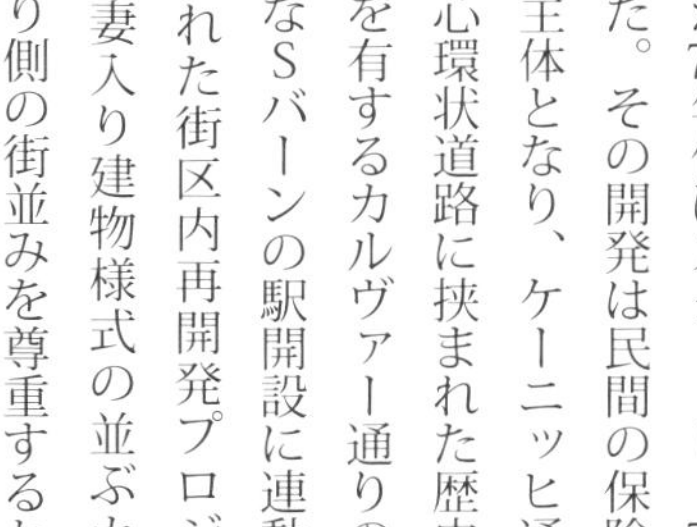

写真3・13　カルヴァー・パサージュ1階部分の通り抜け通路空間

分修復型とも言うべき手法である。

その中軸をなすのがパサージュ形式の通り抜け通路・カルヴァー・パサージュ、表通りから駅にショートカットする形に通路が設けられ、1階には店舗、2階はオフィス、3〜5層は住居としている。2層吹き抜け上部に設けられたガラスの天蓋が住居階の居住性能を確保する。地下には当然のことながら駐車場が確保されるのを機に、表のカルヴァー通りは自動車の通行が抑制され、パラソルとイス・テーブルのオープンカフェが営業している。

このプロジェクトは都市型住居の復活という意味でドイツ国内の先鞭をつけるものとなった。その後、この街では同様のプロジェクトが定着していくことになる。

写真3-14　79年のカルヴァー通り、当時早くも路上のオープンカフェの営業が始まっている。街並み中央の濃い色のファサードがカルヴァー・パサージュの入口建物

(3) ハンブルグ：歴史地区ノイアーヴァルのパサージュ群

ドイツ北部の中核都市、首都ベルリンに次ぐ第二の人口を誇るハンブルグ（Hamburg、人口約175万人）の市庁舎からほど近いアルスター湖畔のノイアーヴァル（Neuer Wall）地区は、70年代末から80年代初頭にかけて幾筋ものパサージュ群が築造されてきた。それらはほぼ同時多発的に計画がスタートし、それぞれが中心部の連続する歩行者空間の形成に大きく寄与している。なお、この西側には70年代に事業決定されたノイシュタット（Neustadt）地区の修復型再開発（注3-11）があり、ここも都心居住の受け皿として整備が進められていく。

79年に完成したゲンゼマルクト（Gönsemarkt Passage）とハンブルガー・ホーフ（Hamburger Hof、1880年代建物の改修）、そして翌80年に完成したハンザ・フィアテル（Hanse-Viertel）、83年のガレリア（Galleria）、などが複数の街区にわたって連なり、いずれも上層階が集合住宅形式となっている。その通路は、同じく上層階が住居となった市庁舎側の運河沿いの歴史的なアーケード通路、アルスター・

注3-11　ノイシュタット（Neustadt）地区の修復型再開発計画：『ヨーロッパの都市開発』（木村光宏・日端康雄著、学芸出版社、1984）に紹介されている

写真3-15　ハンザ・フィアテル（Hanse-Viertel）、1980年竣工

アルカーデン（Alsterarkaden）、そしてアルテ・ポスト（Alte Post）などにつながっていく。

そして2000年代のオイローパ・パサージュ（Europa Passage）なども含め、今では市内に十数本のパサージュ街が存在するとされる。

ハンブルグは北ドイツに位置し、長い厳冬期の屋外を避ける形でガラスのパサージュ街が復活し、それは市民の生活を支える通路空間として機能している。またそれは個々の不整形の街区相互がつながるという迷路的なネットワーク形成の過程を経るとともに、それが直線的な広々とした運河に沿った半屋外の歴史的なアーケード（ポルティコ）街につながることで、その対比が実に面白い。これも中心市街の商店街と生活街の共存のあり方として見ても、示唆に富んだまちであるようにも思える。

なお、中心市街南側エルベ川沿いのかつての港湾倉庫街・ハーフェンシティでも職住複合型の先端的まちづくりが進められている。

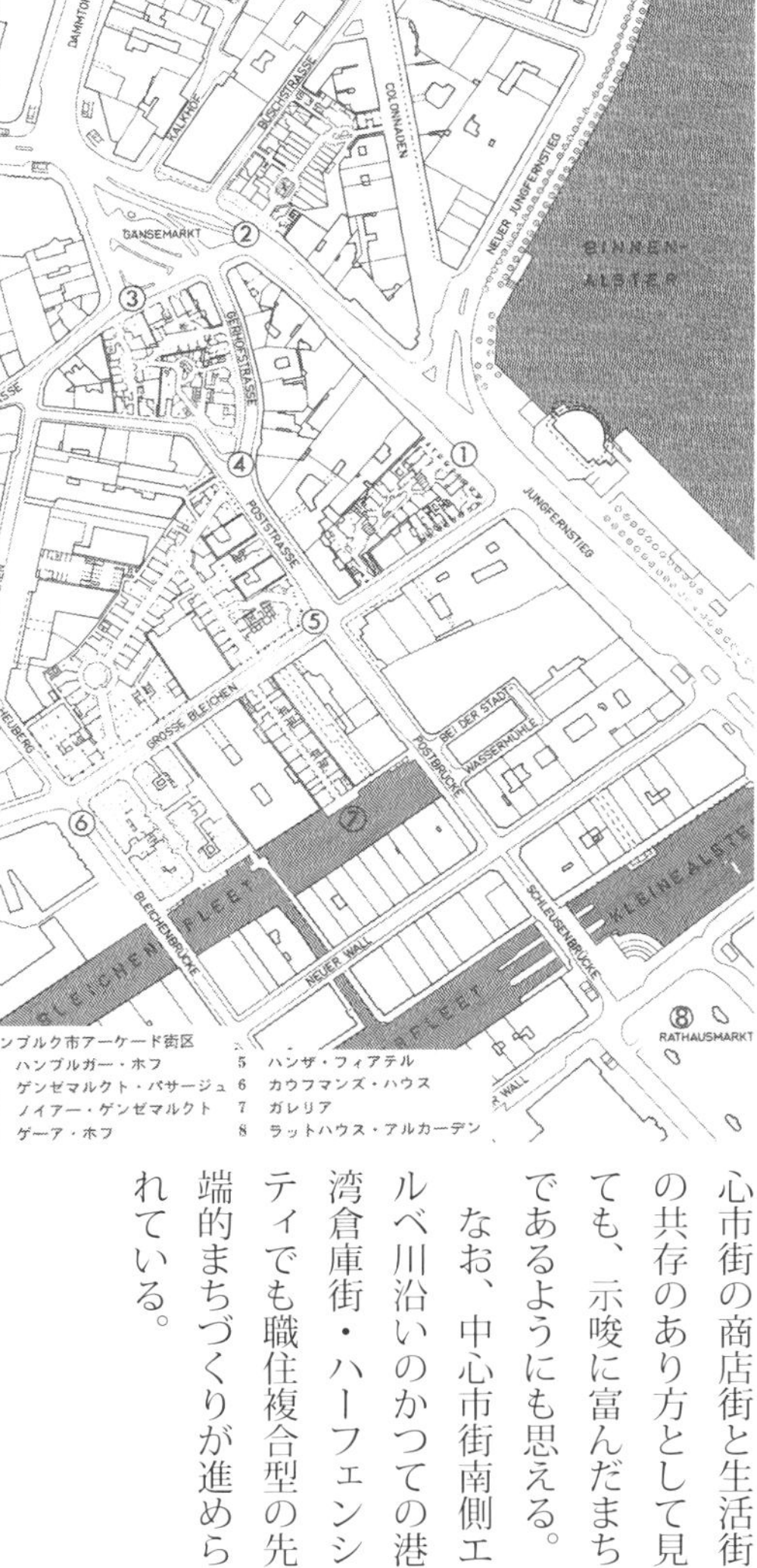

図3-5 ハンブルグ中心部パサージュ群位置図 出典：注3-12

写真3-16 ゲンゼマルクト・パサージュ（Gänsemarkt Passage）、1979年竣工

写真3-17 ガレリア・パサーゲ・ハンブルグ（Galleria Passage Hamburg）、1983年竣工

写真3-18 アルスター・アルカーデン（Alsterarkaden）のアーケード部

写真3-19　フランクフルトのガレリー・ボッケンハイマー・ヴァルテの建物入口部（84年竣工）、上層階は住居となっている

写真3-20　ブレーメンのカタリネン・パサーゲ（84年竣工）、単外のガラス越しに上層階は集合住宅がみえる

写真3-21　ウィズバーデンのヴィルヘルム・アルカーデのパサージュ通路空間（82年竣工）

（4）ドイツ各都市の住宅併設型パサージュ

その他、この年代すなわち75年から85年の10年間にドイツ国内で出現した敷地内を貫通する新しいパサージュ型の複合開発では20都市30事例にも及ぶことが、専門書（注3-12）に紹介されている。これこそ、ドイツ各都市が都市計画の変更に伴い、職住複合都市の復活を宣言したことを高らかに示す出来事と言うことができる。

筆者も後にこの情報をもとに幾つかの事例を訪れたが、フランクフルト、ボン、ケルン、ブレーメン、ウィズバーデンなど、いずれもパサージュの周辺地域の中心部の建物高さは歴史的市街として5～7階建てに抑えられ、下層部が商業、上層部が住居系の立体用途に統一されるなど、居住環境の保全が図られている。つまり「居住空間あっての都市なのである」という主張が実に明快に貫かれている。この流れこそ、ドイツに限らず、オランダ、ベルギー、いやこれまで解説してきた英仏も含む、全欧州に共通の話と言ってもよい。

図3-6　ウィズバーデンのヴィルヘルム・アルカーデのヴィルヘルム通り側の立面図、上層階はすべて住居空間となっていることが読み取れる　出典：注3-12

注3-12　「NEUE GLASSPASSAGEN, Lage, Gestalt, Konstruktion　Bauten 1975-1985：Kief-Niederwöhrmeier, Heidi/ Niederwöhrmeier, Hartmut(1993)」、日本語訳『新しいガラスアーケード：配置・デザイン・構造 1975～1985』H・キーフ・ニーダーヴェールマイアー、H・キーフ・ニーダーヴェールマイアー（共著）、青木英明（翻訳）、鹿島出版会（1989）

第4章　イタリアにおけるチェントロ・ストリコの再生

1　チェントロ・ストリコの衰退と再生

イタリアの諸都市は古代ローマ時代そしてルネッサンス期の繁栄期、中世以降の自治都市など、多様な歴史的経緯のもとにいまの姿が形づくられてきた、その各都市の中心市街＝「チェントロ・ストリコ」は実に個性的な賑わいの風景を形成している。イタリアの諸都市は南欧特有と言うべきか、狭い路地や街かどに展開する小広場のバール（bar）、中心となる広場のオープンカフェ風景、そこに暮らす市民の生活感そして活気が実に漲っている。バールの前には椅子とテーブルが置かれ、朝のエスプレッソやカップチーノなどで人々の生活が始まり、お昼時から夕方、そして夜遅くまで家族連れや友人たちの歓談の場となる。ちなみにバールは食事の出来るリストランテ・バールからワインなどのアルコールのエノテカ・バールに加え、定番のピッツェリア・バール、パニーノ・バールからデザートやジェラート専門など7種類に分類されるという。それだけ街なかに市民の居場所が存在することを物語っている。

その都市風景は半世紀前の60年代までは大きく荒廃していたこと、その歴史すらも忘れさせてくれる。つまりその後の都市計画の見事なまでの成功と言ってもよいだろう。その経緯をあらためて振

写真4－1　ボローニアの中心広場近くの八百屋さん風景、市役所からわずか数百mの位置に生活街が定着していることを示している

写真4－2　歴史都市として知られるシエナのまちのカンポ広場

り返ってみよう。それは多くのイタリア諸都市共通の歴史性ゆえに、街路は狭く曲がりくねり、そして建物は石造りで、住宅設備は中世からの旧態依然で古臭いがゆえに、そこを離れる住民も少なくなかったとされる。とりわけ子育て世代が率先して郊外居住を選択し、中心部に残されたのは高齢者や貧困者という問題も抱え、自動車社会の進展のなかで取り残されていったかの感があった。それは結果として空き家の増加となり、人口減少つまり消費者減にともなう地域商業の沈滞化へとつながっていく。それがより建物の老朽化を進めるなど様々な要因が複雑に絡み合っていた。

その衰退した地区の都市改造計画が進められるのが、20世紀前半のファシズム政権下での各都市で展開された強引な都市改造とされ、1920年代に誕生したムッソリーニ政権は各地で国威発揚のために広幅員の直線道路や広場を挿入し、モニュメンタルな都市への改造を進めていく。その結果、それまで生活の場となっていた狭い路地の市民は強制的に追い立てられ、庶民の生活の場は消えていく(注4-1)。その政権は45年の第二次大戦の終結で崩壊するが、その間に連合国軍の空爆、ナチス占領下でのレジスタンスの抵抗などの戦乱によって市内の建物も大きく痛手を受けていった。

その戦災復興の過程での近代都市計画の受容、それは郊外への発展を誘引し、また一部の都市では戦争の傷跡も放置されるなど、チェントロ・ストリコは置き去りともなり、一層の衰退・疲弊につながったとされる。そして大都市では、中心市街の建物外観は保全されても商業や業務系の床面積増の投機対象となり、住民は追い出されていく。居住人口の減少そして顧客を失った商店は寂れ、結果として中心市街の衰退へとつながったのであった。

チェントロ・ストリコの本格的な再生がスタートするのは60年代以降、「既存の都市全体が変わってしまってはいけない。いくつかの部分は過去の記憶として保存すべきだ(注4-2)」という考えが主流を占め、後述する歴史地区の町家保存再生手法が市民権を得ていく。そして67年には、いわゆる

写真4-3 賑わいの復活したシエナの街の露店市

注4-1 陣内秀信著より、参考:『造景』別冊1・イタリア都市再生(1998/1)

注4-2 中心市街再生のための60年グッピオにおいて開催された全国会議、1960年グッピオ憲章として有名

「橋渡し法（Legge-ponte）」が制定され、各自治体に歴史地区の線引きを行うことを義務付けられ、地区内はすべて地区詳細計画によって、街区密度や建築物の高さ等が規制されることになった。それに基づき都市内住居の保全や修復、そして公共空間である路面や下水道などの改修が計画的に進められていく。

さらには71年の小売店舗立地法は自治体独自に「商業計画」を策定することを義務付け、市内の計画的な店舗配置を行うなどのコントロール策を展開する。中心市街でも肉や野菜などの生鮮食料品の販売が継続され、都市内居住者もその恩恵を受けることになる。車の排除された広場や街路には露店や定期市、オープンカフェも計画的に設置運営されていった。何より頼もしいのは、多くの都市の中心部にも生鮮食料品やバールが存在すること、それこそ生活街が街なかに息づいていることの証なのである。特に驚くのは、市庁舎や中央駅前からわずか１００ｍ程度の至近の位置にその「生活街」が存在することだが、よく考えてみればわが国でもかつては当たり前だったことで、それも忘れてしまったのが私たちであったことを改めて再確認するのであった。

写真４‐４　港町アマルフィの路地街での果物屋さん風景

2　チェントロ・ストリコの再生と建築家の役割

その再生の契機となったのが、幾つかの都市における建築家・都市計画家たちの街並み改修、そして歩行者のための街路提案であった。それを新聞や専門誌などが取り上げ、それに共鳴する市民層が大きな世論を形成し、町家を構成する各住居のリノベーション、つまり住宅設備の改修や内装、そして屋根や外壁、窓まわりなどの外装も含む改修が各地で進められる。公共も空き家になった住居を買い上げ、それを修復し、居住機能の回復を図るという地道な手法を展開していく。それは以前の老朽

写真４‐５　ベルガモにおける観光客の中で見かけた地元市民の老人や親子連れの風景

化した住居のイメージを全く一新するものであった。まさに日本の人気テレビ番組「ビフォー・アフター」を先取りするものと言ってもよい。

その活動はローマやナポリ、ボローニア、ジェノア、シエナ、アッシジ、ヴィツエンツア、ベルガモ、ウルビノなど、多くの都市で展開されていく。そして徐々にではあるが、歴史地区チェントロ・ストリコの居住機能の回復が進んでいく。つまりイタリアでは都市を構成する市民の生活空間の改善、つまり建物改修が都市再生のキーワードとして定着する。そして建築家はまちの再生に関わる重要な職能として市民権を得ていくのであった。

その再生モデルとされる最も有名な都市がボローニア（人口約37万人）、その鍵となったのが「低価格庶民住宅」に代表される老朽住宅群の改修計画である。一方で、ルネッサンス期の画家ラファエロの生誕地として知られる山岳都市・ウルビノ（人口約1・5万人）において、第1章で解説したチームXの主要メンバーであった建築家・ジャンカルロ・デ・カルロが提唱した1965年の「ウルビノ再生計画」、それが大きく実を結ぶこととなる。そしてデ・カルロはジェノヴァをはじめとする幾つかの都市の再生に尽力することとなる。

3　ボローニアのチェントロ・ストリコ再生

イタリア中部エミリア・ロマーニャ州の州都ボローニア（Bologna）は欧州最古の大学のまち（1088年開設）としても知られ、市内の柱廊アーケード・ポルティコの総延長世界一（延べ約40㎞）としても有名である。その歴史は古く紀元前9～7世紀頃そして古代ローマの植民市ボロニア（Bononia）の時代以降、交通の要衝として、また帝国第二の都市として栄え、その隆盛は中世にまで続いている。

写真4・6　ボローニア市内のポルティコ

写真4・7　外壁の老朽化の著しい建物の連なるかつてのボローニア・チェントロ・ストリコの街並み風景　出典：注4・6

市内にそびえる20基あまりの石の塔はその繁栄の名残で、当時その数は１８０にも上ったという。現在の市人口は約37万人（２０１２年）、国内第7位の規模を誇っている。

第二次大戦終結の１９４５年には全人口の80％が城壁のすぐ外側を囲む大通りの内側つまりチェントロ・ストリコ内に居住していたのに対し、64年にはわずか25％にまで大きく減少したという（注4-3）。その大きな原因は戦後の経済発展に伴い、所得の余裕のある階層が郊外の近代的な住宅地に転出したことにあり、一方で中心部に取り残されたのは老朽化した歴史的な住居群と低所得者層の住民という極端なかたちでの環境および経済格差が生じ、それは結果としてチェントロ・ストリコの空洞化となり、当時の大きな社会問題ともなっていった。

69年に策定された都市再生計画（PRG=Piano Regolatore Centorale＝基本調整計画）はチェントロ内を9区に分けた地区評議会ごとに住民と専門家たちが議論し、ボローニア市はその結論としての「日常のコミュニティの営みこそが守るべき文化遺産である（注4-4）」とする「低価格庶民住宅構想」を打ち出し、それまで郊外での公営住宅建設や道路築造に投入されてきた資金をチェン

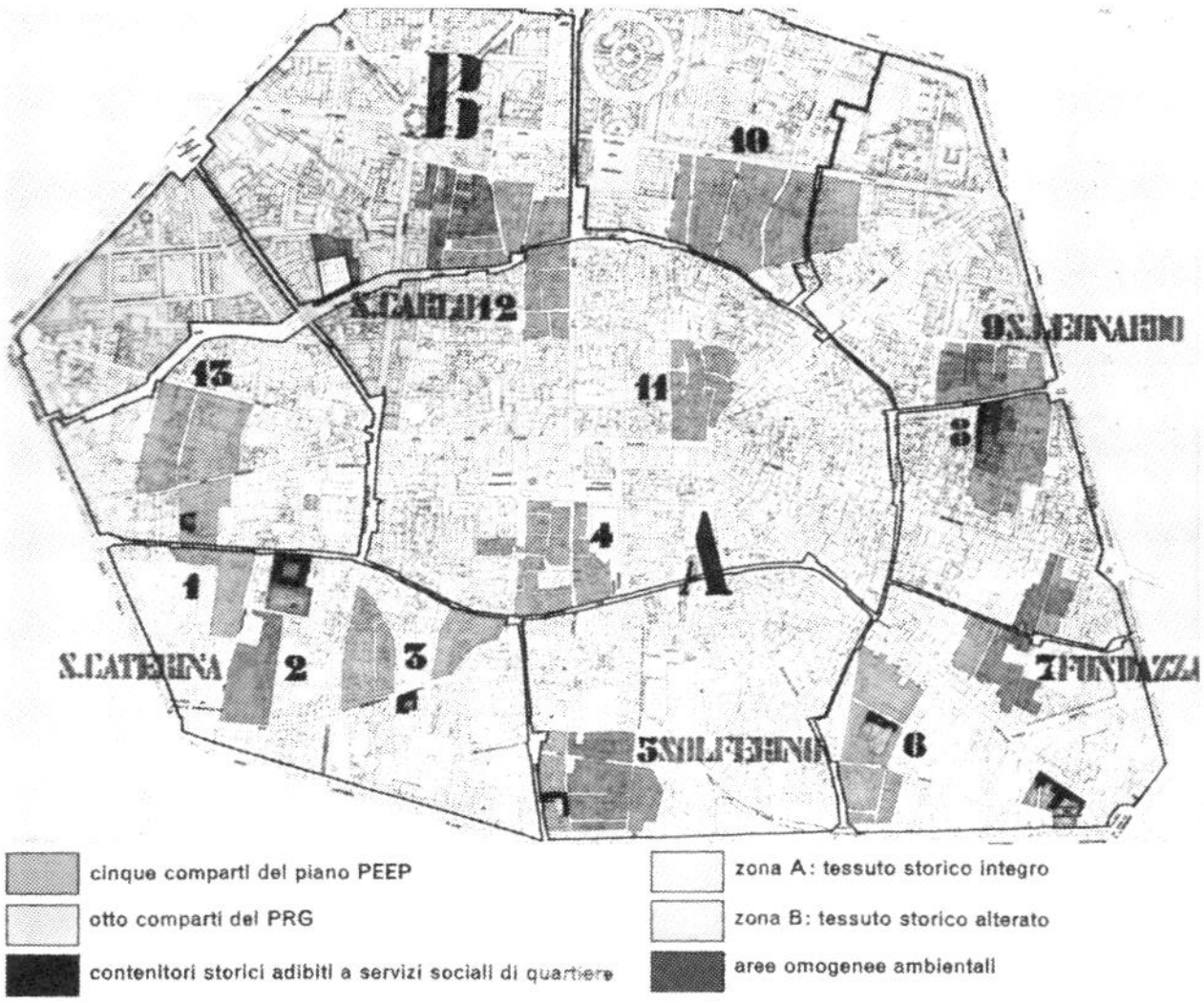

cinque comparti del piano PEEP
otto comparti del PRG
contenitori storici adibiti a servizi sociali di quartiere
zona A: tessuto storico integro
zona B: tessuto storico alterato
aree omogenee ambientali

図4-1　ボローニア・チェントロ地区内の13か所の要改善地区、下部の5番がソルフェリーノ（Solferino）地区　出典：注4-5

注4-3　出典：『造景』別冊1　特集イタリア都市再生（1998/1）

写真4-8　ボローニアのアシネッリの塔最上階よりチェントロの市街を望む（1976年）

写真4-9　76年時点のチェントロ中心部のポルティコと広場、この時点ではZTL指定はなく、多くの路上駐車が見える

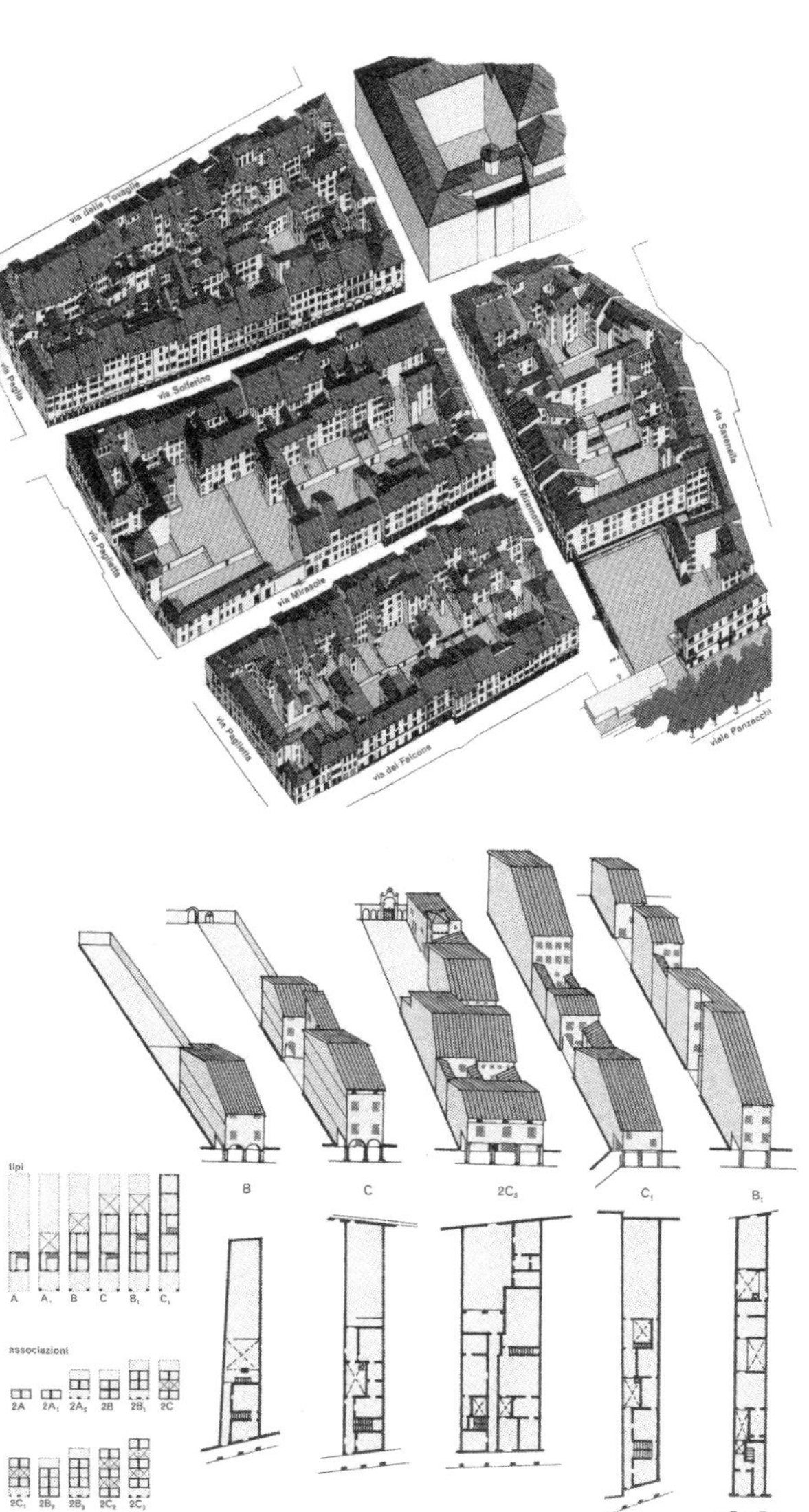

図4-2　ソルフェリーノ地区の既存建物調査のアクソノメトリック図、ソルフェリーノ通り（上から2番目の通り）の南側街区では空地（庭）がゆったりと確保されていることが読み取れる　出典：注4-6

図4-3　ボローニアの典型的なウナギの寝床状の細長い敷地に建物を増殖して行った経緯を示すプロトタイプ、A～Cは1コマ間口、2A～2Cは2コマ間口の住戸タイプのバリエーション　出典：注4-6

写真4-10　ボローニアのソルフェリーノ通りの改修されたポルティコ、ここは庶民の生活空間が息づいている

注4-4　出典：『都市を創る市民力・ボローニアの大実験』星野まりこ、三推社／講談社（2006）

注4-5　出典：La Nuova Cultura Delle Citta', Cervellati, Pier Luigi et al, 1975

注4-6　出典：Bolognapolitica e metodologia del restauro nei storici, 1973

トロの老朽建物群の買収・修復に充当していくなどの大きな政策転換が開始された。

老朽建物の多くは水廻り設備も旧来の状態で、その外観は保全しつつ構造補強され、そしてトイレや浴室、台所などの水廻り設備は一新されていく。窓まわりのサッシは取り替えられ、防水対策も完璧に、そして最上階の屋根面にはガラストップライトがつけられるなどの改良が加えられていく。内部の間取りも時代の変化に合わせ改変されるなど、内外装も整った近代的な住居へと「ビフォー・アフター」されていくのであった。

また中庭側も不要な建物が除却され、風通しや採光が格段に向上する。実際に完成したのは提案された13地区のうち4地区に留まったものの、その評価は実に高いものとなり、チェントロの歴史的・文化的価値に着目した富裕層、文化人たちも郊外からチェントロへの回帰を始めていくこととなった。

今では、かつてのような生活街が戻り、多くのショップがまちの中心部の表通りに復活した。そして裏通りに面してはカバン屋や靴屋、服飾加工などの職人さんの工房兼住居も、以前の姿のように

写真4・12　地区評議会において提示された改修計画案の模型と説明パネル　出典：注4・7

図4・4　中庭側の減築提案。減築の結果、日照・通風の向上に加え緑空間も充実　出典：注4・6

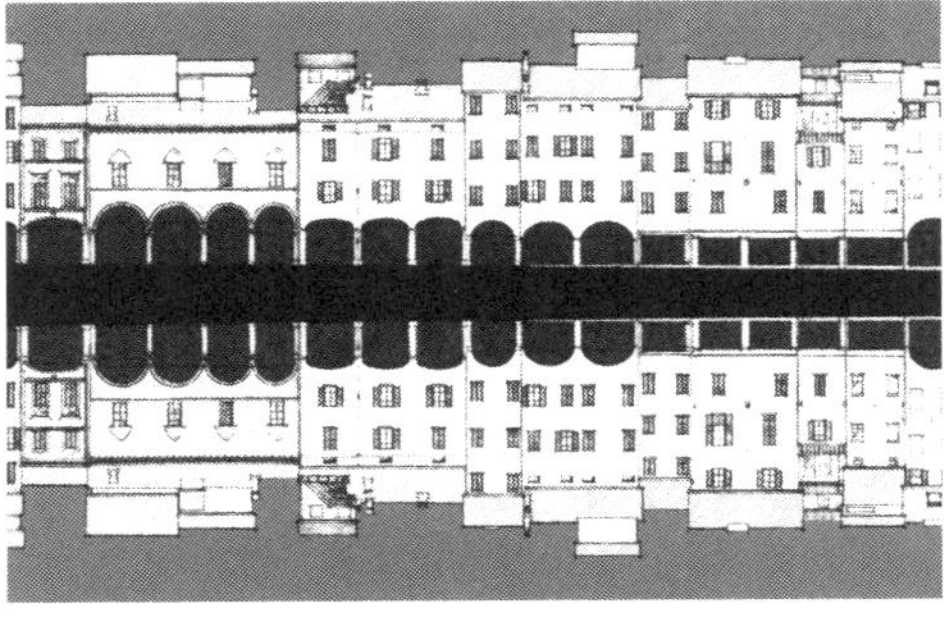

図4・5　ボローニア市内の連続的なポルティコの歴史的街並み　出典：注4・6

写真4・11　ボローニアの13の要改善地区のうちの一つ。ソルフェリーノの路地、現在は街並みが改修され、ほぼ以前のように生活街が戻っている

写真4・13　ボローニアの中心部のマッジョーレ広場周辺には多くの市民が集い、憩う姿が日常的に見られるようになっている

戻っていった。それはチェントロ・ストリコ＝生活街の復活であり、高齢者だけでなく、子育て世代もまちに戻っていく。

その生活街の環境を支えるのが、ＺＴＬ（Zona a Traffico Limitato：自動車規制区域、多くが時間規制）の区域指定であり、チェントロ・ストリコ＝歴史的市街のほぼ全域が対象とされ、許可車両以外は全面的に禁止され、または午前中などのある限られた時間のみ進入可の区域など、地区の交通条件に合ったかたちで指定が行われる柔軟な対応が図られている。そのため、ＺＴＬの表示を示す案内図には何種類もの色分けがなされるなど、各通りの店舗や住民の意向を受けて、多様な時間帯の規制が定められている。そのいい加減ともいうべきところがイタリア人気質というところであろうが、とはいえ区域内は基本的には昼前から翌早朝までの時間帯は街路や広場には自動車の入らない歩行者専用の空間となる。当然のことながら各所でバールが復活し、お店の前の路上ではオープンカフェなどが展開され、それがより街の魅力度を倍加させてくれる。常に人の気配を感じることとなり、まちを安全・安心の雰囲気へと導いてくれる。

また市も90年代以降、歴史的建物群を活用した美術館や図書館などの市民サービス施設をチェントロ・ストリコ地区に整備し、また様々な公共交通網も含む都市整備に着手してきた。そして２００0年には欧州文化首都に選定され、それを機に始まる「ボローニア２０００」プロジェクトによって、中央駅に近いかつての家畜屠殺場・旧タバコ工場一帯の工場建物群が、市立フィルムアーカイブス＝チネテカ、モダンアートギャラリー（ＭＡＭＢＯ）、大学そして公園へと生まれ変わっている。このようにボローニアは〝チェントロ・ストリコ〟の再生を、歴史的町並みの保全（コンサーベーション）と建物改修（リノベーション）、そして建物用途転換（コンバージョン）を通して実現してきた。これに敬意を表したい（注４‐８）。

写真４‐14　旧タバコ工場を改修したチネテカ（市立フィルムアーカイブス）エントランスのロトンダ、設計：アルド・ロッシ

注４‐７　出典：The Conservation of Europian Cities,edited by Donald Appleyard,The MIT Press,1979

注４‐８　ボローニアのチェントロ・ストリコの再生に関する情報は槇総合計画時事務所時代の同僚・高谷時彦氏のＨＰにも詳しく掲載されている（２０１１年視察報告）

4 ジャンカルロ・デ・カルロのウルビノ再生計画

建築家ジャンカルロ・デ・カルロ（Giancarlo de Carlo、1919-2005）が提唱した山岳都市・ウルビノ（人口約1・5万人）の再生計画を紹介しよう。このウルビノ計画は80年代に出版された洋書『Living Cities』（注4-9）に紹介されているが、後に筆者は縁あって65年版の同調査報告書「Urbino: la storia di una città e il piano della sua evoluzione urbanistica」の英訳本（注4-10）を手に入れることができた。その本の中身は広域都市軸から具体の建物構造・設備のレベルまでも含む幅広い調査をも

注4-9 Living Cities: A Case for Urbanism and Guidelines for Re-Urbanization; Jan Tanghe他著、Pergamon; 1984

注4-10 Urbino: The History of a City and Plans for its Development, Giancarlo de Carlo translated by Loretta Schaeffer Guarda, The MIT Press, 1970、原著は1966年出版

図4-6 Urbino（1966年）に見るウルビノ・チェントロストリコの建物老朽度（濃い色ほど老朽化）出典：注4-10

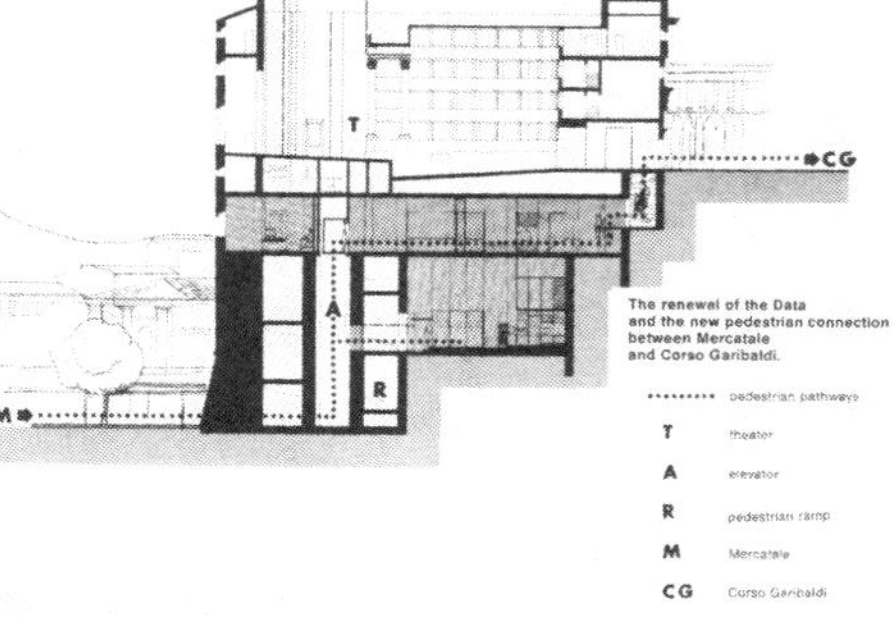

図4-7 まわり階段（La Rampa）とエレベーター提案図 出典：注4-10

写真4-15 ウルビノ市街の中心部を西側城壁から望む。山岳都市の状況がわかる

写真4-16　メルカトール広場から高台の街に至るまわり階段（La Rampa）とエレベーター、その上部には劇場

写真4-17　市街のメインストリート・ガルバルディ通り（Corso Garibaldi）

写真4-18　坂道のレンガ舗装滑り止めのディテールの一例

とに、それを歴史（都市の発展・成長）、私空間（建築・敷地）、公共空間（街路・歩道・広場・緑地）、景観・ランドスケープ（風景・スケール・素材）、交通（自動車・歩行者）などのアイテムごとに分析し、そこに人々が暮らすうえでの街の課題を細かく整理し、それを都市デザインアプローチから建築家・都市計画家としての提案を数多く盛り込んでいる。それは後に大きく結実していく。

デ・カルロの提案したウルビノ再生計画は、それまで捨象されてきた「保存」と「再生」をキーワードとし、建築と都市計画の双方からのアプローチによる地道な活動の積み重ね、すなわち具体の町家住居、公共空間の改修、そして核となる大学・劇場などを既存の市街の中に組み込んでいくための建築コンバージョン手法、これらが複合する形で完成していく。その成果は、ボローニアも含めたこれまで解説してきた70年代以降の欧州都市の再生に大きな影響を与えたのであった。

現地を訪れて驚かされるのが、実に多くの市民がその街の暮らしを謳歌し、夜遅くまで老人や親子連れが広場などの屋外空間を楽しみ、そして観光客との交歓が随所にうまれているという光景である。

写真4-19　都市展示ギャラリー上部の展望テラスのカフェで憩う市民の姿がある

注4-11　計画当初はウルビノ大学食堂計画地とされていた。出典：『SD』8707（特集ジャンカルロ・デ・カルロ：歴史と共生する建築）。槇総合計画事務所OBでデ・カルロの事務所でこの計画に関わった渡辺泰男氏原稿より。同号の巻頭に槇さんが「建築を行う。建築家・ジャンカルロ・デ・カルロ」を寄稿されている

それは都市という器では当たり前のことなのだが、半世紀前の調査報告に見る往時の写真とは比較にならないほどに、整った街の風景が展開する。圧巻はこの街の玄関口ともいえるバスターミナルとなっているメルカトール広場（Borgo Mercatale）から高台の街に至るまわり階段（La Rampa）とエレベーター、その上部には劇場（Sancio Theatre）が収納されているが、この垂直動線の改修を氏が提案、それを自らの設計で75年（劇場は82年）に完成させたという。これは徒歩の上下移動といった山岳都市のハンディを克服し、自動車依存に陥らないような対策として提唱されたことを示している。併せて、エレベーター前の市壁に沿った荒れ果てた部分を改修し、都市展示ギャラリー（Data o Orto dell'Abbondanza、注4－11）と上部には展望テラスとカフェが完成し、多くの市民・観光客の利用に供されている。

そして公共空間部分も、石畳やレンガの伝統的な素材を用いて改修することを提案、そのためには自動車の進入領域、頻度の制御なども考慮されている。その歴史的市街全域がＺＴＬの自動車交通規制区域（多くが時間規制）に指定され、進入が居住者や許可を受けた車両に限定されている。しかも急坂の歩行者路には復元されたと思われる伝統的なレンガ舗装の滑り止めの様々なパターンも、歴史の蓄積ゆえの実に巧みなディテール処理が施されている。

町家再生についてもモデル地区を選定し、詳細な建物調査に基づく

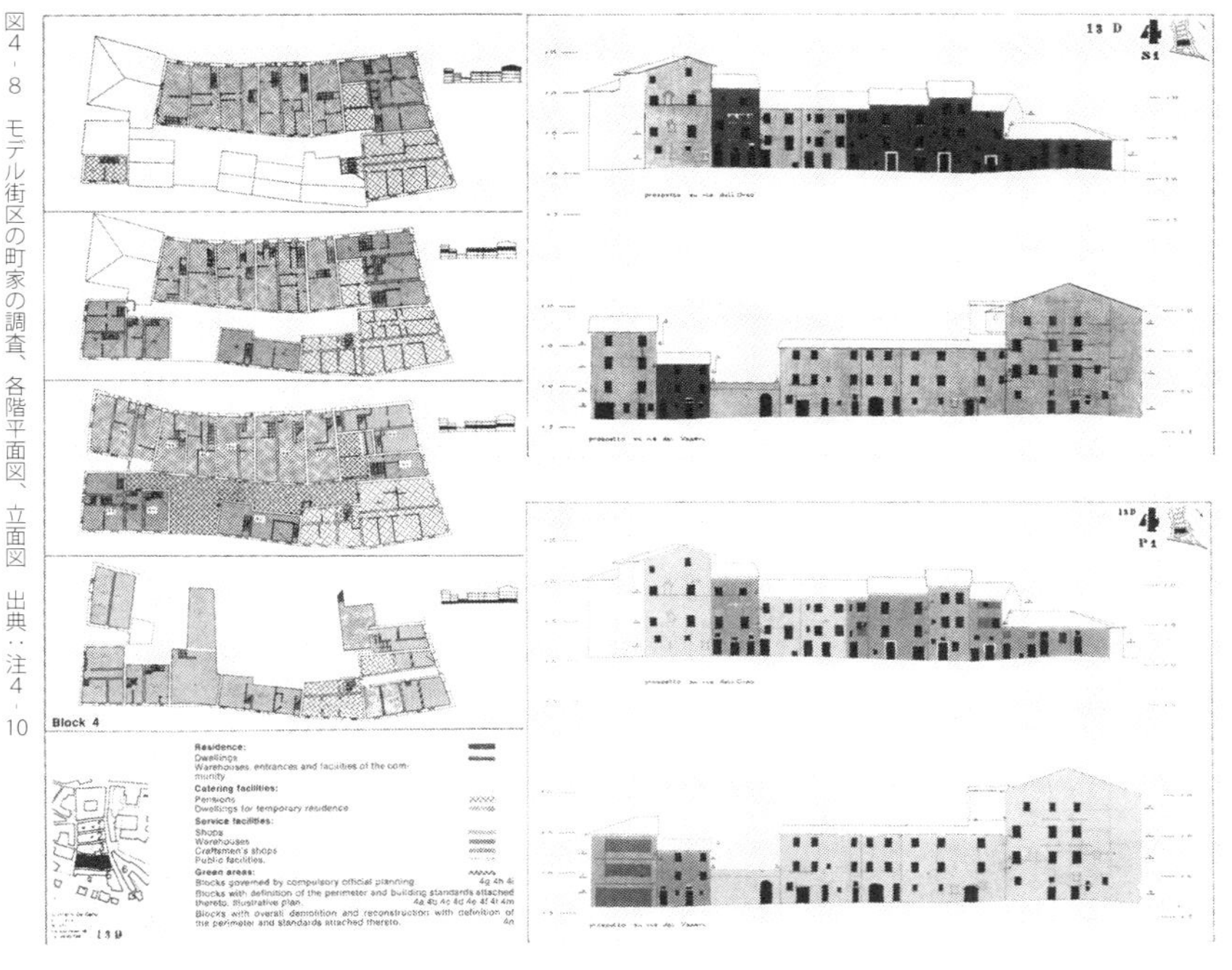

図4－8　モデル街区の町家の調査、各階平面図、立面図　出典：注4－10

写真4・20　街区内側のオープンレストラン風景、内側に豊かな緑が存在する

写真4・21　ウルビノ市街で見かけた町家改修の現場風景

写真4・22　調査街区の路地風景生活街が復活している

改修提案を行っている。建物構造・外壁・屋根補修から住居の設備、開口窓に至るまで、リフォームを超えたリノベーションと言ってもよい。それは行政の支援を受け、次々と実施に移されていく。その繰り返しによって、かつての空き家は解消され、人々の居住する生活街が復活したのである。これには氏が設計された痕跡は残されていないが、大いにそのきっかけを与えたことは想像に難くない。今もその改修は旧市街内各所で進められている。それこそこの街が経済的にも活性化していることを示すバロメーターとも言えるだろう。公共の通路からは歴史的な雰囲気の建物のレンガ壁面が連続し、街区内はなかなか伺い知ることはできない造りだが、その内部に入ると、意外に緑豊かな中庭や、周囲の自然風景やまちの眺望を楽しめるなど、山岳都市ならではのきめ細かい演出のされた光景に遭遇する。

デ・カルロの永年関わり続けてきた建築作品として知られるウルビノ大学の建築群は、旧市街に

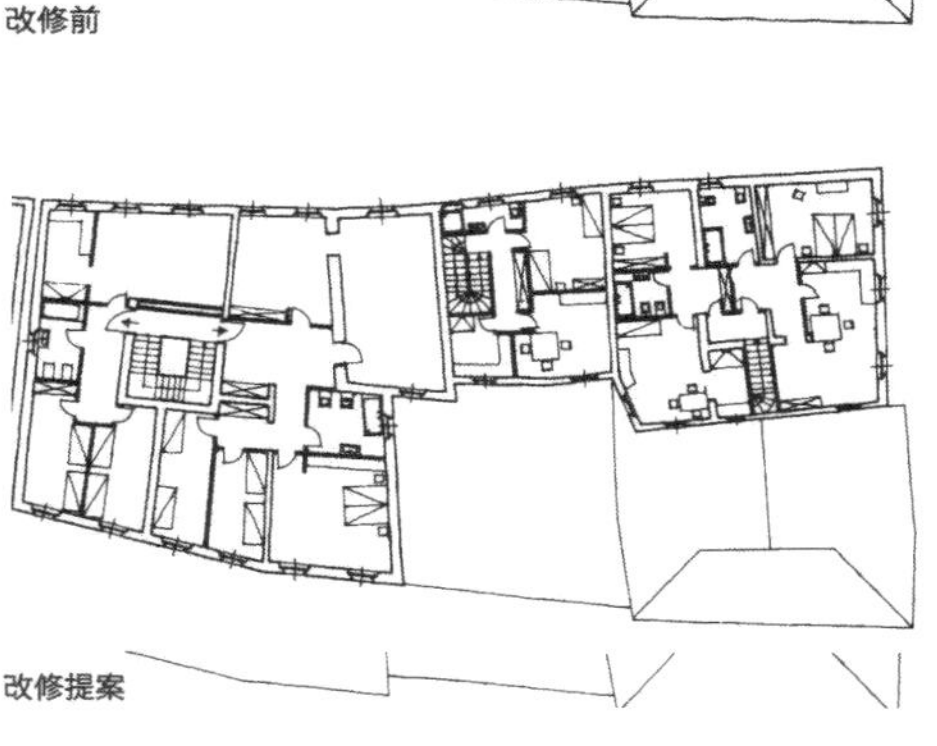

図4・9　住戸改修提案の一例。以前の狭い住戸2戸を1戸に改修し、階段位置の変更や階段室トップライト確保、水回りの前面改修などが読み取れる　出典：注4・10

は実に多くの街区に跨り、大学センター・図書館（60年竣工）、経済学部（旧パラッツォ：邸宅 Palazzo Battiferri を改修、99年竣工）、法学部（68年竣工）、教育学部（18世紀の旧修道院 Convento di Santa Maria della Bella をコンバージョン・改修、76年竣工）、の建物群が存在するが、外皮が歴史的な街並みを尊重しつつ、建築内部は大胆にコンクリートやガラスなどを用いている。この改修は外周を普通に歩く限りはほとんど気が付かない。それだけ、歴史的街並み保存に忠実に、きめ細かい設計が施されている。その他、城壁外の学生寮などの多くの建築群も氏の作品で、ここで勉学する若者たちの存在、これもこの街に大いなる貢献をしていると言えるだろう。

このように、一人の建築家が半世紀にわたり継続的に建築・都市に関わり続ける、これこそ理想の街づくりと言えるだろう。筆者が泊まったホテルのフロントデスクの壁面に、デ・カルロの写真入りポスターが飾ってあった。これこそ市民に尊敬されている証なのである。

写真4-23　生活街の雰囲気を醸し出している壁面を飾る草花

写真4-24　調査対象地区の改修されたレストランの内観

写真4-25　ウルビノ大学前の街路風景、市街地と大学校舎が一体化している

写真4-26　ウルビノ大学校舎の中庭ボイド空間

写真4-27　ウルビノ大学の中庭の緑と大きなガラス面

第5章　アメリカにおける都市デザインの展開

1　ボストンの60年代以降の都市計画転換

1950年代末のCIAMの解体と深い関係を持つとされるアーバンデザイン会議のお膝元・ボストンにおいて、60年代末に都市計画は大きな転換を遂げる（注5‐1）。それは旧来の再開発手法を改め、修復型まちづくり、そして人々の感性に訴える都市デザインの実践へと舵を切る。その手始めがウォーターフロントの港湾倉庫街の再生であり、歩行者環境そして中心市街とウォーターフロントの間を走る高速道路の地下化・上部緑道計画であった。その結果、今ではボストンは全米で最も住みたいまちの筆頭格に挙げられている。その半世紀の間のまちづくりの経緯を再確認してみよう。

(1)　ボストンにおける再開発計画主導型都市計画の終焉

アーバンデザイン会議は56年の第一回から70年代までに計13回の開催を数え、その当時の第一線の建築家、都市計画家諸氏の参加を得て、そしてそれを聴講した人々の記憶に深く刻まれたという。当然のことながらお膝元のボストンの知識層に何らかの影響を与えたとしてもおかしくはない。実際、68年に新市長となったケビン・ホワイト（注5‐2）の登場を機にボストンの都市計画は大きく転換

写真5‐1　ボストンのウォーターフロント再生のシンボル空間であるレンガ造の歴史的建物を活用したファニエルマーケットプレイスの棟間広場

注5‐1　ボストンの現地調査にあたっては「プロセスアーキテクチュアNo.97特集・デザインされた都市ボストン」（神田駿、小林正美、1991）の内容を参考にさせていただいたことをお断りしておきたい

注5‐2　ケビン・ホワイト：Kevin H.White（1929‐2012）、市長在職期間 1968‐1984

されることとなる。具体的には、50年代以降進められてきた市再開発局（ＢＲＡ、注５-３）主導のスラムクリアランスやスーパーブロック型で中央に高層タワー、周囲に商業系の低層建物、足元には公開空地広場の構図の再開発計画が影をひそめ、低所得者層住宅の供給と歴史的環境の保全と活用へのシフトである。そして旧い建物の修復・再生を対象に税制上の優遇措置という独自の手法を展開したこともその転換に拍車をかける。

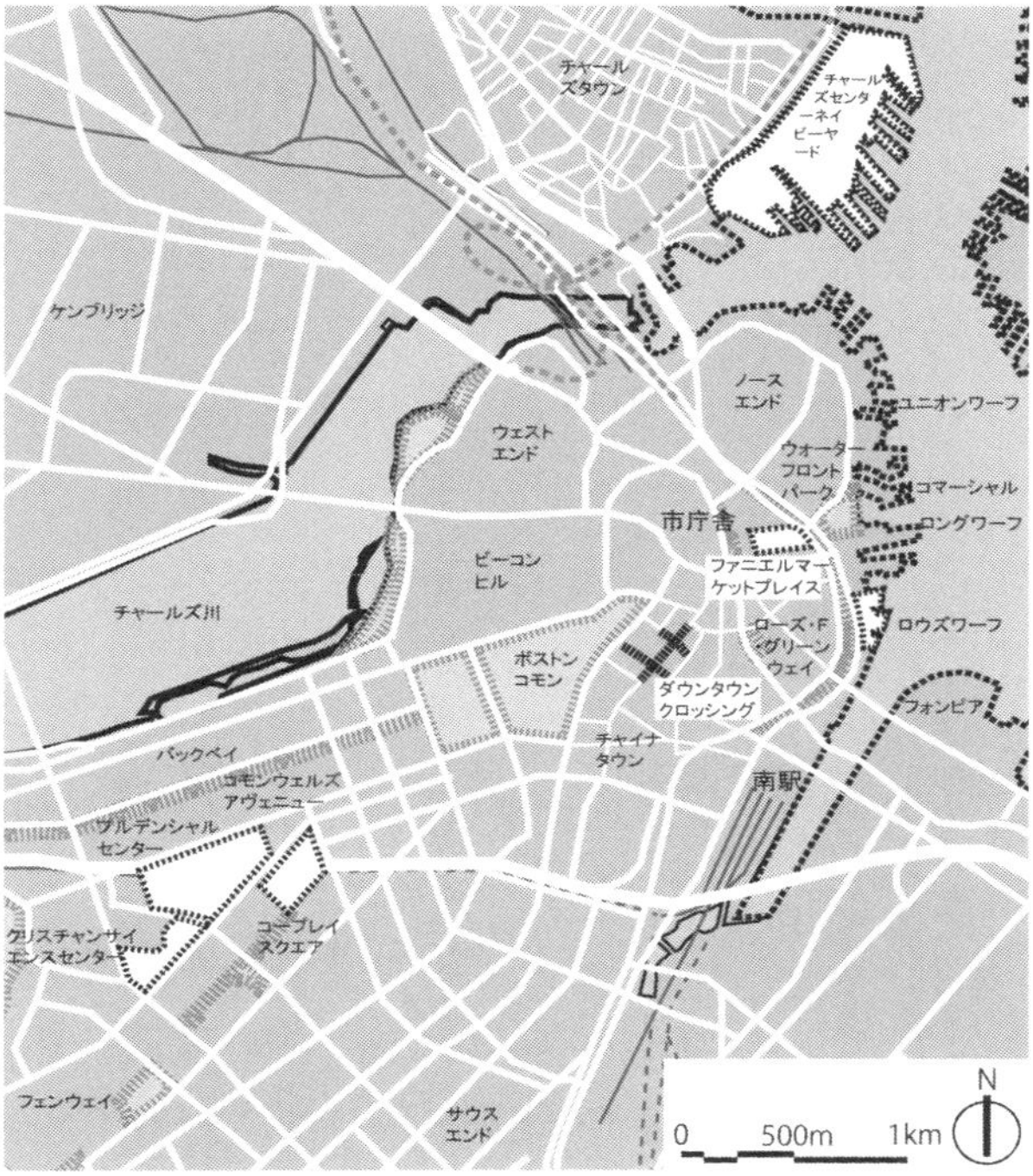

図５-１　ボストン市内の主要再開発・ウォーターフロント開発地区位置図

それは中心市街に隣接するウォーターフロント地区の旧い倉庫群の修復・活用、コンバージョンへとつながっていく。そしてボストンの中心市街とウォーターフロントとを隔てていた59年に完成したばかりのセントラル・アーテリー高速道路（フリーウェイ＝自動車専用道路）も73年に地下化構想が立案され、33年後の２００６年には現実のものとなる。その数年後には地上部のかつての道路敷は緑道に生まれ変わった。緑道沿いには都心居住のための集合住宅などが建設され、周囲には生活街が

注５-３　ボストン再開発局（Boston Redevelopment Authority）、１９５７年創設

写真５-２　ボストンの歴史的な景観を有するビーコンヒルの住宅地界隈、市内で最も高級な住宅街として知られる

復活した。まずはこの経緯を解説しておきたい。

(2) ボストン港の衰退と50年代以降の再開発計画の始動

1783年の合衆国独立以来、ボストン港は東海岸の主要港として発展してきた。しかし1800年代後半には周辺部(南ボストン、東ボストン地区)に最新の埠頭が建設され、そこに鉄道輸送の発展も加わり、旧い港は取り残されていった。一方の中心市街も50年代から60年代前半にかけて、他都市と同様に、自動車社会の急速な進展、そして郊外への人口移動とともに経済活動の沈滞化現象など、かつての賑いは薄れていく。

これに対処すべく1957年にボストン市議会とマサチューセッツ州議会によりBRAが創設され、再生に向けての様々な施策が着手される。この組織は市内の再開発事業に着手していた住宅公社を引き継ぐかたちでスタートし、旧態依然とした都市の姿、とりわけ沈滞化し半ばスラム化した住宅地、業務地区の再編、これを再開発という名のもとに進めること、そしてかつての港湾倉庫地区であるウォーターフロント地区の再生も含む、広範な中心部の活性化のための事業推進を目的としていた。BRAは、ボストン市全体の再開発計画の立案とともに最初のスラムクリアランス・プロジェクトとして、ウェストエンド地区の古い町並みを一新し、空地を備えた高層住宅を主体とする再開発事業を完成させる。

さらに59年以降は再開発局に都市計画局を統合し、計画策定から実施までの権限を集中し、新たな都市の再開発計画を推進した。その結果、この時代に着手され完成に至った再開発計画は、ガバメントセンター地区(70年完了)、クリスチャンサイエンスチャーチセンター地区(73年完了)、プルデンシャルセンター地区(75年完了)、ジョンハンコックタワー地区(76年完了)、コープレイプレイス地区(84年

写真5-3 ガバメントセンター地区・再開発地区

写真5-4 プルデンシャルセンター地区・再開発地区

完了）などがある。これらの地区の特徴として、市庁舎のあるガバメントセンター地区を除き、スーパーブロック型の敷地で中央に高層のタワー状のオフィスやホテルなど、周囲に商業系の低層建物群、足元には公開空地と言うべき広場が設けられている。これらの再開発事業は時代の先端を行く計画モデルとして、当時の世界各国の都市計画教科書を飾ったという。しかし意外にも、それらの事業進行中からスクラップ・アンド・ビルド型の再開発計画に批判的な意見が台頭していく。

（3）再開発手法の転換——歴史的建物の保存・再生を軸とするウォーターフロント再生へ

これらの再開発計画が進行する最中の68年の新市長誕生を機に、低所得者層住宅の供給と、歴史的環境の保全と活用に大きく転換が図られていく。これ以降、公開空地確保による容積率のボーナスなどのインセンティブ・ゾーニングから、旧い建物の修復・再生を対象にした税制上の優遇措置という独自の手法の展開へと大きく移行するのであった。この政策転換が後のウォーターフロントの倉庫の活用・コンバージョンというボストンならではの個性的な街づくりの契機となる。

その先鞭をつけたとされる有名なプロジェクトが、76年に完成した市庁舎の海側に接する3棟の赤レンガ倉庫の商業施設へのコンバージョン計画、ファニエルホール・マーケットプレイスであった。これは当時全米でディズニーランドに次ぐ集客力を誇ったことでも知られ、40年近くを経た今も昼夜を問わず多くの市民や観光客で賑わっている。この事業を担ったラウス社と設計者ベンジャミン・トンプソン（注5-4）のコンビは、その後のアメリカ国内そして世界各地のウォーターフロントの商業開発の成功をもたらしていくことになる。

ファニエルホール・マーケットプレイスの成功の陰に隠れ、あまり知られていないが、ウォーターフロントの再生に大きな役割を果たしたもう二つのコンバージョンプロジェクトがある。ほぼ同時並

写真5-5 クリスチャンサイエンスチャーチセンター地区

写真5-6 3棟の赤レンガ倉庫の商業施設のコンバージョン計画―ファニエルホール・マーケットプレイスの棟間広場の賑わい

注5-4 ベンジャミン・トンプソン（Benjamin C.Thompson, 1918-2002）：建築家でハーバード大学教授、その後、ラウス社とのコンビでボルチモア、ニューヨーク、シドニーなどのウォーターフロント商業施設設計に関わる

行で進められた倉庫建築群を集合住宅へと転用する試みである。78年に完成したノースエンドの約1haの広がりの旧波止場ユニオンワーフ・プロジェクト、そしてファニエルホール・マーケットプレイスに程近いコマーシャルワーフ・プロジェクトである。ユニオンワーフ・プロジェクトは1830年代築の堅牢な6層と3層の石造の2つの倉庫を分譲住宅とオフィスにコンバージョンし、さらに3棟の新たなレンガ造のタウンハウスを建設し、全5棟の建物、計89戸の住宅を開発した。敷地内には駐車場、温水プールが設けられ、水面には居住者専用のマリーナが設けられた。コマーシャルワーフ・プロジェクトもほぼ同年代（1832年築）の5層（一部6層）の長さ100mもの石造倉庫の集合住宅コンバージョンであり、最上階のロフト形式の海を眺めるテラス付タイプなど、ウォーターフロントの立地を活かした住宅（総戸数94戸）が用意されたのであった。これらの改造された住居群は市内中心部への近接性つまり都心居住地であること、歴史的価値の再認識、そして水辺の将来性への期待、これらが評価され人気を博することとなった。

それらの成功を受け、隣接するルイスワーフ、リンカーンワーフなどの倉庫がコンバージョンされ、またかつての埠頭もピア（杭）式桟橋基礎による新しい集合住宅が続々と建設されていく。そして水面沿いには遊歩道が設けられ、そこには居住者そして市民が海を眺めつつ散策できる魅力的なスポットが随所に造られていく。ここはノースエンドのイタリー地区にも近接し、人口の定着とともに様々なレストランやショップが立地し、夜間もお店や住宅群から漏れ出す灯りが人々に安心感をもたらす。そのような効果も含め、ウォーターフロント住宅地が市民権を獲得していくのであった。

（4）水際線ハーバーパーク計画と高速道路地下化グリーンウェイ計画

その後、市は84年にウォーターフロントの公園整備も含む連続的な歩行者空間ネットワークづくり

写真5・7　ユニオンワーフを紹介している現地不動産パンフレットより

写真5・8　ウォーターフロント公園から見るコマーシャルワーフ

のための「ハーバーパーク計画」を発表した。それは北のチャールズ川を隔てた旧海軍造船所跡地（1800年開設、74年に閉鎖）に同年から2007年にかけて開発されたチャールズタウン・ネイビーヤードからサウスボストンに至る全長約17kmに及ぶ、市民を水際へと誘うための遊歩道計画である。このハーバーパークの特徴は、行政側がその用地を取得し整備するのではなく、開発事業者に水際線に面する一定幅員の連続的な遊歩道整備を義務付け、その連担によって出来上がるという仕組みであった。

さらに2006年に完成したセントラル・アーテリー高速道路地下化（注5－5）後の上部の帯状の緑地（ローズ・F・ケネディ・グリーンウェイ）に沿って、旧い倉庫やオフィスの建て替えによる集合住宅建設（一部倉庫等のコンバージョンによるアトリエ活用等も含む）が続々と進められていく。かつて騒音や排気ガスの充満していたこの一帯には多くの建設投資が行われ、水際の快適環境を享受する新たな居

写真5－9　ローズ・F・ケネディ・グリーンウェイと新たに建設された集合住宅

注5－5　当時"ビッグ・ディッグ"と呼ばれていた（巨大な穴掘りという意味）。事業主体はマサチューセッツ有料道路公社で、事業費の59％の連邦政府補助を受けている。事業は83年の調査開始、87年の連邦議会の事業計画承認、91年に最終環境影響評価書承認後に着工され、2005年8月にこの地下の高速道路の一部が完成

写真5－10　ローズ・F・ケネディ・グリーンウェイの芝生広場で寛ぐ多くの市民の風景

写真5－11　ローズ・F・ケネディ・グリーンウェイの子供たちが遊ぶ噴水広場でのひとコマ

写真5－12　ローズ・F・ケネディ・グリーンウェイのミスト噴水のオブジェも実に楽しい

写真5－13　ローズ・F・ケネディ・グリーンウェイの中央広場部、集団で遊んでいる風景

住者そして就業者を受け入れるゾーンへと様変わりしてきている。その中心軸を担うのが新たなグリーンウェイであることは、だれの目にも明らかで、それまで中心部とウォーターフロントとを隔ててきた高架構造物が撤去され、そこには太陽が燦々と降り注ぐ明るいオープンスペースが出現した。このようなプロセスを経て、ウォーターフロント一帯はボストンの良好な住宅地としての地位を確立し、高い不動産価値を有するまでになっている。

（5）ボストン中心部の歩行者空間整備

先に完成した市庁舎広場やコンベンションセンターなどのガバメントセンター地区に連なる76年のファニエルマーケットプレイスの完成によって来街者は飛躍的に増加し、それは商業中心である南北方向のワシントン通りと東西方向のウィンター通り・サマー通りの交わるダウンタウン・クロッシング（通称ＤＴＸ）の79年の歩行者空間化へと発展していく。そしてその周囲には多くの就業者を擁する金融・業務街が続き、多くの歩行者で賑わっている。その歩行者区域は原則として商店等の配送車は午後6時～午前11時の間は通行が許され、それ以外の時間帯はすべて通行禁止で、40年近く経た現在も維持され続けている。それと驚かされるのが沿道に立地する生鮮食料品を扱うショップの存在で、ここ数年来、地下階を中心に着実に増えているという。確かに周囲のボストン・コモンなどの緑地周辺の閑静な住宅街に加え、ローズ・Ｆ・ケネディ・グリーンウェイ沿いに続々と建設されてきた高層住宅の効果と言うべきであろうか。まさにこの大都市の身近に「生活街」が存在している。そして通り沿いにはアメリカでは数少ないオープンカフェが展開する。

その歩行者空間は着実に定着し、それを支えるのがＭＢＴＡ（注5-6）によって運営される公共交通網で、中心部から郊外部にむけて放射状に地下鉄路線、そして郊外鉄道へとつながれていく。と

写真5-14　ボストンの歩行者空間ダウンタウン・クロッシングのサマー通りの賑やかな光景

注5-6　ＭＢＴＡ：マサチューセッツ湾交通局（Massachusetts Bay Transportation Authority）

りわけ、地下鉄網は全米で最も早期に建設が行われ、古くはアメリカ独立前の17世紀の馬車鉄道、そして路面電車の市街鉄道を経て、現在の地下鉄網へと移行し、その歴史も含め市民の交通の足として、歩行者優先環境を支えているのである。やはり全米で最も歩きやすいまちの一つと言ってもよい。

(6) 多様な魅力エリアをつなぐ緑のネットワーク

冒頭に解説したように、ボストンは全米で最も住みたい街の筆頭格に名を連ねている。それは過去の数十年間の街づくりの蓄積が、このような高い評価につながってきたと筆者は見たい。その背景にあるのは、歴史的価値を尊重した街づくりであろう。それは欧州諸都市とは比べようもないが、合衆国独立以来のその記憶が随所に残され、それが記念碑や歴史的建造物に限らず、一般の市民の暮らしの中に定着してきたと言えるだろう。その最たるものが旧き良きボストンの佇まいを残すビーコンヒルの住宅街であり、コモンウェルス・アヴェニュー、ニューベリー通りの瀟洒な街並みが続く。また北側のノースエンドは、19世紀のアイルランド系、ユダヤ系、20世紀初頭からはイタリア系移民の「リトルイタリー」などの多国籍の雰囲気もある。また鉄道アムトラックの拠点駅サウスステーションの西側にはチャイナタウン、そしてベース川を隔てたサウスボストンの臨海部はフォン・ピアのコンベンションセンターやアートセンターが立地し、周囲には新しい市街が建設されてきた。

それらの地区をつなぎあわせるのが1880年代にフレデリック・オルムステッドが提唱したボストン・エメラルド・ネックレスと名付けられた緑地帯であり、それはボストン・コモンから西に下るコモンウェルス・アヴェニュー、そしてフェンウェイからリバーウェイの旧河道に沿ってオルムステッド・パークなどの緑地が続き、それに沿って大学に加え、美術館や博物館、劇場、アートセンターなどの芸術文化の拠点も並んでいる。また北側のチャーズ川沿いには遊歩道も整備され、その一

写真5・15　ボストンのまちのオアシス的存在のボストン・コモンの緑地

写真5－16　コモンウェルス・アヴェニューの豊かな緑

写真5－17　ニューベリー通りの瀟洒な街並みと屋外カフェ

写真5－18　西側のフェンウェイ・パークに続くリバー・パークの豊かな緑

写真5－19　チャーズ川沿いのボストン交響楽団の野外コンサート会場

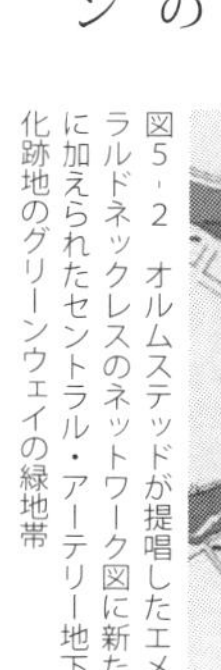

図5－2　オルムステッドが提唱したエメラルドネックレスのネットワーク図に新たに加えられたセントラル・アーテリー地下化跡地のグリーンウェイの緑地帯

角にはボストン交響楽団の野外コンサート会場があり、天気の良い日はジョギングや、川辺でくつろぐ市民、また水面にはヨットも浮かぶなど、緑と水辺の存在が落ち着いた住宅地の環境維持に大きく貢献していることが判る。そのエメラルド・ネックレスに新たに加わったウォーターフロント地区の水際線に沿ったハーバーパーク、そしてセントラル・アーテリー地下化上部の延長約５kmのグリーンウェイ、質・量ともに備わった緑のネットワークが出来上がっている。

このように、ボストンのまちには合衆国独立前の時代の歴史から、独立後そして現代に至るまでの歴史が刻まれ、それを尊重するかたちで約半世紀前に都市計画を大きく転換し、そして市民参加のプロセスを経て、今ある魅力的な市街地を再構築してきた。その原点こそ、１９５０年代から70年代まで続けられたアーバンデザイン会議の議論であったと言えるのではないだろうか。

2　サンフランシスコの70年代以降のアーバンデザイン行政

サンフランシスコは、アメリカ西海岸のカリフォルニア州内の北に位置し、南のロサンゼルスとともにカリフォルニアの経済、金融、工業の中心地として知られている。人口は約73万人、対岸のオークランド、南岸のサンノゼを含めた都市圏人口は約７００万人、全米で5番目の規模を誇っている。18世紀以降の開拓開始、19世紀のゴールドラッシュを契機とした人口流入により市街地が膨張し、格子状道路の町割がほぼ出来上がり、１９０６年の大地震により壊滅的な被害を受けるも、僅か3年で復興、以来、環太平洋地域の中核都市のひとつとして枢要な地位を占めている。

（1）アラン・ジェイコブスのアーバンデザインプラン１９７１

20世紀後期に始まる新しい都市デザインの潮流だが、東海岸のボストンに比肩する西海岸の中心都市・サンフランシスコにおいて60年代末から70年代初頭にかけて当時としては画期的なアーバンデザインプランが策定され、それが市議会そして市民の理解のもとで、歴史的市街の保全そして秩序ある都市開発の誘導が図られていく。それから約半世紀を経過し、実に活力のある魅力的な都市として内外に高く評価されている。その礎を築いたとされる一人の都市計画家・都市デザイナーの存在、サンフランシスコ市の都市計画の大転換はこの時期から始まるのである。

それは67年にサンフランシスコ市の都市計画局長に就任したアラン・ジェイコブス（注5－7）と彼のもとに参集したスタッフを中心にとりまとめられた「アーバンデザインプラン１９７１（注5－8）」である。あらためてそれから半世紀近く経過したいま、このまちを巡ると、そのレポートが現

注5－7　アラン・ジェイコブス（ALLAN B. JACOBS, 1928-）マイアミ大学建築学科卒業。１９５２–53年ハーバード大学大学院都市計画学科、１９５４年ペンシルバニア大学大学院都市地域計画学科修了。１９５４–55年ロンドン大学留学、１９５５–63年ピッツバーグ地域計画協会主任プランナー及び局次長、１９６５–67年ペンシルバニア大学大学院都市地域計画学科准教授、１９６７–75年サンフランシスコ市都市計画局局長。１９７５年から現在までカリフォルニア大学バークレー校環境デザイン学部大学院都市地域計画学科教授及び学科長を務める

注5－8　サンフランシスコ・アーバンデザインプラン１９７１：The urban design plan for the comprehensive plan of San Francisco1971
参考までに71年レポートに加え、下記の文献も参考：San Francisco urban design study preliminary report Volume 1969-1970 1969, San Francisco (Calif.). Dept. of City Planning

注5－9　Making City Planning Work,Allan B. Jacobs,1978、邦訳『サンフランシスコ都市計画局長の闘い——都市デザインと住民参加』アラン・B・ジェイコブス著、蓑原敬他訳（1998/4）

図５－３　80年当時のサンフランシスコ市内案内図、後に廃止・撤去となるエンバカデロフリーウェイと南西側のオクタヴィアフリーウェイの計画路線が描かれている　出典：注５－９

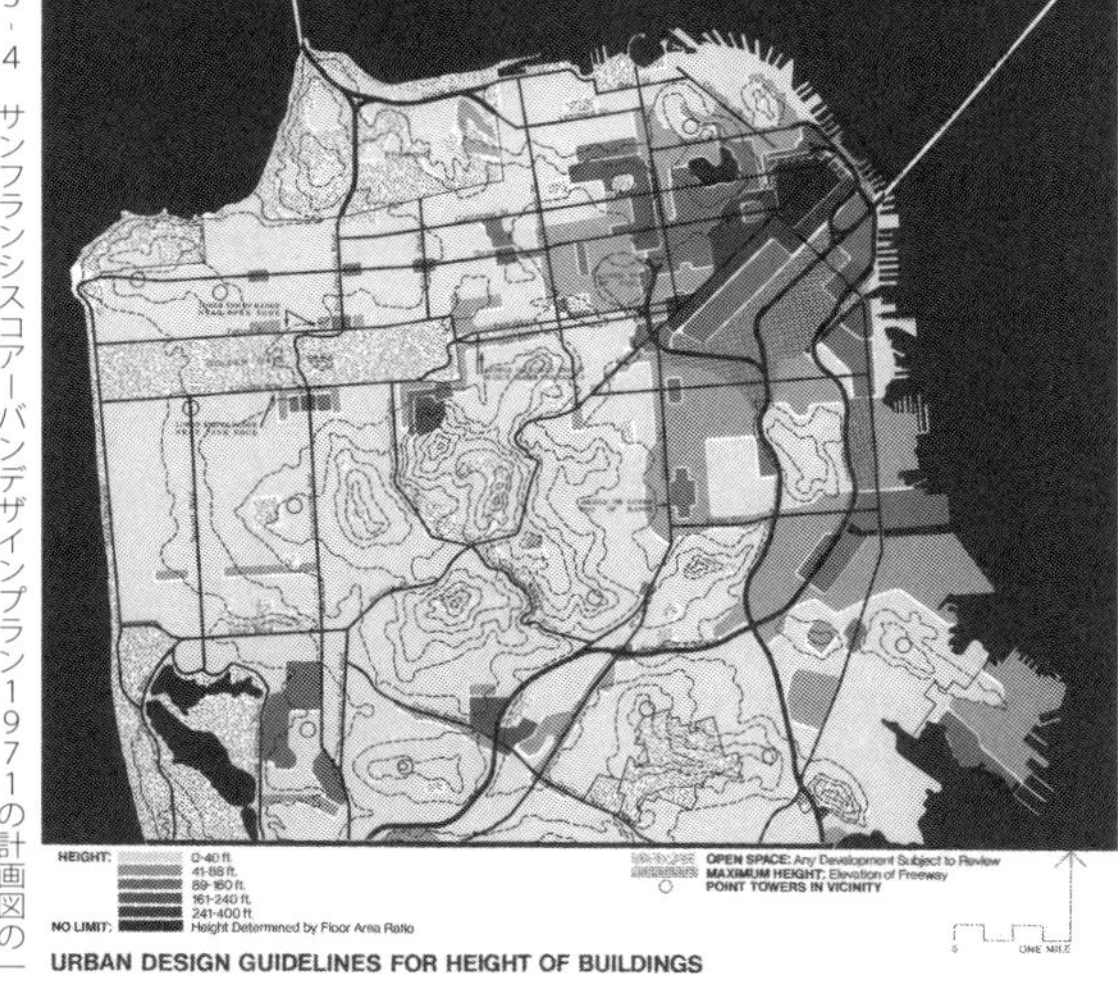

図５－４　サンフランシスコアーバンデザインプラン１９７１の計画図の一例、建物高さのコントロールを示す図　出典：注５－８

在のまちの魅力づくりに如何に貢献し得たのかが理解できる。まずはアーバンデザインプラン策定の時代の話から始めてみよう。それは後に氏が著した著書『Making City Planning Work（注５－９）』に自らが述懐している。

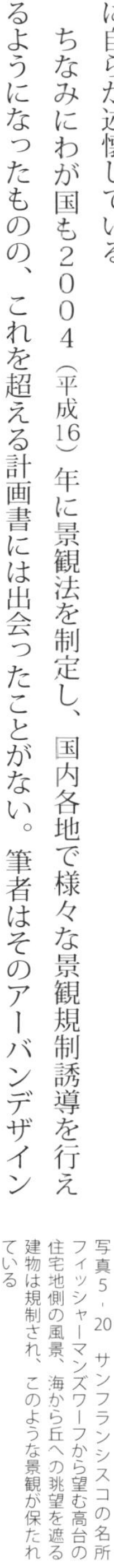

ちなみにわが国も２００４（平成16）年に景観法を制定し、国内各地で様々な景観規制誘導を行えるようになったものの、これを超える計画書には出会ったことがない。筆者はそのアーバンデザイン

写真５－20　サンフランシスコの名所フィッシャーマンズワーフから望む高台の住宅地側の風景、海から丘への眺望を遮る建物は規制され、このような景観が保たれている

プランを槇総合計画事務所に入社したばかりの74年に槇さんから紹介され、以来筆者のこの世界での教科書的存在として10年間の在籍中、デスクの近くの書棚に置いてあった。

「アーバンデザインプラン1971」の根底に流れる姿勢は、従来の近代都市計画に対する疑問であり、それは既成のまちの魅力を後世に残すための都市計画規制すなわちゾーニングと景観コントロール手法の導入であり、また歴史的市街の破壊につながる巨大な再開発計画や高速道路計画の見直しへの着手というかたちで現れていく。それは、それまでの平面的な土地利用や線的なインフラ計画、拠点の再開発計画などを、立体的かつ空間的なスケールで都市をとらえ、より総合的な具体の計画およびデザイン指針としてまとめ上げたもので、歴史的建物の保存や街並み、都市景観、住民参加をキーワードとした新たな街づくりの展開にほかならなかった。

そのレポートの背景として紹介されたサンフランシスコのスカイラインや道路の状況の60年と71年の比較写真（写真5－21）を見ると、急激に変化するまちの姿に大いなる危機感を抱き、計画的にコントロールすることの重要性を再認識し、それを実践するための態勢づくりつまり計画組織を確立していったことが読み取れる。それは計画プロセスにおける住民参加や議会対応、その代表者からなる都市計画委員会などを通して、より実効性のあるものへと昇華させていったのである。そして計画策定にあたっては既存の都市の姿を読み取ることを重視し、同レポートでは街のパターンのための基本原則(Fundamental Principles for City Pattern）の頁を重ね、現状調査から街の価値を再点検し、「保存」「改善」「排除」「付加」等の考察を行っている。とりわけ時間の経過が重ねられてきた本来の街の魅力の価値を重視する姿勢を明確に打ち出している点が、当時としては実に

写真5－21　サンフランシスコの1960年（上）と71年（下）の変化　出典：注5－8

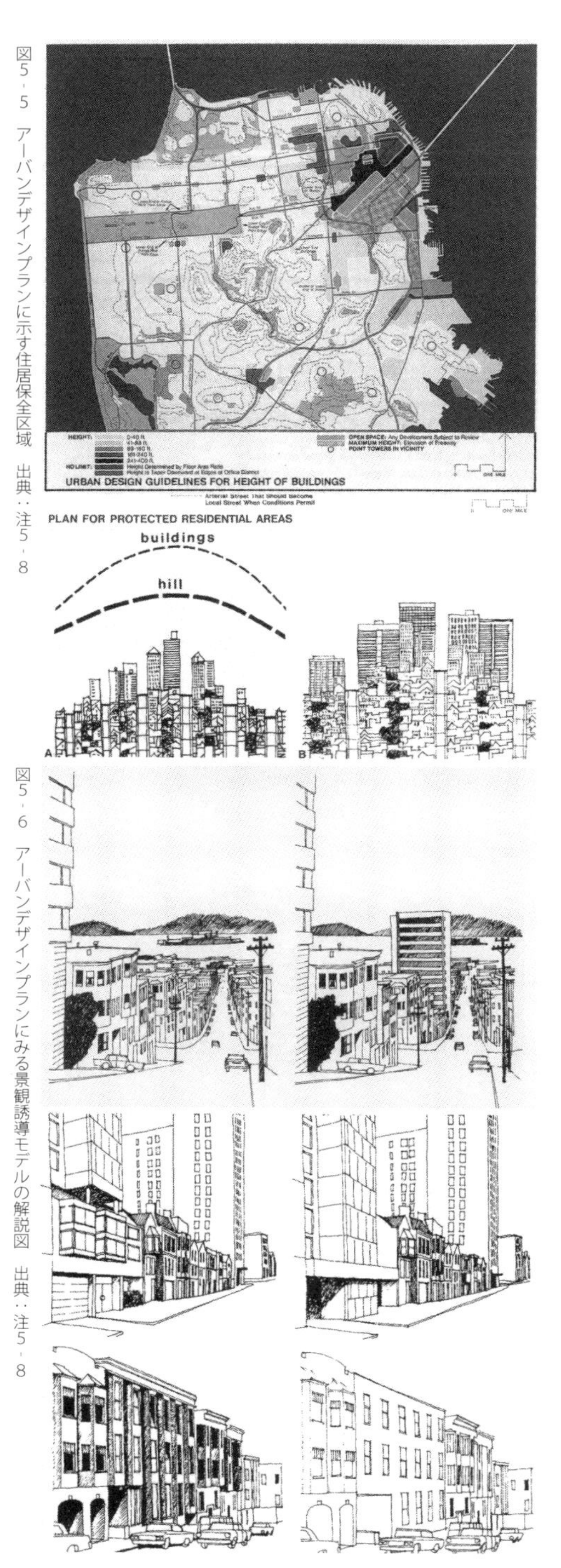

図5-5　アーバンデザインプランに示す住居保全区域　出典：注5-8

図5-6　アーバンデザインプランにみる景観誘導モデルの解説図　出典：注5-8

革新的であったと言える。

ここでは将来のサンフランシスコの都市のあり方を考えるにあたり、都市計画すなわちプランニングレベルに加え、より人間的な感性に訴えるための景観計画を位置づけ、その総体をアーバンデザイン＝都市デザインとして括ったところに、アラン・ジェイコブスの強い意図を読み取ることができる。その意味では序章に解説したハーバード大での「アーバンデザイン会議」の流れと相呼応する。レポートは、①都市のパターン、②歴史的な街並みや建物保全、③主要な新規の開発、④近隣居住環境、に整理され、都市環境の質的向上を目指すものであった。例えば景観面では、丘の上から海への眺望を阻害する建物の規制、都市のスカイラインをより強調するための建物誘導手法、歴史的な木造タウンハウスの街並みファサード保全、都市内街路の夜間照明ガイドライン、同じく街路樹マスタープランなどが判りやすく解説され、また新規開発に先立ち、都市内建築物の高さ制限、容積制限を景観計画等に基づき定め、街区ごとの建物容積の算定指針も盛り込むことで、その有効性を担保している。

そこからは明らかに既成の居住環境を含むコミュニティの破壊から守ろうとしていたことが読み取れる。それは後の近隣計画と住宅基準適合化事業の推進によって、補助金を用いて建物修復なども含め居住機能の確保と性能向上を図っていくのである。そして近隣居住環境の保全のために、市域内に広がる大半の区域を保存対象住居区域として定め、地区内の通過交通の抑制を交差点の対角遮断や狭窄、行き止まり道路、歩道拡幅などの手法を提唱している。

この策定プロセスは都市計画局内に設置されたアーバンデザインチームとそれを支援する外部専門家たちによって、67年から70年までの3カ年で8つの予備的スタディと3つの特別スタディというかたちで整理され、「テーマ別の予備調査報告書にまとめられ一般市民に広報された（注5-10）」のである。そのレポートには実にきめの細かい都市計画手法が網羅され、しかもそのプランは都市スケールの計画図から部分平面図、現状と計画のイメージスケッチ比較などが盛り込まれ、素人でも誰もが理解できる表現方法が採られていた（図5-6）。

それは市民の力を背景に、従来型の市再開発公社主導の市街地再開発を見直すことも意味していた。これを機に、サンフランシスコは歴史的街並みおよび地域コミュニティの保全、そして市民参加型まちづくりへと大きく転換する。それは多くの市民の賛同を得て、具体のアーバンデザイン計画の実現に向けて動き出していく。アラン・ジェイコブスの都市計画局長在任は75年までの8年間であったが、その後、氏の後継者そしてアーバンデザインプランに賛同する市民層によって、新たな街づくりの展開がなされていく。それから約半世紀近くを経過し、アーバンデザインプランによって守られ、そし

注5-10 倉田直道氏の「アーバンデザインレポート1992」を参考にさせて頂いたことをお断りしておきたい

て発展していった街の魅力資源の幾つかを解説しておきたい。

(2) 市内に広がる歴史を重ねた「生活街」の保全

前掲の『サンフランシスコ都市計画局長の闘い――都市デザインと住民参加』の訳本の第5章「ケーススタディ――サンフランシスコの近隣計画と住宅基準適合化事業」の扉ページに訳者の解説文が記載されている。これこそアーバンデザインプランが「再開発から修復へ」と大きく方針転換したことを示すキーワードが並んでいる。これを引用しておこう。

「〈前文略〉サンフランシスコには大胆に再開発を進める再開発公社があり、老朽化し、住宅条例に違反する住宅が多い地区を除却して、再開発が進められていた。その結果はマイノリティーグループの追い出しにつながり、再開発に対する市民の反感の高まりがあった。都市計画局は総合計画の要素計画である住宅計画を、近隣レベルの合意を得ながら作りだすと同時に、建築監督部と共に住宅条例の違反取締りを強化しながら、近隣レベルの公共施設の整備を行う事業、住宅基準適合化事業に取り組み、7地区で大きな成果を上げる。〈中略〉この事業を通じて、市の内外の支持が高まり、計画局の地位は一段と高くなる。総合計画を視野に入れながら、計画、デザインという視点を持って近隣レベルの事業に積極的に介入し、計画全体への信頼関係を取り戻していくプロセスが見事である。（注5-11）」

これに象徴されるように各地で歴史的街並みとコミュニティ保全も含む近隣計画が市民参加のもとで作成され、サンフランシスコ特有のベイウィンドウを有するビクトリア様式の歴史的な低層木造家屋群が修復整備されていく。

注5-11 引用・出典：注5-9

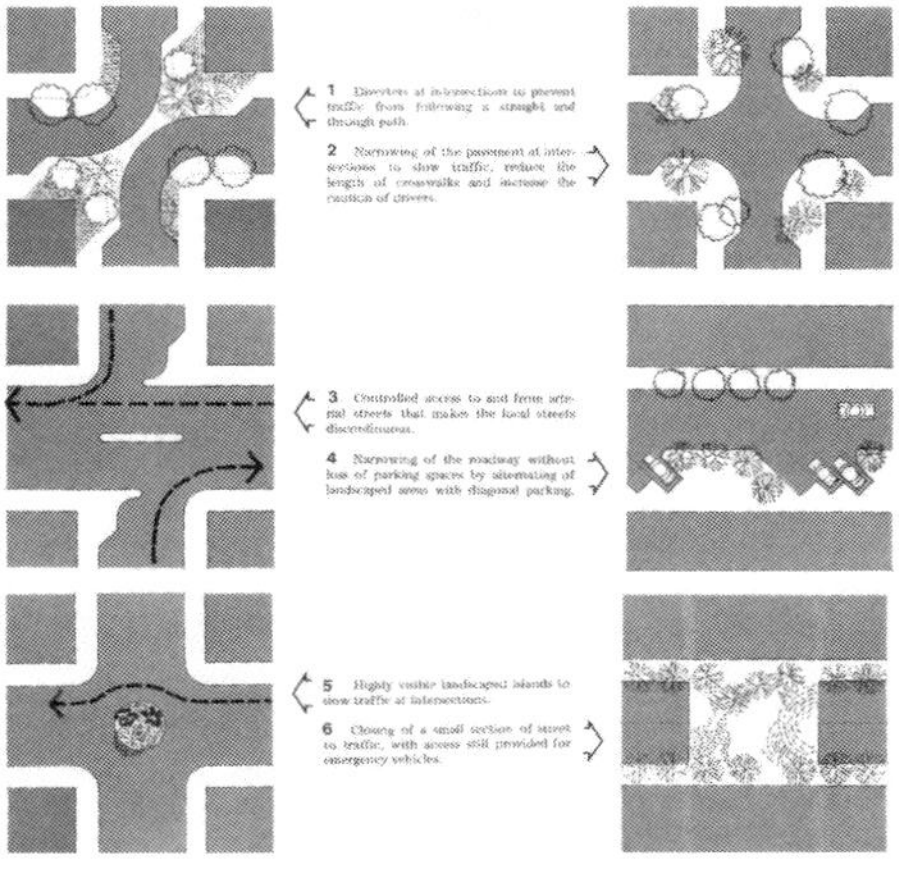

図5-7 住宅地内の交通制御のモデル図 出典：5-8

それは広範に指定された前掲の保存対象住居区域内の建物が対象となり、多くの歴史的街並みそして「生活街」が保全されることとなる。とりわけ、ダウンタウン（繁華街）のマーケット通りのＢＡＲＴパウエル駅からケーブルカーで北上し、坂を上りきった先の海への視界の拡がるベイエリアの北側傾斜地一帯は歴史的な木造の街並みが続き、その中の低層階には地元の人々のためのレストランやショップが立地する。ところどころには開拓期に造られた街区の町割を分割する路地が幾筋も挿入され、そこには濃密な「生活街」の雰囲気が漂っていることも、この住宅街の特徴の一つでもある。そして東側に広がるチャイナタウンのアジア的な風景も、伝統的な職住近接型の街並みの中に賑わいを演出してくれている。そして西側のゴールデンゲートパーク一帯の高台の住宅街の瀟洒な歴史的木造家屋街や南東側のサウスパークに至る一帯の街並みなど、高層建築の居並ぶダウンタウンを取り囲む形で広い範囲にこれら歴史を有する「生活街」が存在している。そしてその居住環境を支えるのが起

写真５－22　ゴールデンゲートパーク一帯の高台の瀟洒な歴史的邸宅街

写真５－23　ワシントン広場は周辺市街地の貴重なオアシス空間となっている

写真５－24　ロンバード通りの１８８６年築の木造の人気のプチホテル

写真５－25　街区を分割して挿入されたウォーター通りの路地空間的なスケールの生活街

写真５－26　サンフランシスコの伝統的なベイウィンドウを有するビクトリア様式を保存する町家群の街並み

伏のある地形ゆえに市内に残された多くの自然緑地であり、また随所に配置された公園の存在である。まちを歩く公園に憩う市民の姿をみかけることが実に多い。それも活きた「生活街」がこのまちに根付いていることを示す指標のひとつであろう。これも半世紀前のアーバンデザインプランに基づく保存地区指定の成果と言えるだろう。

(3) ウォーターフロント地区の景観保全と再生

サンフランシスコ観光の最大の見どころと言われるのがウォーターフロント地区のフィッシャーマンズワーフや海事国立史跡公園(San Francisco maritime National Historic park)などの水際公園の風景であり、それは北のマリン郡方面につながる観光名所の吊橋ゴールデン・ゲート・ブリッジ(金門橋)へと続いていく。そのフィッシャーマンズワーフ側から望むダウンタウンそしてランドマークであるコイトタワー側の眺望もサンフランシスコを代表する風景となっている。その光景こそ70年代にアーバンデザインプランによって高さ制限が設けられたことの成果と言ってもよい。つまりウォーターフロントと丘との間には高い建物は規制されてきた。一見、何気ない風景だが、ウォーターフロントの観光地にしては高いホテルやマンションなどが林立しないことの価値、それを市民が共有していることの証なのである。その意味ではウォーターフロント地区の魅力づくりにアーバンデザインプランが大きく貢献している。

今では港湾都市として注目されるサンフランシスコだが、コンテナ化への対応の遅れから、港の機能は50年代には対岸のオークランド港に奪われ、サンフランシスコ港の埠頭倉庫群の多くは廃屋となり、また周囲の工場等も閉鎖していく。市はその再生計画のためのベイコミッション委員会を65年から組織し、サンフランシスコ湾および湾内開発の全体計画を策定した。関係自治体・州・学識経験者

写真5-27 ウォーターフロントから望むコイトタワー、この眺望もアーバンデザインプランによる高さ規制によって守られてきたことがわかる

から構成される同委員会には、水際線から100フィート（約30m）以内のあらゆる開発の許認可権を有するという強力な権限が与えられ、下記の開発方針が定められていく。①ウォーターフロント開発における土地利用は「水」に関係するものに限定、即ち都市機能の単純な「にじみ出し」のオフィスや住宅開発は認めない。水際に存在する必然性がある施設に限り開発を認める。②湾内の埋立て規制、仮に埋立てする場合は、同面積の地上部を水に戻すこと。③ウォーターフロント空間は市民に解放されなければならない。当然のことながらプライベートビーチは認めず、遊歩道の設置を義務付ける、という内容であった。そして69年に港湾管理権が州から市に移管され、市港湾局主導の再活性化のための戦略が練られ、マーケット通り北東端のフェリービルを境に、北側の埠頭は商業展開を、南側の埠頭には港湾機能に特化する再編計画を決定し、新規商業開発による収益を財源に港湾再開発を推進するとした。

その第一弾がウォーターフロントの観光拠点としてのフィッシャーマンズワーフ地区の再生であり、シチリア島出身の漁師たちが拠点としていたメップスワーフの旧埠頭・倉庫を改造し、シーフードレストランを集約化し、遊覧船発着所（ピア41）や観光用ヘリポート（ピア43）を備えた観光・商業ゾーンの形成を企図したのである。それは見事に成功し、約300軒のレストランやみやげ物店が並び、広場では大道芸人や観光客で溢れるサンフランシスコ随一の観光名所となっていく。そして西側の海事国立史跡公園には新たに海洋博物館が建設される。

次いで、海洋博物館の背後地の民間商業開発として64年に歴史的ランドマークに指定されたかつてのチョコレート工場が「ギラデリー・スクエア」と名づけられた85店舗の商業施設にリノベーションされ、そして67年にはその南側の煉瓦造のデルモンテ社の缶詰工場が「ザ・キャナリー」と命名された47店舗の商業施設としてリノベーションされオープンした。その後、フィッシャーマンズワーフの

写真5-28　フィッシャーマンズワーフ地区は多くの観光客で賑わう

写真5-29　1895年に建てられたチョコレート工場を改修し、活用したギラデリー・スクエア

東側の埠頭上に商業施設「ピア39」がオープンし、周囲のマリーナ、ウォーターフロント公園とが一体となり、ウォーターフロントの回遊性がより高まることとなる。

しかし、当時は市街とウォーターフロントの間に高架構造のエンバカデロ・フリーウェイが途中まで完成し、西側のゴールデン・ゲート・ブリッジまで延伸される計画となるも、住民の反対運動で工事が中断していた。それを67年に都市計画局長となったアラン・ジェイコブスは、ウォーターフロントの景観を著しく阻害しているとして全面撤去を検討したが、当時の市議会の反対で実現に至らなかったという。それが皮肉なことに約20年後に発生した大地震で現実のものとなるのである。

（4）エンバカデロ地区の2つの再開発と業務床成長管理政策

一方、マーケット通りの突き当りのフェリービルの前面のかつての市場や倉庫街を対象とした２つの再開発計画が82年に完成する。一つがゴールデンゲートウェイセンターであり、ファイナンシャルディストリクトの海側で、４ブロックにわたり高層の住宅（賃貸１２５４戸、分譲１５５戸）と高層のホテル（低層部のみ商業・業務）で構成され、南に隣接する複数ブロックにまたがるエンバカデロセンターは商業施設に加え、オフィス、ホテル、レジャー施設の複合開発であった。双方がともにペデストリアンデッキで結ばれ、地下は千台規模の駐車場そしてマーケット通りの高速鉄道ＢＡＲＴ（注5－12）やメトロのエンバカデロ駅に加え、隣接する海の玄関であるフェリービルも含む交通結節拠点となっている。地上部には緑地・広場が設けられ、その設計はローレンス・ハルプリンに委ねられ、広場中央にダイナミックな水の動きのある彫刻が置かれ、そこにはいつも多くの市民や観光客の姿があり、その広場名はエンバカデロ・ジャスティン・ハーマンプラザと命名されている。

そこは敢えて住宅も含めた多用途の複合開発とすることで、過剰なオフィス床供給に歯止めをかけ

写真5－30 ピア39の中庭広場、ここは多くの観光客が訪れる名所になっている

注5－12 ＢＡＲＴ（Bay Area Rapid Transit）ベイ・エリア高速鉄道の略称、サンフランシスコ市街と湾岸の地域を結ぶ公営鉄道で、対岸のオークランドなども含めた広域行政体に跨るサンフランシスコ・ベイエリア高速鉄道公社により運営されている。72年に営業を開始し、２００３年にはサンフランシスコ国際空港への直接乗り入れも始まり、空港からは中心部へ約30分で到達できる。また対岸のオークランド空港との乗換えもこのＢＡＲＴで可能となった

注5－13 ヤッピー：young urban professionals の略で直訳すれば若手都会派知的職業人、都会やその近郊に住んで知的職業に就いているエリート青年のこと

ると同時に、当時の郊外転出の風潮を改め、都心居住を促す意図があったとされる。その住居部分は当初は入居者が少なかったものの、その後の若手都会派知的職業人・ヤッピー（注5‐13）と呼ばれる人たちの増加などで都心居住の拠点として人気を博すこととなった。

74年のオイルショック以降の経済不況下で経験した過剰オフィス床問題などから業務用ビルの総量規制すなわち中心商業業務地における成長管理政策（Smart Growth）が84年のダウンタウンプランで取り入れられ、翌85年に「オフィス床などの建設行為に伴う都心居住を誘導するための住宅付置義務条例」として実行に移されていく。この政策こそ「成長管理」を重点施策として掲げたアラン・ジェイコブスの主張が市議会そして市民に受け入れられたことを意味していた。

（5）高架構造のエンバカデロ・フリーウェイの撤去

そして1989年の大地震（ロマ・プリータ地震）で、前掲のウォーターフロント前面の港湾フェリーターミナル地区を高架で走っていたエンバカデロ・フリーウェイが倒壊し、それが市民の熱意で高速道路の撤去につながっていく。倒壊したエンバカデロ・フリーウェイは対岸のオークランドを結ぶベイブリッジ（中央高速道路）から西側のゴールデン・ゲート・ブリッジ（高速101号線）の間をウォーターフロントに沿ってつなぐ高架のフリーウェイとして計画され、58年に当該区間まで建設されたところで工事中止となり、放置された状態となっていた。そして歴史的なフェリービルディング（1898年築）およびウォーターフロント前面を東西に横切る高架構造として立ちはだかるという景観問題も提起され、全面撤去へと意見が集約されていく。撤去工事着手が91年、翌92年には撤去が完了し、高架道路が走っていた空間は路面電車の軌道敷と広場そしてカリフォルニアの温かい気候風土を象徴するパーム並木のプロムナードに生まれかわった。

写真5‐31　エンバカデロのジャスティン・ハーマンプラザ（Justin Harman Plaza）の水の彫刻

図5‐8　フェリービル内に掲示されていた高速道路が存在していた時代の挿絵

さらに正面のフェリービルも保存修復の対象となり、２００３年に港湾事務所と一部ショップ、レストランとして改修・再オープンしている。今ではフェリービルディングの前庭で定期的にマーケットが開催され、個店のテントやパラソルがならび、多くの人々が訪れる賑わい空間にもなっている。高架のフリーウェイが撤去された今は何も存在していなかったかのような形で、前掲のピア39などとの回遊性向上も含め、ウォーターフロント界隈の賑わいが復活し、今では年間１０００万人以上の集客数を誇るサンフランシスコ随一の観光名所として拠点施設にもなっている。

またエンバカデロ・フリーウェイの延伸中止と解体の決定を受け、もうひとつの高架路線が取り止めとなっている。ダウンタウンの南西側のオクタヴィア通りからマーケット通りを高架で越え、中央高速道路につながる路線が住民の反対運動で凍結されていた。その後の市議会で論争の最中であったが、これも98年に中止が決定され、２００５年に並木道の通りとして完成している（注５‐14）。この中止から並木通りの実現に大きく関与したのが、局長を退任しカリフォルニア大学教授に転進していたアラン・ジェイコブス氏であったという。その意味では、サンフランシスコのまちは旧来の機能的な都市計画を見直し、市民生活重視のアーバンデザインが定着したことを示す象徴と言えるだろう。

写真５‐32　フェリービルの前面広場はテントの露店が並ぶ

注５‐14　オクタビア並木通り高架橋廃止に関する情報：http://pfalimited.com/wp-content/uploads/2014/08/Octavia-Bvld_US.pdf

（6）職住近接型のコンパクトシティを支える市内公共交通網

自動車中心の生活パターンが定着するアメリカ国内において、このまちは不思議なくらいに街がコンパクトに収まり、マーケット通り沿いのダウンタウンエリアのすぐ背後地には「生活街」の雰囲気が漂っている。それはこのまちの地形的要因に加え、70年代から続けられてきたアーバンデザイン計画即ち「中心商業業務地における成長管理政策」と「都心居住を誘導するための住宅付置義務条例」の成果と言えるだろう。ＢＡＲＴを中心としたベイエリアの公共交通軸に沿って、都市機能が対岸のオークランドやバークレイなどの周辺都市にうまく配分されることで、その規模の拡大を抑制することにも成功し、伝統的な生活空間が保全されてきたことを示しているように思える。

そして市民の移動を支えているのが1873年に開業したレトロな趣のケーブルカーであり、ミュニ・メトロ（Muni Metro）と呼ばれる新型路面電車LRT、加えてミュニ（Muni）のバス交通網が実に充実している。ケーブルカーはマーケット通りとウォーターフロントを結んでいるが、これは観光客向けの移動手段の性格が強く、ミュニの面的なバス網が市民利用の足となり、これはトロリーバス、ローカルバス、快速バス、急行バスの4種類が走り、きめ細かく路線が配置されている。背景には利用者率が高く、それを支える「生活街」が面的に広がっていることがある。坂の多い街には安価で簡単に乗り降りできるこのバスが、最も歓迎される市民のための乗り物として定着しているのである。

写真5‐33　サンフランシスコ市内の至る所でバス・タクシー専用路線が出現している

写真5‐34　サンフランシスコ市内の中心部でよく見かける子供たち、身近に生活街の存在があることを物語っている

写真5‐35　サンフランシスコの名物と言われるレトロな雰囲気のケーブルカー

写真5‐36　レトロ風の路面電車ストリートカー、現在は7路線のLRT路線がある

写真5‐37　車イスのお客も自由に乗り降りできるミュニのバス

写真5‐38　マーケット通りも車道が縮小され、LRTと自転車主体の道となった

また市内の道路の随所にバス・タクシー専用路線や自転車専用通行帯が設置されているが、これも自転車車線を潰して実現している。それを市民が支持しているからこそ可能となったとも言える。自動車社会の浸透したアメリカ社会のなかで実に特異と言えるくらいに、市民の意識の高いがゆえに、この街の先駆的な環境政策が支えられている。その意味では70年代の先駆的なアーバンデザイン行政が完全に市民の間に定着し、その結果が旧来からの職住近接型のコンパクトシティの保全につながってきたことを如実に示しているような気がする。まさにアーバンデザイン行政の成果なのである。

(7) 市内に展開されてきたパークレット運動

最後に、そのバス乗車の道すがら、車内から方々で見かけるパークレット（Parklet）と呼ばれる「公共空間（街路）内の市民の居場所づくり」の風景が実に印象的であった。これは２０１０年前後に市民提案で始まり、市も13年に正式にパークレット・マニュアルを策定して以降、市内の至る所で続々と出現してきている。路内の駐車帯にウッドデッキ等でせり出し、プランター等で仕切り、椅子とテーブルを配するだけで居場所が出来るという魔法、これこそ道路管理者である市と地元ＢＩＤ団体と沿道のお店などとの協定に基づいて設置、運営等が行われる仕組みになっているという。その形式は設置場所の沿道条件や歩行者・自動車通行量や利用者の属性により様々なパターンがあるようにも思える。

今や西海岸のシアトルやサンディエゴ、その他の都市、そして東海岸にも飛び火しているとも聞き及ぶ。このように、まちに多くの市民が定着していることによって、そのような居場所づくりのニーズが高まる。それを示すささやかな歩行者空間改善運動に違いないが、それが大きな力になっていくような気がする。今後が楽しみでもある。それも昨今の地球環境問題に端を発する若者たちの脱自動

図5・9　サンフランシスコ市が作成したパークレットマニュアル2013の表紙

写真5-39　Powell St between Ellis and Gearyのパークレット

写真5-40　Columbus Aveのパークレット

写真5-41　Divisadero St between Hayes and Groveのパークレット

写真5-42　Page St/Octavia St の交差点近くのパークレット

写真5-43　2001 Polk St のパークレット

写真5-44　Hayes St のパークレット

写真5-45　36 Divisadero St のパークレット

写真5-46　Columbus Ave のパークレット

図5-10　都市内街路デザインガイドに掲載されたパークレットの標準形式解説図、①車両防護縁石、②自動車進入抑止のボラード、③最低幅1・8m（6フィート）、⑤ベンチ・椅子等の休憩施設、⑦防護柵類
出典：Urban Street Design guide,national Association of city transportation officials 刊(2013)

車への動き、歩行者空間整備から公共オープンスペースの積極的活用そしてタクティカル・アーバニズム運動（注5-15）の展開へと、全米各地でその烽火が挙がりつつある。それは次章で紹介する東海岸のニューヨークの動きとも大きく関連しているように思える。

3 デンバーの16番街トランジットモールと歴史的市街の保存再生

デンバー（Denver）はアメリカ中西部、ロッキー山脈の麓に位置する人口約55万人のコロラド州の州都、標高1マイル（約1600m）の高さにあることから通称ハイマイル・シティ（The High Miles City）と呼ばれる。その歴史は19世紀初頭の開拓時代のゴールドラッシュ、広大な大地を背景とした農・畜産業の発達、今は通信・航空宇宙産業・ハイテク産業の拠点都市、また山岳リゾートの拠点観光都市としての側面も有する内陸部の金融・経済の中心地でもある。

このデンバーの街づくりは、ラリメール・スクエア（Larimer Square）などの歴史的建物・街並保存、そして都心居住等で知られ、今ではボストンに比肩する全米の住みたいまちのトップレベルに挙げられる美しいまちで、その中心市街を貫く16番街トランジットモール（Denver 16th Transit Mall）に沿って、オフィスや多くの店舗が軒を並べるなど、実に賑やかな光景が続いている。

しかしこのまちも、かつて1950～60年代の自動車社会の進展とともに郊外住宅地への人口流出や商業業務機能の転出などで中心市街は寂れ、一時はダウンタウンのオフィス床の1／3が空室となるなどの厳しい状況に陥っていた。それを克服すべく、行政も60年代以降、市内の老朽化した地区の再開発計画を進めていくが、これも地元の女性活動家ダナ・クロフォード（注5-16）と彼女に共鳴する市民の反対によって頓挫する。しかし市民の活動は結果として都市計画への住民参加を促し、歴

注5-15　タクティカル・アーバニズム（Tactical Urbanism）：市民主導の都市内の公共空間を簡易に居心地の良い空間に改善するという活動のことを指す概念。イベント開催や大道芸、可動椅子などの空間占拠など様々な手法がある

写真5-47　デンバー16番街トランジットモール

注5-16　ダナ・クロフォード（DANA CRAWFORD 1931-）地元のラリメール・スクエアの再開発計画に異を唱え、市民主導のまちづくりの基盤を作ったとされる

史的建物の保存修復、そして中心市街に残る居住機能の回復への道すじを付けることとなる。そして１９８２年のトランジットモールなどの都市デザイン・プロジェクトが進められていく。それは市民協働の街の再生計画の成果と言ってもよいだろう。

（1）16番街トランジットモールの実現

市の観光ガイドに必ず紹介されるのがこの16番街、ここは多くの歩行者で賑わい、そこに行き交う双方向の無料トランジット・バスのフリーモールライド（Free Mall Ride）、その共存する光景こそがデンバーの最大の魅力と言ってもよい。この16番街へのトランジットモールの導入は60年代以降に全米各地で展開する歩行者モールそしてトランジットモール整備からみるとむしろ後発組でもあった。以前は中央に一方通行5車線の車道、それに両側にささやかな歩道といったアメリカ開拓都市共通の街

写真5-48　車道部はフリーモールライドバスの他は、排気ガスを出さない人力タクシーが走る

写真5-49　16番街トランジットモールの歩道上にはお店から迫り出したオープンカフェが展開する

写真5-50　16番街トランジットモールの中央帯に憩う市民たち、ここでは子供連れをよく見かける

写真5-51　夜間もの通りには語らう市民の姿がある、安全安心なまちであることを示す例示である

注5-17　I・M・ペイ&パートナーズ（Ieoh Ming Pei,1917-/ I. M. Pei & Partners）当プロジェクトの主任建築家はHenry N. Cobb

注5-18　ローリー・オーリン（Laurie D. Olin, 1938-）事務所・設計当時はHanna/Olin、ニューヨークのブライアント・パーク再生プロジェクトの設計者としても有名、現在はOlin Partnership

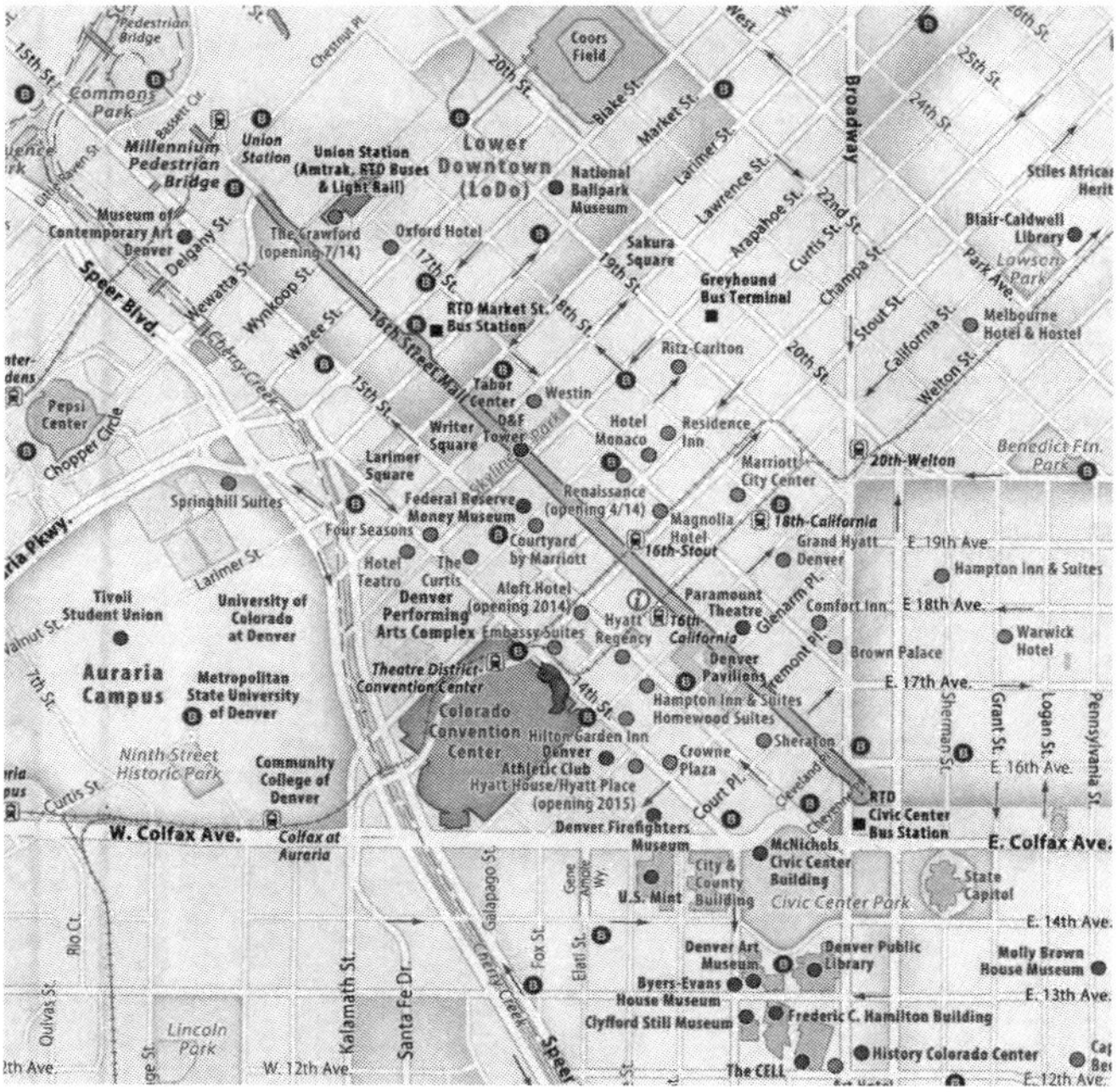

図5-11　デンバー16番街トランジットモール位置図　出典：DENVER観光案内図（現地入手）

路風景であった。

16番街トランジットモールの計画・設計は建築家I・M・ペイ&パートナーズ（注5-17）とランドスケープ・アーキテクトのローリー・オーリン（注5-18）とのコラボレーションによる。82年当時は東側のブロードウェイ（Broadway）のシビックセンター・バスステーション（Civic Center Bus Station）から西側のマーケット通りバスステーション（Market st. Bus Station）間の全13街区・延長約1・5kmであったものが、2001から02年にかけて鉄道のユニオン駅まで延伸され、今では全18街区、延長2・0km（1・25マイル）となっている。

モールの総幅員は24・3m（80フィート）、一般部の断面構成は歩道（5・8m×2）・車両通行帯（3・05m×2）・中央帯（6・7m）で、無料の低床式フリモールライドバスが約2分間隔で走行する。バス停も概ね街区ごと約110m間隔に設けられ、車道部は同バスの他は人力タクシーが走るのみで、歩車道段差は無いに等しく、歩行者の

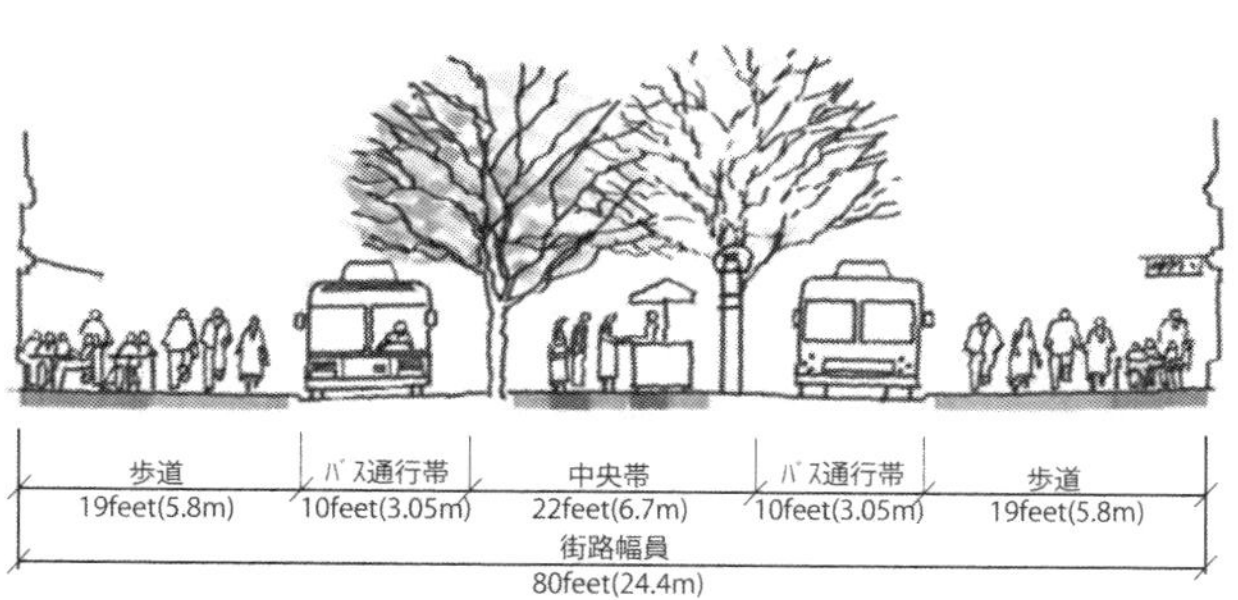

図5-12　デンバー16番街トランジットモールの標準断面構成図　出典：NEWS AND INFORMATION ABOUT URBAN INFILL DEVELOPMENT IN THE MILE HIGH CITY,16TH STREET MALL CONCEPTS,©ZGF ARCHITECTS（筆者日本語加筆）

横断も自由である。歩道上にはお店から迫り出したオープンカフェ営業が随所に見られ、緑陰のある中央帯はベンチやオブジェなどの様々な街具類が置かれ、路面は歩車道ともに美しい模様の石畳、そして整然とした街路樹・街灯、そのデザインは完成から30余年を経過しても全然陳腐化していない（注5－19）。

ちなみに全米で本格的なオープンカフェ風景はあまり多くは見かけないが、このまちにはそれがごく当たり前のように成立している。その意味ではここも都心居住政策が着実に定着してきたことを物語っているとも言えよう。これこそ、公共空間を市民が自分の居場所として積極的に利用する、いま全米で進められているタクティカル・アーバニズムの原点と言えるだろう。しかも、この風景はどこか欧州的な匂いがする。それは旧い建物群の保全、そして街なか居住の定着、そしてトランジットモールの歩行者空間整備の積み重ねられた歴史的時間の成せる技なのであろうか。

写真5－52　デンバー市内を走る5連の新型LRT車両

写真5－53　デンバー・ユニオン駅、2014年に改修工事が完了

写真5－54　ユニオン駅のホーム上の天蓋、2014年完成

写真5－55　ユニオン駅西口に誕生した地下バスターミナル

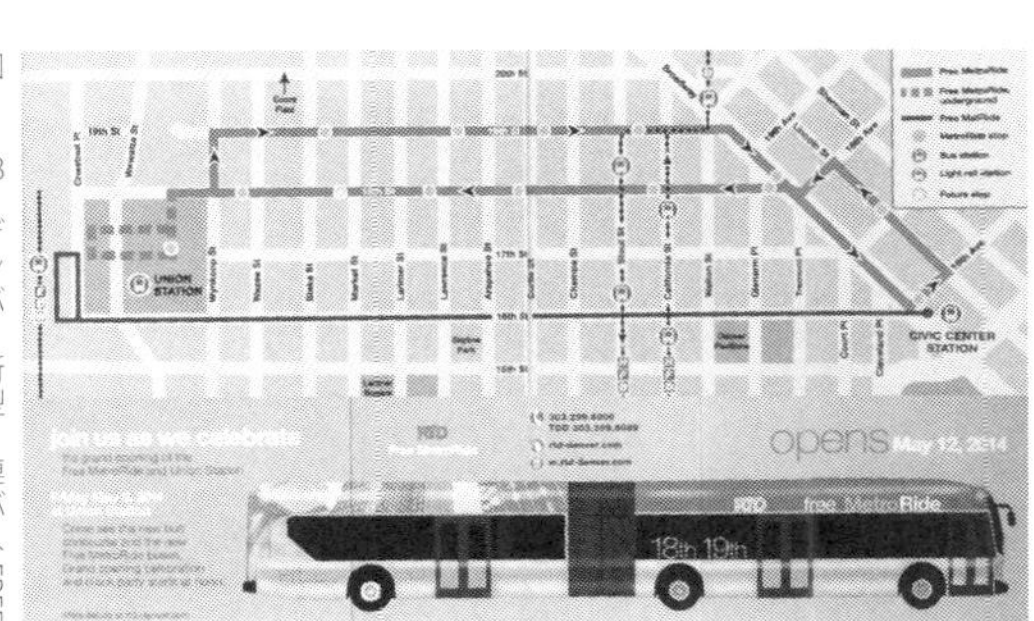

図5－13　デンバー新型2連バス FREE METRORIDE

注5－19　2008～9年に改修工事が行われたが、オリジナルデザインは尊重されている

注5－20　RTD：Regional Transportation District、コロラド州デンバーの6つのカウンティと44の自治体の交通を担当　http://www.rtd-denver.com/

（2）トランジットモールを支える公共交通網の連携

フリーモールライドは３つのバスステーションから郊外バスへと接続され、加えて近距離輸送の中心として94年に導入されたＬＲＴが６系統、ユニオン駅とスタウト通り（Stout St.）、カリフォルニア通り（California St.）の各駅から南西側の郊外住宅地へと延び、更なる延伸計画が進められつつある。

また２０１４年５月にはユニオン駅が歴史的駅舎の修復とホーム上屋、地下通路の開設、新たな地下バスターミナルの整備などと連動する改造工事が竣工し、そこに第二の無料コミューターバス（Free MetroRide、図５-13）が運行するなど、各公共交通機関間の乗換え利便性は常に向上し続けている。これらの公共交通を一括運営するのがＲＴＤ（注５-20）で、６つのカウンティ（郡）、44自治体、圏域人口約２５０万人、面積では80㎞四方に相当する２４００平方マイル（約６２２０㎢）、をサービスしている。これら多種公共交通機関網の連携がこのモールいや街全体の賑わいを支えている。

（3）歴史的地区指定と建物保存改修事業の進展

全米都市に共通の風景と言うべき高層塔状オフィスビルの周囲に広がる青空駐車場も中心市街の外縁部には見られるものの、16番街沿いの街並みは実に整然としている。その理由は19世紀末から20世紀初頭の様式の多くの商業建築やオフィス建物、劇場等が個々には歴史的建造物に指定され、またそれが連なる敷地や街区は歴史保存地区となり、広い区域で保存修復事業が展開されたことも、古き良き商住複合型の生活圏が守り続けられたことにつながっている。

その象徴となったのが、60年代に再開発計画が持ち上がる、１８５８年に建てられた前掲のラリマー・スクウェア界隈の保存運動である。それを唱えた市民層の努力によって再開発計画は中止となり、逆に71年には周囲の建物群も含めたデンバー初の歴史保存地区に指定されている。今ではこの界

図５-14　デンバーの古き良き時代の街並みを残すラリマー・スクウェア（Larimer Square）のＨＰより

隈一帯の建物が修復され、一階は店舗、二階以上は住宅として使われるなど、旧き良き時代を留める人気のスポットになっている。

これを機に、市内に残る多くの歴史的建物が続々と保存修復そして活用されていく。ユニオン駅東側のＬＯＤＯと言われる旧倉庫街（LoDo =Lower Downtown の略）も歴史保存地区に指定され、順次改修が進められていくこととなった。その多くは１８００年代後期から１９００年代初頭の４～５層のレンガ造＋木骨造の倉庫群であり、それらを続々とショップやレストラン、集合住宅、ホテル、オフィスなどの複合ビルにコンバージョンする手法が採られている。

とりわけ、旧い倉庫の集合住宅へのコンバージョンが着実に進められているところが、デンバーの特徴である。そして物流を支えてきた前掲の鉄道のユニオン駅が歴史的ランドマークに指定され、２０１４年に全面改修された。西側はＬＲＴの駅、地下には前掲のようにバスターミナルが整備されて

写真５‐56　16番街トランジットモール近くの新しく建設された高層集合住宅、低層部には店舗が入居している

写真５‐57　ラリマー通りから見るラリマー・スクエアの外観

写真５‐58　ラリマー・スクエアの中庭風景、上層は住宅

写真５‐59　ラリマー・スクエアのエントランス空間

写真５‐60　ＬＯＤＯ地区の改修された旧倉庫の外観、現在はショップとオフィスに利用

写真５‐61　デンバーの歴史的ランドマークの代表的建物・コロラド州議事堂

いる。ちなみに市内では16年現在、歴史的建造物は３３１棟、歴史保全地区は51地区に上っている。

（4）中心部に存在する緑豊かな公園や文化施設、街をマネジメントする仕組み

それと忘れてはならないのが、都心居住を支える中心部に存在する緑豊かな公園緑地の存在であり、また美術館や博物館、劇場・コンサートホールなどの文化施設（注5‐21）に加え、植物園、動物園、水族館も整えられている。中でも繁華街近くでは州議会議事堂正面のシヴィックセンターパークやスカイラインパークがあり、また南から北西方向に流れるサウス・プラット川、チェリー川の２つの川に沿ってコンフルエンス公園やスピア・ブールバール公園や彫刻公園などがある。また市街の北側の背後に広がるロッキー・マウンテン・アーセナル国立野生動物保護区の存在も、豊富な自然環境を保障する役割を果たしてくれている。

このようにデンバーの金融・経済・産業等に裏打ちされた業務機能に加え、地域の歴史・文化が尊重され、歩行者空間、公共交通、公園緑地などの政策が中心市街の居住機能を支え、また地元の消費も促されることで、街に賑わいが復活する。それこそ街の中心部に「生活街」が存在することを示している。多くの全米の都市での歩行者系モール消滅の報（第6章参照）の中で、明らかに他とは異なる、徹底した人間環境を軸とした都市計画の成果と言ってもよい。それも明らかに70年代以降の蓄積なのである。そして賑わいのためのハード・ソフトを支える市民および地元団体として「ダウンタン・デンバー・ＢＩＤ（注5‐22）」「ダウンタン・デンバー・パートナーシップ組織（注5‐23）」そして前掲のＲＴＤ、それに行政組織である市および郡（City and County of Denver）が加わっていく。実はトランジット・モールのオリジナル設計を尊重した08年の部分改修そして翌09年のアーバンデザインプラン等々、彼らが協働して街の再生計画を推し進めてきたのである。

注5‐21　市内に存在する美術館はデンバー美術館、クリフォード・スティル美術館、カークランド美術館が有名で、博物館はコロラド歴史博物館、デンバー歴史科学博物館、子供博物館、現代博物館や鉄道博物館、その他コンサートホールや劇場など、様々な文化施設が設けられている

写真5‐62　中心部のクロックタワーの北側のスカイラインパークの環境彫刻

注5‐22　ダウンタン・デンバー・ＢＩＤ：(Downtown Denver BID) http://blockby-block.com/program/downtown-denver

注5‐23　ダウンタン・デンバー・パートナーシップ組織：Downtown Denver Partnership,Inc., http://www.downtownden-ver.com/

第Ⅱ編　歩行者空間整備とまち再生

写真6・1　新しく完成したニューヨーク・ブロードウェイのタイムズスクエアの石とプレキャストコンクリートの舗装の歩行者広場

第6章　アメリカ歩行者空間整備の光と影

1　ニューヨークの公共空間改善——新しい風

　前章に紹介したボストンのダウンタウン・クロッシング、デンバーの16番街トランジット・モール、両者とも全米を代表する歩行者空間として内外に知られるが、実は50年代末から80年代にかけて全米各地で歩行者空間整備が進められ、その実施都市は140余都市にのぼる。その流れは先に紹介した56年に始まるアーバンデザイン会議の議論がその流れを創り出し、当時の自動車社会の進展とともに衰退する都市の中心市街つまりインナーシティ問題のひとつの切り札として登場したと言ってもよい。それから数十年経過したいま、前掲の2つの都市を含む幾つかの都市では完全定着したが、多くの都市では一般の自動車の通行する通常の道路形態または一方通行のセミ・モールという形に改造されてしまったという事実がある。それはアメリカの歩行者空間整備の光と影とでも言うべきであろうか。その意味では後章に紹介する欧州諸都市とは全く相反する状況にある。その経緯も含め、アメリカの歩行者空間整備に焦点を当てて解説してみたい。

　その中で、アメリカ東海岸の経済中心地・ニューヨークの中心部において、全く新しいかたちでの歩行者空間整備が着々と進められている。一方で西海岸では前章で紹介したようにパークレットが新

写真6-2　ブロードウェイ・タイムズスクエアの改修完成イメージ写真　出典：現地工事案内より　©NY.CDOT

たな歩行者空間の拡大運動として注目されている。まずはタクティカル・アーバニズム運動が盛り上がりを見せるニューヨークの話から始めることとしよう。

(1) ブロードウェイ、5つの歩行者広場改造計画

２０１６年12月、ニューヨークのタイムズ・スクエア（Times Square）のブロードウェイ区間の改造工事が完成した。場所はマンハッタンのミッドタウン繁華街、碁盤の目の街路網のマンハッタンの中で唯一と言える北西から南東へ斜めに走るブロードウェイが7番街と交差する45丁目を中心に計6街区（42〜48丁目間）区間の車道部が閉鎖され、恒久的な歩行者広場に生まれ変わった。実現した空間はデザインされた石とプレキャストコンクリートの路面の他には長いベンチ状の石製のオブジェのみ、至ってシンプルな造りで、余計な街具類は排除されている。その理由は、ブロードウェイ・ミュージ

写真6・3　タイムズ・スクエアの社会実験に際して設置された階段広場、ここは人々の溜まり場として定着した

写真6・4　完成したタイムズ・スクエアの歩行者は可動椅子とパラソルが用意され、市民は自由に休憩できる

写真6・5　改修された石畳とプレキャストコンクリート舗装に象嵌され埋め込まれたステンレスの文字盤

写真6・6　新たにデザインされた実にシンプルなベンチ状のオブジェ（設計：Snøhetta）

写真6・7　完成した歩行者広場で催される路上サイレント・コンサート、聴衆は貸出ヘッドフォンで音楽を聴くことができる仕掛け

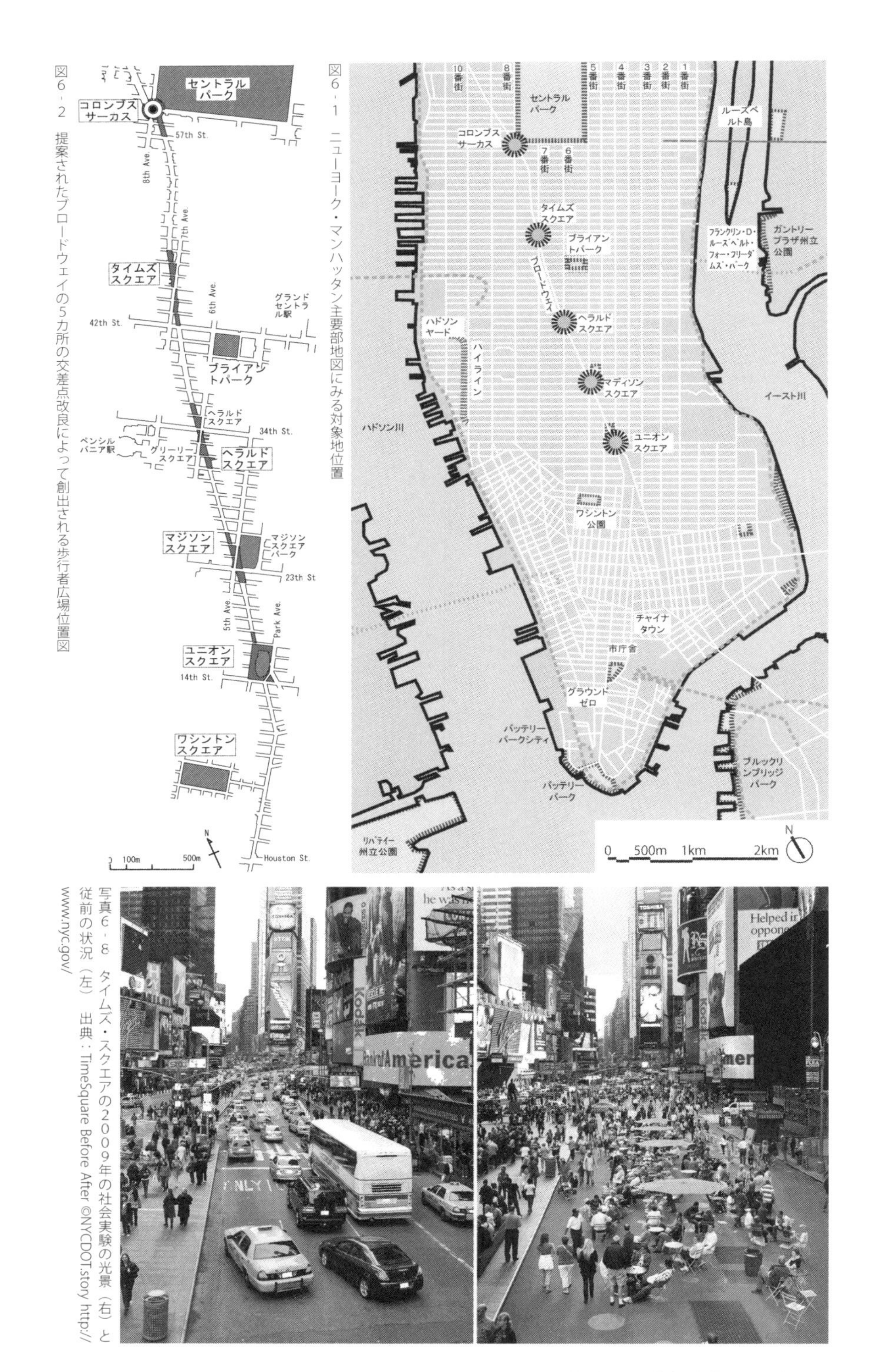

図6-1　ニューヨーク・マンハッタン主要部地図にみる対象地位置

図6-2　提案されたブロードウェイの5カ所の交差点改良によって創出される歩行者広場位置図

写真6-8　タイムズ・スクエアの2009年の社会実験の光景（右）と従前の状況（左）　出典：TimeSquare Before After ©NYCDOT.story http://www.nyc.gov/

カルや映画、演劇の各シアターが軒を並べる界隈で、全米そして世界中の多くの人々が集まり、24時間人通りが絶えず、多様なイベントの場ともなり、それこそ可動式の椅子やパラソルが自由に置かれることで、観客席や休憩の場にも変化する。その自由な使われ方がニューヨーク市民の望むところだったのである。この可動の椅子とパラソルの構成は、明らかに後述する近くの公園ブライアント・パーク（Bryant Park）の92年の大改造において採り入れられた手法の踏襲と言ってもよい。

ニューヨークの中心部マンハッタン島は東のイースト川、西のハドソン川に挟まれた東西3・5km程度、南北22kmと細長く、碁盤の目状の街路網、南北のアヴェニューと東西のストリートで構成されるが、それを北西から南東にかけて斜めに走るブロードウェイが交わる変形6差路の地点は人々の集まる特異点となる。例えば北側からコロンブス・サーカス、タイムズ・スクエア、ヘラルド・スクエア、マジソン・スクエア、ユニオン・スクエアと続くが、中でもタイムズ・スクエアは多くの人々が集まり、そこは自動車も集中し、その交通処理も多難の技、歩道からはみ出る通行人も多く、安全対策も含めた改造提案が繰り返されてきた。

それが2002年に新市長となったブルームバーグ氏のもとで、これらの問題解消も含め、市内全般の歩行者環境の改善を推進すべく検討してきた市交通局（NYCDOT）が、07年から専門コンサルタントとしてヤン・ゲール事務所（注6-1）を招聘し、調査を委託したことが大きな転機となる。それが市内の幾つかの交差点改造による歩行者広場の創出にほかならない。これは公表されたその調査レポートであるワールド・クラス・ストリーツ（World Class Streets、注6-2）に紹介されている。内容は実に示唆に富み、その改善効果を社会実験で検証するという大胆な提案であったが、市側はそれを継続調査期間中の翌08年に実に驚きの決定を行い、複数の箇所で実施する。その中の最も大掛かりなのが、このブロードウェイを対象にした交差点改造による歩行者広場の創出であった。

図6-3 WORLD CLASS STREETS レポート2008の表紙　出典：NYC DOT、HPより

注6-1　http://gehlarchitects.com/

注6-2　参考『季刊まちづくり』学芸出版社41-1401 特集「欧米の最新都市デザイン」に中島直人氏（東京大学准教授）が紹介されている

08年の「ブロードウェイ・ブールバール」と銘打った実験の対象地に選ばれたのがタイムズ・スクエアと南側のヘラルド・スクエアの交差点広場（Herald Square）である。中でも注目されたのが最も繁華なタイムズ・スクエアで、ブロードウェイ区間の車道が仮設のボラード（車止め）やプランター、バリケード等で封鎖され、約1haの面積の歩行者広場が生み出され、そこに可動椅子・パラソルが置かれ、道行く人々が自由に休憩・歓談、そして大道芸人や映画キャラクターに扮した人たちが展開する。また広場空間は様々なイベントの舞台となり、テント幕の仮設ステージ、そして階段状の広場、階段下のインフォメーションセンターが設けられるなど、広場はまさに解放区のような風景となっていった。その姿は様々なニュース映像やSNS等で発信されていく。その実験は成功裡に終わり、歩行者広場は継続され、本格改造のプロセスへと移行する。

恒久的な広場改造のための国際デザインコンペの実施が09年、当選したのがノルウェーの建築家でランドスケープ・アーキテクトのスノヘッタ（Snøhetta、注6-3）、その理由は前掲の通り最もシンプルな構成の広場提案であったことによるという。ここでは歩行者広場の警備・清掃・運営等を支える地元BID（Business Improvement District、注6-4）組織が92年から存在してきた。その運営費用は条例に基づき、市が地元地権者から徴税つまり賦課金を徴収する他、エンターテインメント・プロモーション等のイベント収入、企業寄付などがBID団体を支えてきた。その資金で観光ビジター向けのインフォーメーションやそれが民間のマネジメント会社への委託費用を賄ってきた。その実験期間中のイベント運営や歩行者交通量や利用実態等の調査から、ここに集まる人々の属性、行動習性などをつぶさに観察してきたことから、そのデザイン案選定に大きな役割を果たしてきたことは言うまでもない。12年の準備工事から約4年半の工事期間を経て完成した。

一方のヘラルド・スクエアの実験区域（35〜31丁目、約0・72ha）、ここもブロードウェイの斜め車道

写真6-9　実験継続期間中のタイムズ・スクエアの仮設テントでのイベント風景（2014年）

注6-3　http://Snohetta.com/

注6-4　BID：特定の地区・地域を対象とし、治安維持や公共空間の清掃、活性化のためのイベント活動等の運営を官民協力（public/private sector partnership）で行えるよう、条例を定め、特別の税金徴収を認め、それによる活動支援を行うこと。北米諸都市で1980年代以降、中心市街地活性化のための積極的に行われてきた

部が交通閉鎖され、プランターやボラードで区切られた空間には可動椅子やパラソルが置かれている。そこでは多くの市民が居場所を得たかのようにゆったりと佇んでいる。そこはフリーＷｉＦｉを楽しむ場所ともなり、スマートフォンやタブレットを使うなど、まさに解放区の風景が出現している。近くにはサイクル・ステーションが新たに設けられるなど、明らかに車から歩行者・自転車へのシフトが実行に移されている。いずれここも本格的な歩行者空間に生まれ変わる。ちなみに大型の可動式プランターやボラードは管理者の市交通局、軽量の小型プランター、パラソルや可動椅子はＢＩＤが管理するという役割分担となり、そこに利用者が自由に座るという構図である。ここは欧州などの有料のオープンカフェとは異なり全く無料の場所、たまにカフェする人を見かけるが、それは近くのお店からの持込みという。ここでは人の気配のストリート・ウォッチャー効果が犯罪抑止につながり、まちの安全・安心を生みだすという考え方に立脚している。

写真6‐10　34丁目ヘラルド・スクエア交差点広場の可動椅子の社会実験風景（２０１４年春）

写真6‐11　同じくヘラルド・スクエア交差点広場における社会実験継続中の風景（２０１６年夏）

写真6‐12　ヘラルド・スクエア交差点広場の周囲に設置されたレンタサイクル・ステーション

写真6‐13　チェルシー地区の街角で見かけた社会実験中の歩行者空間

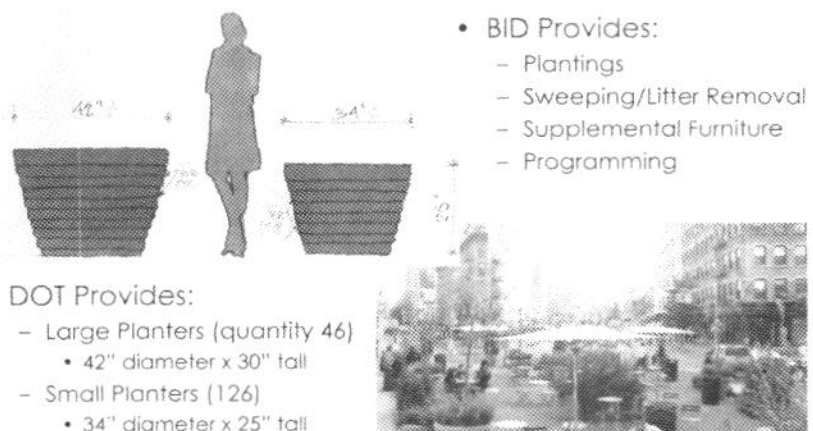

図6‐4　ヘラルド・スクエアの歩行者空間を構成するための街具類設置管理のＤＯＴとＢＩＤの役割分担の解説図　出典：NYC DOT. HPより

（2）市内の至るところで車道から歩行者広場・自転車通行帯への転換が進行

前掲の報告書に提唱されている市内の多くで見かける半ば駐車場と化した交差点内の余剰スペース、ここもボラードを置き、歩行者広場へと生まれ変わりつつある。その社会実験も各所において進行中で、筆者が遭遇したのが、マンハッタンのロウアー・ウエストサイド、チェルシー地区の有名な「ハイライン鉄道跡地空中公園（後述）」南端のチェルシーの一角、ここでもプランターとボラードで区切られた即席の歩行者広場で、市民が可動椅子で休憩する。これも歩行者環境改善の一環ではあるが、多くが交通事故多発地帯での改良事業としての意味もある。

その実験的アプローチは市民の共感を得て、市は市全域を対象とした余剰車道スペースを歩行者広場に転換するためのガイドライン「NYC Plaza Program Application Guidlines」を作成する。その主体となるのが各地域に設置されたＢＩＤ組織であり、街路すなわち公共空間を市民のために取り戻す合意形成のためにパブリック・ビジョン・ワークショップ（Public Vision Workshops）が積極的に開催されてきた。例えばタイムズ・スクエアの東側、グランドセントラル駅周辺は13年から始まるワークショップそして駅南正面の高架橋の側道部分の社会実験を経て、車道を縮小蛇行させ、広い歩道と植栽、オープンカフェ空間の設置工事が16年に開始されている。

さらに大きな変化は街じゅうで露店営業が大幅に緩和されたことという。露店の存在が身近に人の気配を感じることが人々に安心感を与え、ひいては犯罪抑止につながる。それがより公共オープンスペースの利用度を高めるのである。実はその考え方は、隣接するブライアント・パークの再生手法ともつながっている。露店は若者の失業対策の意味もあり、また各ＢＩＤや民間マネジメント会社による警備や清掃員にはかつて浮浪者となっていた人たちが雇用されている。そして中心部の車道空間を減じて自転車専用通行帯やサイクル・ステーションを設置するなどの施策も積極的に展開され、市民

写真６－14　市内の歩道上の露店の販売車、以前は厳格であった許可条件が緩和されている

の生活領域である住宅区域内にはいわばゾーン20というべき自動車速度抑制策を積極的に導入している。明らかにニューヨークは歩行者にやさしいまちに大きく転換しつつある。

70年代当時のリンゼー市長のもとで、69年のマンハッタン・ナッソー（Nassau St.）の90日間、70年4月の初のアースデイ（Earth Day）の複数の通り、同年7月の5番街（42～57丁目）、そして71年のマディソン街（2週間）の歩行者天国の試行が行われたが、結果として定着に至らなかった。それが部分的ながら約半世紀近く経て、あらためて受け入れるまちになったことは画期的なことでもある。

写真6・15　ニューヨーク5番街の歩行者天国　出典：The Pedestrian Revolution Streets without Cars, Simon Breines, Wiliam J.Dean (1974)

（3）ブライアント・パークの環境改善

ブライアント・パークの90年代の改修そして再生への経緯を確認しておきたい。ここはタイムズ・スクエアからわずか数百m、マンハッタンの中心に位置する面積約3・9 haの実に美しく多くの市民の利用に供される理想的な公園の姿だが、数十年前は荒廃し、各種犯罪や危険行為の温床になっていたのであった。その原因は周囲を植栽などで遮られ、閉鎖的な空間となっていたことに由来する。

それを改造し市民のための解放的な公園とすること、それと並行してプロジェクト・フォア・パブリック・スペース（PPS）という〝街の中に市民の居場所を創る〟という概念の運動が展開される。その再生プロジェクトは多くの文献に紹介されているが、要は官民連携でそれを実現するプロセスそして継続的にマネジメントしていく仕組みをつくることであった。そのPPSは75年に運営主体が設立され、地元のロックフェラー財団等の支援や寄付に支えられ、後に前掲のBID条例によって運営資金が確保されるようになっている。そして各種イベント開催や部分的ながら店舗営業も認められ、その収益も大きな資金源となる。今では各公園や地区ごとにその活動が拡がり、今ではニューヨーク市内ではこのブライアントパークの団体も含め130以上ものPPS活動が展開されているという。

写真6-16　ブライアントパークの入口広場部風景、利用者は可動椅子を動かし、自分の居場所をつくる

写真6-17　ブライアントパークの芝生広場で休む多くの市民、ここは自由に芝生の中に入ることができる

写真6-18　ブライアントパークの外周路部、意外と子供を連れた家族や、犬の散歩中の人たちも多い

写真6-19　ブライアントパークで催される映画祭、イベント開催はこの収入源のひとつとなっている

公園の環境改善の始まりは上記の活動経過などを受けて、80年の団体設立（注6-5）から始まり、官民一体の再生事業へと移行して、88年から92年の本格改造で現在のような広い芝生広場とペイブ、そして可動椅子による空間演出が完成する。周囲の街路からの見通しを確保し、利用者は自由に椅子を移動し、グループでの会話や個人の休憩など、思い思いの利用を楽しむことができ、当然芝生広場にも自由に入れる。敢えて可動椅子にしたのは、利用者は思いのままにその空間を活用することが出来る、という社会学者ウィリアム・ホワイト（注6-6）の提言に沿ったものであった。これが大成功につながり、多くの市民が利用する。筆者はこの公園に幾度か訪れ、利用者の属性を観察したが、周辺就業者や観光客の休息だけでなく、学生などの若者たち、老人や子供連れ・ワンちゃん連れの姿が目につく。これこそ周囲に居住する市民層が多く存在し、ここを居場所にしていることを示す証な

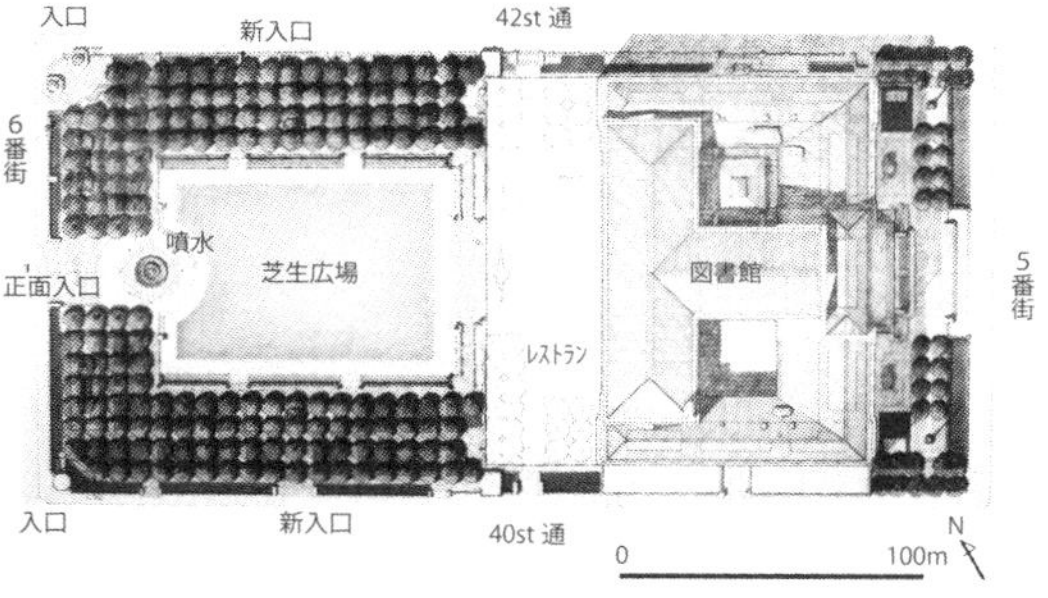

入口　新入口　42st 通　6番街　噴水　芝生広場　正面入口　図書館　レストラン　5番街　入口　新入口　40st 通　0　100m　N

図6-5　ブライアントパークの平面図
出典：THE REBIRTH OF NEW YORK CITY'S BRYANT PARK,JAMES C. TRULOVE (1997) 日本語表記筆者

注6-5　BPRC:Bryant Park Restoration Corporation 後にBPC・Bryant Park Corporation、参考 http://www.bryantpark.org/

注6-6　ウィリアム・ホワイト（William H. Whyte）1917-88、参考：HTTP://WWW.PPS.ORG/REFERENCE/WHYTE/

のである。

実際、南北に長いマンハッタンは東西を川に挟まれ、その周囲には昔から高級な集合住宅地が形成されてきた。またセントラルパーク周辺も然りである。そして１９６０年代以降の市民活動家ジェイン・ジェイコブズの活動に象徴される歴史的経緯を有する高密度の住宅街が守られ、老若男女が暮らす界隈が存続してきた。加えて、都心に市民の居場所をつくるという2つのヴェストポケットパークの試みが60年代末から70年代に始められている。そのポケットパークの設計者こそ56年のハーバード大学での第一回アーバンデザイン会議に参加していた2人のランドスケープ・アーキテクトであった。一人がペイリーパーク（Paley Park）設計のロバート・ザイオン、もう一人がグリーンエイカーパーク（Greenacre Park）設計のヒデオ・ササキ、両作品ともに竣工から半世紀を経た今も実に質の高い空間となっている。その質を保つ秘訣こそ、それをサポートする民間団体の存在なのである。これらは今もＢＩＤ団体として継承されている。

（4）高架鉄道廃線跡地のハイラインの再生

それはいま話題の「ハイライン鉄道跡地空中公園」にもつながっている。それは空中公園プロジェクト運営にまで関わり、街の再生、活性化に大きく寄与している。

ハイライン・プロジェクトの舞台・チェルシー（Chelsea District）はこれまでニューヨークを訪れる人々にはとかく敬遠されてきたという。前に紹介したヘラルド・スクエアから西にわずか1km、ハドソン川の港湾近くのかつての工場・倉庫街、それを貫くかたちで１９３４年に完成した高架鉄道は、その物資輸送を担うべく工場や倉庫の2階には鉄軌道が直接引き込まれる当時最先端の物流システムであった。しかしその稼働期間は意外にも短かった。第二次世界大戦後の50年代以降は物流の主役が

写真6-20　ペイリーパーク、１９６７年竣工、管理者 William S. Paley Foundation Inc.

写真6-21　グリーンエイカーパーク、１９７１年竣工、管理者 Greenacre Foundation,Inc.

トラック輸送に替わり、この高架鉄道は完成から半世紀も待たず80年に廃線となる。当時は高速道路網に直結する、より効率的な港湾が求められ、周縁部に近代的な工場や物流倉庫施設が続々と造られて、鉄道輸送は斜陽となり、時代に遅れた工場倉庫街が廃れていく。鉄道跡は立ち入り禁止となり、雑草の生い茂る廃墟に、周囲の街もごみの投棄や不法行為が蔓延る薄暗い危険地帯となっていった。

90年代になると環境浄化のために高架構造物の取り壊しが検討される中で、市民の間からこれを活用し、上部を公園として再生する提案が上がってきた。それがインターネット上に流れ、それに同調する人たちがハイライン友の会（注6-7）を結成する。メンバーたちで独自のプランを練り、ネットや各種メディアを用いて保存を呼びかける。草の根運動は次第に環境意識の高い学者・文化人や芸能人、そして大統領選出馬予定の有力政治家たち、それに市長選に立候補したブルームバーグ氏の支援を勝ち取ることになった。そして2002年に当選したブルームバーグ新市長のもとで既定の「解体」が撤回され、運動家たちとの協働のもとで計画の実現へと動き出す。翌03年に公募型デザインコンペ（アイデアコンペ）が行われ、世界36カ国、720名の応募者から最優秀に選ばれたのが、地元ニューヨークのランドスケープ・都市デザイナーと建築家の共同チーム（注6-8）であった。

完成した空中公園には多くの若者たちや家族連れ、老人たちが行き交い、また陽だまりを楽しむ人々など、まさに都会のオアシスとして定着している。地上から空中公園までは新たにデザインされた階段とガラス張りのエレベーターでアクセスでき、歩廊上は線状公園のシークエンスを楽しめるように、歩き、休み、眺めるための様々な工夫が施されている。旧鉄道の痕跡を残すべくPCコンクリート板の床面や植栽地の間にレールが残され、かつて繁茂していた野草のイメージを残す多様な100種類もの植物が植えられている。そこに木のベンチやチェア、サンデッキが置かれ、また下の道路を眺める階段状の展望テラスなど、実にきめ細かいランドスケープ・デザインが展開する。

写真6-22　ハイライン空中公園の風景、プレキャストコンクリートの床板と野草の緑地、その中にレールが残されている

注6-7　ハイライン友の会：民間の非営利団体として「Friends of the High Line」が、企業や投資家などから年間の維持管理予算の90%を超える資金調達を行い、所有者であるニューヨーク市と共に管理・運営を行っている

注6-8　ランドスケープ・アーキテクト／都市デザイナー（James Corner/Field Operations）と建築家（Diller Scofidio + Renfro）の共同チーム

それはリニアーな平面に留まらず、上部の空間も高架橋を跨ぐ２つのビルが新たにデザインされ、一つはガラス張りファサードの20階建ての新築ホテル、もう一つは歴史的建造物指定の旧食肉倉庫を残しつつ改築した15階建てオフィスビルである。それこそ、ハイライン上空の開発権の活用プロジェクトとしてスタートしたもの、つまり高架鉄道は道路上空だけでなく、民間敷地内にもその空中権が設定されて高架構造の線路が走り、それが倉庫やオフィスビルなどの２階にもつながっていた。その代表例がチェルシーの南端、ミート・パッキング地区（Meat Packing District、通称ＭＰＤ）という名の由来のかつての精肉工場地区の名所「チェルシー・マーケット」で、そこは北隣に位置するハイラインを訪れる人々が必ず足を運ぶとされる。これはハイライン完成の約10年前、97年に「リノベーショ

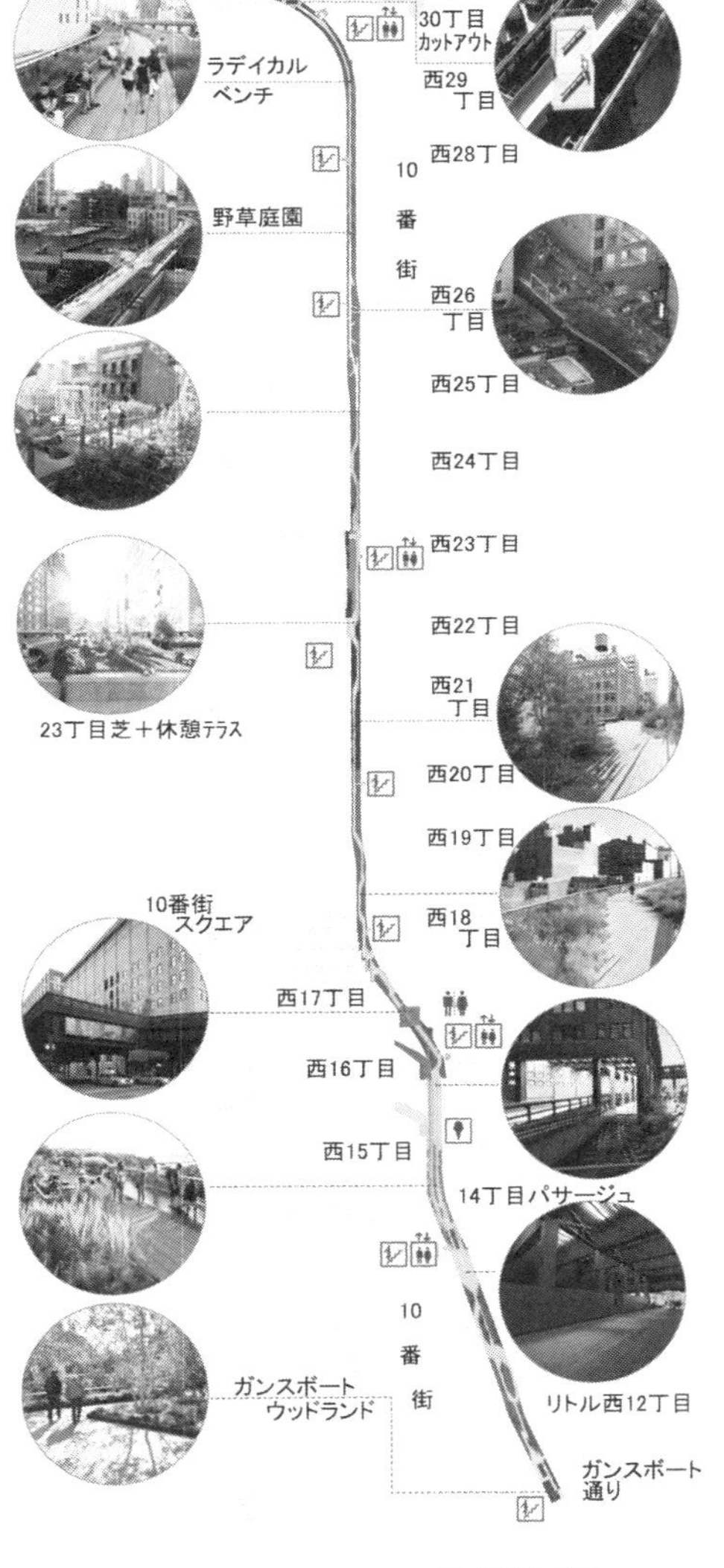

図６・６　ハイライン保存・公園計画図　出典：http://www.thehighline.org/

写真６・23　ハイライン上の新しいガラス張りファサードの20階建ての新築ホテル

写真６・24　ハイライン空中公園の北側区間、プレキャストコンクリートの通路とベンチ

写真6-25　ナビスコ（Nabisco）工場時代のチェルシー・マーケット建物、現地展示写真を撮影

写真6-26　往時の雰囲気を残したチェルシー・マーケット内の通路

写真6-27　ボールト天井のチェルシーマーケットの店舗内風景

写真6-28　ハイラインからみたチェルシー・マーケット建物（右側）

写真6-29　チェルシー地区の伝統的な町家群

ン」が完成したが、これこそ古めかしいレンガ造建物群、9～10番街、15～16丁目通り間の細長い巨大な建物で、かつての有名なビスケット・メーカー（Nabisco）の工場兼オフィス（1912年～）で、最初に建てられたビルが1890年代、それから1930年代までの計18棟のビルが統合されたもの、日本では辰野金吾の東京駅（1914年）や妻木頼黄の横浜赤レンガ倉庫（2号館1911年、1号館1913年）の年代に相当する。その建物群の西端の2階部分に高架鉄道が組み込まれていた。つまりハイラインとこのマーケットは双子の施設なのである。

97年の大規模なリノベーションによって、下層階がマーケットとしてオープンし、食材や生鮮品そしてレストランやカフェ等の数十店舗のショッピング街に様変わりした。その内装は当時最先端の波板のボールト天井などがそのまま表出され、まさに建築博物館とも言える。上層階には地元テレビ局3局のメディア・センターやオフィスなどが入居している。

それに触発されたかのように、周囲のかつて空き家状態になっていた倉庫街は今やアーチストやクリエイターのアトリエやイベントスペースに様変わりした。倉庫や古家が安価に借りられることに目を付けたのが若きアーチストたちである。自らで内部を改装し、新たな居場所を確保していった。そしてソーホーやマディソン・アベニューの画商たちも、至近の位置のこのエリアに積極的に画廊を展開し、今ではこのエリアでは数百軒に上るとされる。この空中公園による来訪者の増大は、街の健全化をもたらし、高級な集合住宅、ホテルさらには若者向けのブティックやレストラン、トレンディなショップが続々と進出する。南に隣接するＭＰＤ地区にもオシャレなお店が続々とオープンし、ニューヨークの最新ファッションに敏感な人たちがここに多く出没する今話題のエリアとなっている。それだけではない、９番街向かいの巨大な旧港湾公社ビルには、グーグルのニューヨーク支局が丸ごと入居し、以前から営業しているアップルの店舗も含め、いまや最前線のまちに様変わりした。

この地区こそ歴史的な下町風情を有する界隈、そして職住混合型のまち、実は世界的な傾向なのだが、新しい創造的な職種すなわちアーチスト、デザイナー、クリエイターと呼ばれる先端的な職種の人たちは、計画的に造られた超高層街などから離れ、このような下町的な界隈に拠点を構えるという話がある。それを呼び覚ましたのがこのハイライン・プロジェクトと言うこともできるだろう。そして前掲のワールド・クラス・ストリーツ報告書をとりまとめたヤン・ゲールも、人の集まる界隈、その魅力づくりには、このような多様な建物の集合こそが人々を惹きつけると主張する。その意味では、着実にチェルシー地区を舞台とするニューヨークの下町再生プロジェクトは明らかに今後の耳目を集める地区となることは間違いないだろう。

図6-7　民間提案のチェルシー・マーケットの増築計画イメージCGと解説図、写真6-25と比較されたい　出典：http://www.chelseamarketnext.com/documents/

写真6−30　イースト川沿いに整備された小公園、高速道路を越える歩道橋でアプローチできる

写真6−31　ルーズベルト島のフランクリン・D・ルーズベルト・フォー・フリーダムズ・パーク

写真6−32　ブルックリン・ブリッジ・パークのピア1広場からマンハッタン方向を望む

写真6−33　ブルックリン・ブリッジ・パーク内に建設の収入を生みだすコンドミニアム（集合住宅）

写真6−34　バッテリー・パーク・シティの川沿いプロムナード、港湾地帯が70年代以降、集合住宅地に生まれ変わった

（5）公共空間の改善からまちの活性化・魅力向上へ

このように自動車社会を象徴するアメリカのまち、その経済中心地・ニューヨークでこのような街路や公園、高架鉄道跡も含めた公共オープンスペースのリノベーションプロジェクトが次々と新たな展開を見せている。例えば、市当局と地元のPPS活動とが連携して始めたのが自動車社会中心から人・自転車社会へという運動だが、それは街路だけではなく、河川沿いの自転車道やジョギングコース、遊歩道、小公園など、公共オープンスペースを市民のための〝居場所〟となるような仕掛けが官民一体で進められつつある。

また水辺では、イースト川いやハドソン川沿いの水辺との接点の空間が市民に解放されるかたちで整備が進められてきた。その中で12年には建築家ルイス・カーンの遺作とされるルーズベルト島のフランクリン・D・ルーズベルト・フォー・フリーダムズ・パークがオープンしている。またマンハッタン対岸のブルックリン地区のブルックリン・ブリッジ・パーク（Brooklyn Bridge Park、注6‐9）の再生が話題となっているが、これはかつての港湾の廃れた埠頭用地が、98年に設立された民間の公園運営会社に計画から整備工事そして運営管理まで委ねられ、実にすばらしい憩いの公園に生まれ変わった。その運営、維持管理費はすべてイベントや公園内レストランの収入、そして用地内に建設された集合住宅の家賃収入等で賄われ、税金の投入は敢えて行われていないことでも知られる。そして12年のハリケーン「サンディ」による大きな浸水・停電を経験したロウアー・マンハッタン地区を中心に、復興と次なる備えのためのリビルド・バイ・デザイン（Rebuild by Design、注6‐10）というコンペを開催、その当選案に基づき市民参加での新たなプロジェクト展開が図られようとしている。

その意味では、公共空間デザインも含めたまちづくりの世界ではニューヨークは目が離せないのである。今後の展開が実に楽しみなまちでもある。その背景には冒頭に解説したように、その中心地であるマンハッタン島の東西の川沿いには良好な集合住宅地が形成され、そこに暮らす市民がこれらオープンスペースを積極的に活用するとともに、その中から運営に参画する人材が生まれていることも事実である。やはり「生活街」の存在が、このまちの最大の魅力要素なのかもしれない。

2　アメリカにおける60年代～の公共空間デザインの系譜と現在

ニューヨークにおいて展開する街路を中心とする新たな公共オープンスペースのリノベーション、その仕掛け人の一人、ヤン・ゲールは氏の地元コペンハーゲン（デンマーク）に60年代に実現したストロイエ（Strøget、第8章解説）の歩行者空間研究をもとに、人々を惹きつける環境とはどのような条件で創出されるのかを探り、その成果をもとに人間中心の都市環境の重要性を訴え、それを各地で実践

図6‐8　ニューヨーク・リビルド・バイ・デザインの提案イメージ、REBUILD BY DESIGN AND SEAPORT CITY: NYC'S COASTAL FUTURE TAKES SHAPE　出典：www.rebuildbydesign.org/

注6‐9　ブルックリン・ブリッジ・パーク：参考 www.brooklynbridgepark.org/

注6‐10　リビルド・バイ・デザイン：参考 www.rebuildbydesign.org/

してきたことでも知られる。ストロイエに代表される歩行者空間整備の背景には、当時の自動車社会の受容を経験した先進諸国において都市の中心市街の疲弊という問題が露呈し、それに対する処方箋というかたちで展開されていったのである。それは前掲の56年より始まるアーバンデザイン会議に参加した建築家やランドスケープ・アーキテクトたちが先導役となり各地で実践されていく。当時は明らかに中心市街地再生の切り札と期待されていた。それが大きく花開いたのが次章以降で解説する欧州諸都市であり、前章に紹介したボストン、デンバーなどであった。

なお本書では歩行者モール（Pedestrian Mall）と公共交通と共存する方式のトランジット・モール（Transit Mall）とに大別しているが、歩行者モールも厳密には車両進入を規制するフルモール（Full Mall）と部分的に進入を認めるセミモール（Semi Mall）とに分類されるが、ここでは一括して表現している。

（1）1960年代以降の公共空間デザイン思潮

都市デザインの世界において「公共空間」が注目されるのが60年代、後に数々のトランジット・モールなどの設計に関わるアメリカのランドスケープ・アーキテクト、ローレンス・ハルプリンが63年に出版した著作『CITIES』（注6‐11）の中で、自動車に席巻されてしまった諸都市の公共空間を、「今、再び市民の手に取り戻す」と訴えかけたこと、これが大きな反響を呼ぶ。邦訳の中の都市空間「URBAN SPACES」の一節を紹介しよう。「都市の生活には二つの面がある。その一つの面は、公的・社会的で、活動的に外へ向かう生活であり、他の人びとと関係を取り結んでいく生活である。この社会的生活は、街路や広場、大公園や市民のための諸々の空間での生活であり、そこには活発な活動と商店街の賑わいが付け加わる。〈中略〉また都市生活にはもう一つの面がある。それは内面的で個人

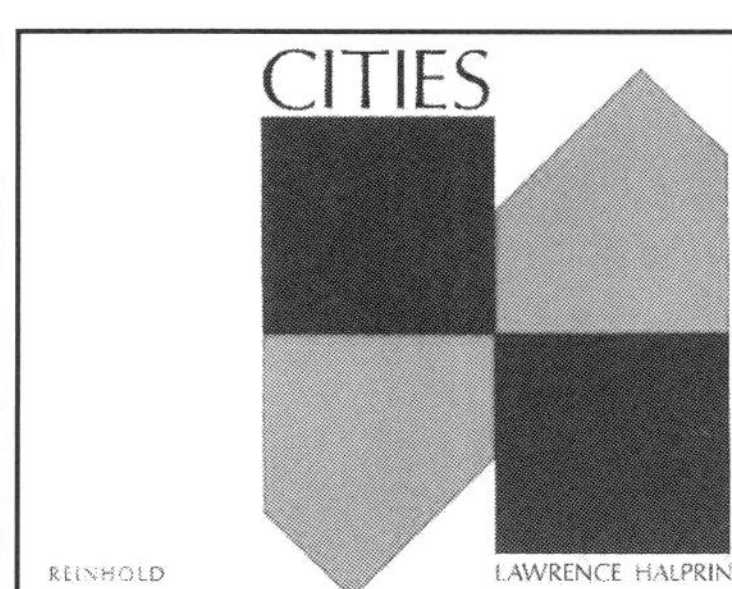

注6‐11　『CITIES』ローレンス・ハルプリン著、邦訳『都市環境の演出――装置とテクスチュア』伊藤ていじ訳、彰国社（1970）

的で別々のもので、自己の判断を軸とした個へ向かう生活であり、そこでは静寂、隔離感、プライバシーを求められている。〈中略〉オープン・スペースがダウンタウンの面積の1／4、ときには1／2をも占めるといったことだけをとってみても、それが最も重要な地位を占めていることがわかるだろう。〈中略〉ヨーロッパの都市のすぐれた広場のほとんどが、駐車場にされて冒され破壊されてしまっている。私たちは私たちの都市のオープン・スペースを再評価し、全体的有機的なコミュニティ生活のためになるようにつくりかえなければならない。」と訴えている。

また58年以降、数々の歩行者モールの計画設計に携わり、全米の「モールの父」と呼ばれるヴィクター・グルーエンが、64年の著作『The Heart of the City : The Urban Crisis, Diagnosis and Cure』の中で、第1章に紹介したように、「都市の中心市街の危機」を誘引した近代都市計画を見直し、あらためて中心市街再生のための歩行者環境整備すなわち市民のための街路空間の公園化を強く訴えかけている。それに続くのが、B・ルドルフスキーの『STREETS FOR PEEPLE』（注6-12）、そしてG・エクボの『The Landscape We See』（注6-13）などの著作である。その後の全米における歩行者モール等の隆盛ぶりは、前掲の書に加え、「ペデストリアン・モール」の名を冠する幾つかの書籍出版（注6-14）が続いていることから、容易に推察しうる。

（2）アメリカにおける歩行者モールの誕生と普及

当時のアメリカ諸都市の中心部の街路に自動車が溢れ、裕福な市民層の郊外脱出の結果もたらされたのが、貧困層の集中、そして中心商店街の経済的地盤沈下というインナーシティ問題であった。そのさなかにグルーエンの提案する歩行者モールが、59年にカンザス州のアチソン（Atchison、人口約1・1万人）とミシガン州のカラマズー（Kalamazoo、人口約7・7万人）の中心部に完成している。アチソン

注6-12『STREETS FOR PEEPLE』B・ルドルフスキー著（1966）、邦訳『人間のための街路』平良敬一ほか訳、鹿島出版会（1973）

注6-13『The Landscape We See』G・エクボ著（1969）、邦訳『景観論』久保貞ほか訳、鹿島出版会（1972）

注6-14 70年代当時の「歩行者モール」関連書籍
・Urban Space for Pedestrians: AQuantitative Approach,Boris S. Pushkarev, 1976
・For Pedestrians Only: Planning, Design and Management of Traffic-free Zones Robert Brambilla, Gianni Longo, 1978
・Streets for pedestrians and transit: An evaluation of three transit malls in the United States, Richard Edminste, 1979
・The Pedestrian Revolution Streets without Cars, Simon Breines,Wiliam J.Dean,1974

は前年の58年の洪水被害からの復興計画の中で中心部の商店街道路の3ブロックにわたり自動車の通行を排除し、両翼にコンクリート製のキャノピーを配し、舗装をレンガと芝生に替えたコマーシャル・ストリート・モール（Commercial Street Mall）が実現する。そしてカラマズーモール（Burdic St.）は当初は2ブロックであったが、後に延伸され5ブロックにわたる歩行者モールになっている。

また64年に完成したグルーエンとエクボの共作、フレズノの全長約８００ｍのフルトンモールは6ブロックにわたり自動車は完全に締め出され、路面はメキシコ産の赤石骨材のコンクリート洗い出しに、帯状の曲線パターンが施され、「水と緑と太陽」のテーマのもとに人工滝や池、噴水、せせらぎ、高木やベンチ、彫刻、時計塔などのストリートファニチュアやモニュメントが配された本格的な歩行者モールの出現とされた。周囲には大規模な駐車場も確保され、沿道の街並みも一新し、以前と比べ店舗数も5割増加、売上げも平均９％の伸びを見せたと報告されている。この成功は全米に報じられ、以降、各地で歩行者モールが続々と誕生していく。

（3）トランジット・モール「ニコレットモール」の誕生

世界のトランジット・モールの代名詞となる67年に完成したハルプリン設計のニコレットモールはミネアポリス（Minneapolis、ミネソタ州、人口約38万人）の荒廃する都心部の再生への期待を担うべく、①ニコレット通りの快適な歩行環境、②公共交通による都心へのアクセス性の向上、③商業地としてのイメージアップと業務機能拡充、④安定した商業環境づくり、の第一ステップとして、一般車を締め出し、バス・タクシー実車のみの通行するトランジット・モール形式が採用される。

モールは幅員26ｍ、延長1・３㎞（後に延伸し約２㎞）、車道部は7・２ｍの2車線とし、蛇行させることにより、歩道幅はおおむね8～11ｍ、ベンチやフラワーポット等の様々なストリートファニ

写真6・35　64年に実現したフレズノのフルトンモール（80年代当時、撮影：及川知也）

写真6・36　67年に実現したミネアポリスのニコレットモール（80年代、筆者撮影）

チュアが配置され、バス停はブロックごと（概ね１２０ｍ間隔）に設けられている。修景された歩道によって人間が抵抗なく歩ける距離が伸びるという。周辺には再開発に伴って大規模駐車場が計画され、来訪者は徒歩でモールを楽しむか、バスに乗り替え目的の店舗に到達できる。そして周辺街区の再開発を誘導し、主要公共施設や大規模な商業業務ビルが建設され、それを２階レベルでスカイウェイで連結するという壮大なビジョンであった。このニコレットモールの実現によって、中心部は甦り、その後の周辺街区再開発が続々と事業化されていく。

その中心的な建物が74年に完成した高さ２４１ｍの超高層ビル・ＩＤＳセンターで、中央に広場型のアトリウム空間が用意され、そして周辺街区とは２階レベルのスカイウェイに接続され、厳冬期でも市民の往来が絶えない中心市街が実現した。その後もスカイウェイは延伸され続け、ニコレットモール完成から半世紀近く経た２０１６年段階で約60街区が相互につながれ、そのスカイウェイ総延長は約11㎞にも及んでいる。

しかし、ミネアポリスのような地方都市において、人口地盤レベルのスカイウェイと地上部のモールレベルの

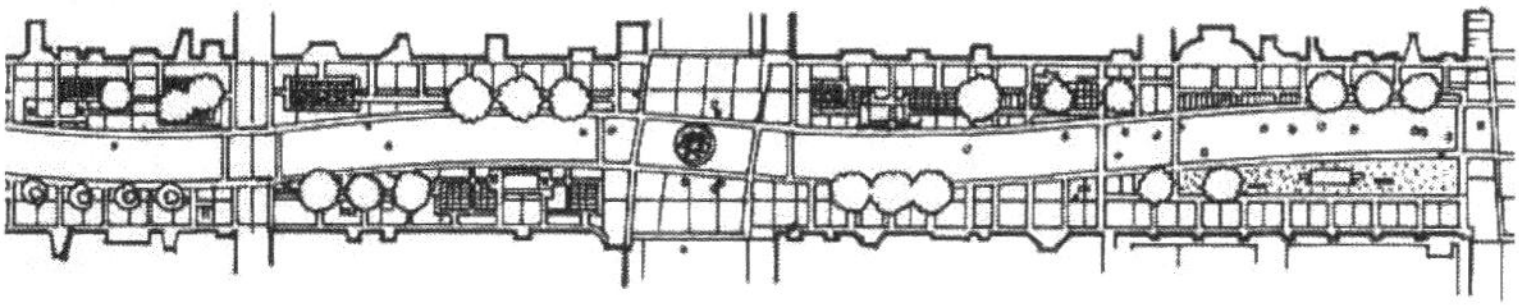

図6‐9　ニコレットモール平面図（部分図）、出典：『a＋u』特集・アメリカの広場（1973/8）

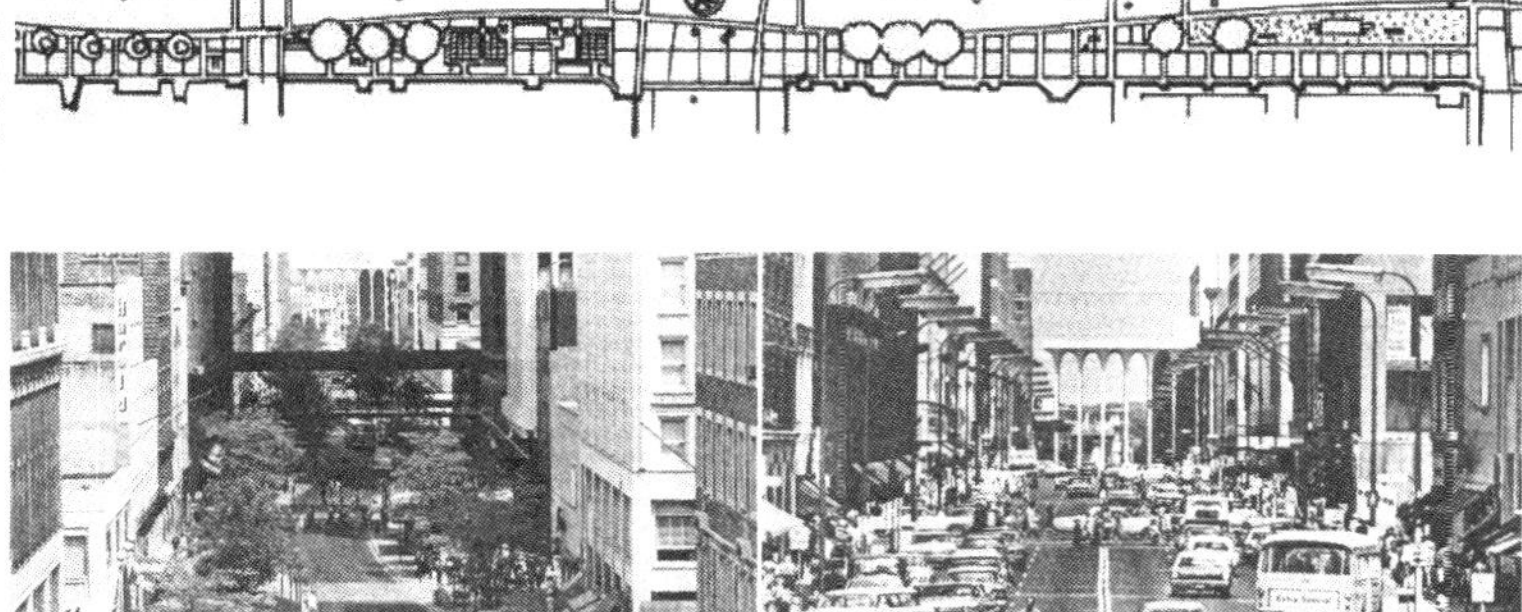

写真6‐37　右はニコレットモールの整備前、左は完成後の比較　写真　STREETS for PEOPLE, OECD (1974)

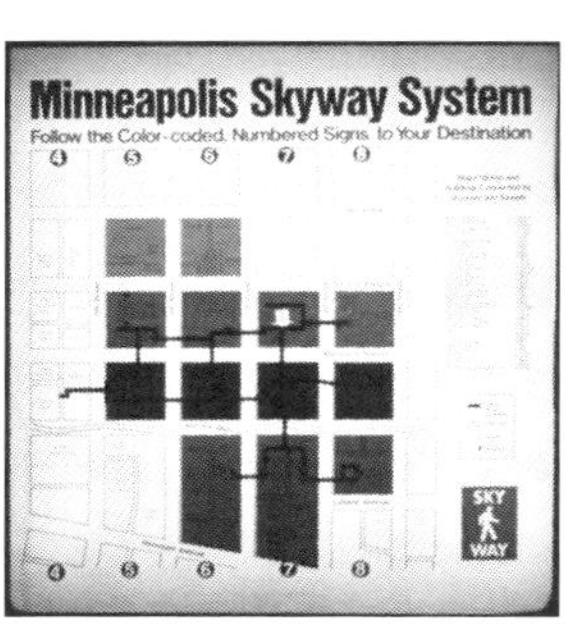

写真6‐38　ミネアポリスの2層レベルのスカイウェイシステム、各街区建物間は相互に連絡されている

図6‐10　１９８２年当時のミネアポリスのスカイウェイの案内（現地サインを撮影）

双方の賑わいを維持し続けていけるのか、という心配も当初から挙げられてきた。それがスカイウェイ・ネットワークが充実すればするほど、地上部の利用者が減るというジレンマも生じているように経年的に感じていた。その懸念が現実のものとして、ニコレットモールの全面改修の報が２０１３年に舞い込んできた。これは改めて後節に解説することとしたい。

（4）アメリカの歩行者モール、トランジット・モールの普及とその後

フルトンモールやニコレットモールの完成以降、全米各地で自動車を排除した歩行者モールやトランジット・モールが導入され、80年代末までに実現した数は２００余りとされる。歩行者モール（フルモール）は、前掲に加え、ホノルル、ユージン、バーリントン、ボルチモア、ボルダー、ニューロンドン、ノーフォークなどが挙げられる。当時のトランジット・モールでは、フィラデルフィア、メンフィス、タコマ、ポートランド、シカゴ、デンバー(前掲)、バッファロー、イサカなどが代表的なものとされる。ちなみにニコレットモールを設計したハルプリンはフィラデルフィア、ポートランド、シカゴのトランジット・モールなど幾つかの作品に関与していたとされる。

3　90年代以降の〝モール〟衰退にみる中心市街の変貌

（1）トランジット・モールの衰退

華々しくスタートしたアメリカのモール、実はその多くが90年代以降、急速に廃止されるという衝撃的な情報がある。そのうち筆者がこれまでリストアップできた50年代末以降完成したモールの数は前掲のように１４０余例に上る(次2頁)。内訳ではトランジット・モール19事例のうち今も継続

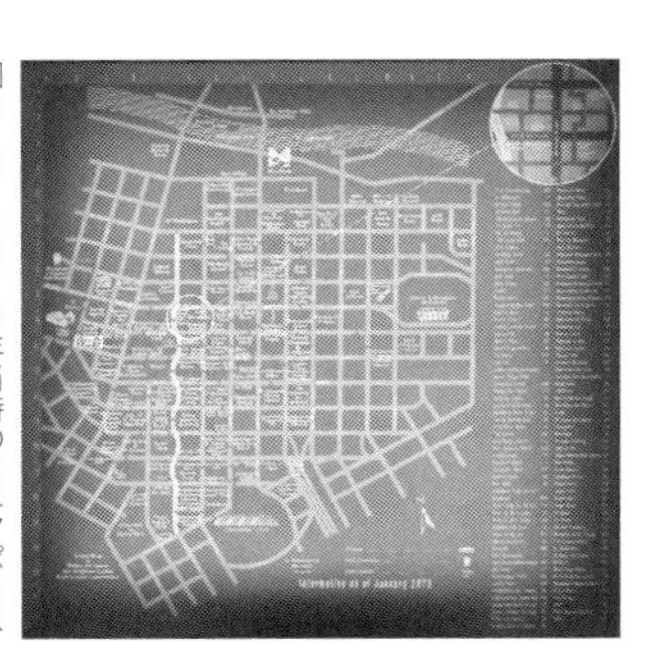
図6・11　２０１４年当時のミネアポリスのスカイウェイの案内(現地サインを撮影)。続々と延伸されたことが一目瞭然

写真6・39　シカゴのステイトストリートモール（１９８２年撮影）。１９９６年に廃止

するのが4事例のみ、それは前掲のミネアポリス、デンバーに加え、マディソン（State St.Mall）、セーラム（Essex Mall）に過ぎない。その中で筆者が訪れたことのあるシカゴのステイトストリートモール（前掲）は96年、フィラデルフィアのチェスナットストリートモール（前掲）は２０００年に廃止され、いまは一般の複断面の道路となっている。

一方の歩行者モールは１２３事例だが、現存するのが20事例余りと約88％近くが廃止されている。例えば、前述のニューロンドンのキャプテンズウォーク（New London/Captain's Walk）が91年に廃止され、同じくボルチモアの２つのモール、レキシントンモールとオールドタウンモールが２００１年、ユージンのシティセンターモールが96年、アレンタウンのハミルトンモールも90年代に廃止など、多くが消滅してしまった。残る20余事例の幾つかは改修時期を迎え、廃止か存続かの議論が進められつつあるという。それが全米における歩行者モールの実態と言わざるを得ない。

その意味ではアメリカにおいては、もはやモール化事業がまちの活性化をもたらすという神話は通用しない、というのが定説になりつつある。それに拍車をかけるニコレットモールの全面改修に続く、実に衝撃的なニュース、前掲のフルトンモールも14年春に市民公聴会を経て全面改修とあわせ交通閉鎖解除が決定した。それは何を意味しているのであろうか。具体の話を次に進めよう。

写真６・40　フィラデルフィアのチェスナットストリートモール（１９８２年撮影）。２０００年に廃止

(2) フレズノ・フルトンモールの交通開放計画

本格的歩行者モールの先駆けとされるフルトンモールの自動車交通許容決定の報が２０１４年にインターネット上で発信された。それを確認すべく、翌15年に現地を訪れ、その廃止に至る経緯を確認してきた。その一部を紹介しよう。かつての〝モール〟整備以前の姿は開拓都市を象徴する広幅員道路（幅員80フィート＝24・４ｍ）、中央にトラム（路面電車、後に廃止）の軌道があり、路側帯は駐車車両で

全米のトランジットモール事例(1967～2016)

番号	都市名		州	都市人口(万人)	通り名(交通種類)	完成年	廃止(廃止年)/、存続(○)/部分開放(△)/備考
1	ケイプメイ	Cape May	NJ	0.4	Washington Street Mall (Trolley)	1971	廃止(2008)
2	シカゴ	Chicago	IA	290.0	State Street Mall (Transit/バス)	1979	廃止(1996)
3	デンバー	Denver	CO	55.4	16th Street Mall (Transit/バス)	1982	○(2002年延伸)
4	デモイン	Des Moines	IA	20.3	Walnut Street (Transit/バス)	1986	廃止(2007／2012)
5	エヴァンスヴィレ	Evansville	IN	12.2	Main Street Walkway (Trolley)	1971	廃止(2002)
6	ルイビル	Louisville	KY	25.6	River City Mall (Trolley)	1973	廃止(部分1989／2000)
7	マディソン	Madison	WI	23.3	State Street Mall (Taxi,Transit/バス)	1974	○
8	メンフィス	Memphis	TN	65.0	Main Street Mall (Tram Car)	1976	廃止(1993)
9	ミネアポリス	Minneapolis	MN	38.3	Nicollet Mall (Transit, Bicycle)	1967	○(1991改修/2016再改修)
10	ナパ	Napa	CA	7.3	Parkway Mall/First st. (Transit/バス)	1974	廃止
11	ブルックリン(NY)	Brooklyn (NY)	NY	255.7	Fulton Street Mall (Transit/バス)	1976	廃止
12	フィラデルフィア	Philadelphia	PA	146.3	Chestnut Street Mall ((Transit/バス))	1976	廃止(2000)
13	ピッツバーグ	Pittsburgh	PA	53.4	East Liberty Mall (Transit/バス)	1969	廃止(1986)
14	ポートランド	Portland	OR	58.4	5th ,6th Street (Transit/バス→LRT)	1977	△(2012,LRT導入・交通開放)
15	プロビデンス	Providence	RI	17.4	Westminster Mall (Transit/バス)	1970's	廃止(1986)
16	サクラメント	Sacramento	CA	40.7	Downtown Mall (Transit/バス→LRT)	1969	廃止(1998)
17	セイラム	Salem	MA	4.4	Essex Mall (Trolley)	1970's	○
18	ウエストチェスター	West Chester	PA	1.8	Gay Street Mall (Transit/バス)	1970's	廃止
19	ウィルクスバリ	Wilkes-Barre	PA	4.1	Downtown Canopy and Mall(Transit/バス)	1970's	廃止

全米の歩行者モール事例(1958～2016)その1

番号	都市名		州	都市人口(万人)	通り名 ※:セミモール形式	完成年	廃止(廃止年)/、存続(○)/部分開放(△)/備考
1	アルバカーキ	Albuquerque	NM	51.8	4th Street Mall	1984	廃止(2014)
2	アレンタウン	Allentown	PA	11.8	Hamilton Mall ※	1973	廃止(1990s)
3	アシュタビューラ	Ashtabula	OH	1.9	Pedestrian Mall	1979	廃止(1983)
4	アスペン	Aspen	CO	0.6	Hopkins Avenue	1976	○
5	アチソン	Atchison	KS	1.1	Atchison Commercial St. Mall	1958	○
6	オーバーン	Auburn	NY	2.8	State Street Mall	1976	廃止(2003？)
7	ボルチモア	Baltimore	MD	65.7	Lexington Mall	1974	廃止(2001)
8					Old Town Mall	1976	廃止(2000)
9	バトルクリーク	Battle Creek	MI	5.2	Michigan Mall	1975	廃止(1992)
10	ボストン	Boston	MA	60.8	Downtown Crossing	1979	○
11	ボルダー	Boulder	CO	9.9	Pearl Street Mall	1977	○
12	バッファロー	Buffalo	NY	29.3	Buffalo Place Main Street Mall	1986	廃止(2013)
13	バーバンク	Burbank	CA	10.3	Golden Mall	1969	廃止(1989)
14	バーリントン	Burlington	VT	4.2	Church Street Marketplace	1972	○
15	バーリントン	Burlington	IA	2.5	Jefferson Street Mall	1970's	廃止(1990)
16	バーリントン	Burlington	VT	3.9	Church Street Marketplace	1981	○
17	カーネギー	Carnegie	PA	0.8	Carnegie Ped Mall	1965	廃止(1999)
18	セントラリア	Centralia	IL	1.3	Downtown Mall	1970	廃止
19	シャンペーン	Champaign	IL	8.1	Neil street	1975	廃止(交通開放1986)
20	ｼｬﾙﾛｯﾃｽﾋﾞﾚ	Charlottesville	VA	4.0	Main Street Downtown Mall	1976	○
21	クーズベイ	Coos Bay	OR	1.6	City Center Mall	1969	廃止
22	コビントン	Covington	KY	4.3	Old Town Plaza	1977	廃止(1993)
23	カンバーランド	Cumberland	MD	2.1	Downtown Cumberland Mall (Baltimore St.)	1970's	○
24	ダラス	Dallas	TX	123.3	Akard Street Mall	1965	廃止(順次交通開放)
25	ダンビル	Danville	IL	3.4	Vermilion Park Mall	1967	廃止
26	ディケーター	Decatur	IL	7.6	Landmark Mall	1970	廃止
27	ダビューク	Dubuque	IA	5.8	Town Clock Plaza	1971	廃止(1990's)
28	エルジン	Elgin	IL	9.4	Elgin pedestrian mall	1976	廃止(1980's)
29	エリー	Erie	PA	10.4	Downtown Mall	1974	廃止
30	ユージン	Eugene	OR	13.8	City Center Mall	1971	廃止(1992/96)
31	ファーゴ	Fargo	ND	9.1	Broadway Red River Mall	1975	廃止(1986)
32	ファイエットビル	Fayetteville	NC	20.1	Hay Street	1985	廃止(1991)
33	ﾌｫｰﾄﾛｰﾀﾞｰﾃﾞｰﾙ	Fort Lauderdale	FL	17.0	Las Olas Boulevard	1970's	廃止
34	フランクフォート	Frankfort	KY	2.8	St. Clair Mall	1974	廃止
35	フリーポート	Freeport	IL	2.6	Downtown Plaza	1968	廃止
36	フリーポート	Freeport	NY	4.4	Pedestrian Mall	1977	廃止(1987/89)
37	フレズノ	Fresno	CA	42.8	Fulton Mall	1964	廃止(2016)
38	ガルベストン	Galveston	TX	5.7	Post Office Street	1970	廃止(1986)
39	グランドラピッズ	Grand Rapids	MI	18.8	Pearl Street/Monroe Mall	1967/70	廃止(1997)
40	グリーンビル	Greenville	NC	6.0	Downtown Greenville Mall	1975	廃止
41	グリーンビル	Greenville	SC	5.8	Coffee Street Mall	1977	廃止(1998)
42	ハートフォード	Hartford	CT	12.2	Pratt Street	1970's	廃止(1990)
43	ヘレナ	Helena	MT	2.6	Last Chance Mall (Capital Hill Mall)	1970's	廃止(2007)
44	ホノルル	Honolulu	HI	37.2	Fort Street Mall	1969	○改修検討中
45	ハンティントン	Huntington	WV	5.1	Jefferson Street	1970's	廃止
46	アイオワシティ	Iowa City	IA	6.8	Pedestrian Mall	1970's	○改修検討中
47	イサカ	Ithaca	NY	2.9	Ithaca Commons	1975	○
48	ジャクソン	Jackson	MI	3.6	Progress Place	1965	廃止
49	カラマズー	Kalamazoo	MI	7.7	Burdick Street	1960	○／△(部分開放1998～2000)
50	カンザスシティ	Kansas City	KS	46.0	Maple Street	1971	廃止(1976)
51	ノックスビル	Knoxville	TN	17.9	Market Square	1960's	○
52	レイクチャールズ	Lake Charles	LA	7.2	Downtown Mall	1970	廃止
53	ランシング	Lansing	MI	11.4	Washington Square	1973	廃止(2001)
54	ラスクルーセス	Las Cruces	NM	7.4	Downtown Ma	1973	廃止(2005)

図6・12 全米のトランジットモール（1967～2016）／歩行者モール（1958～2016）リストその1

図6・13 全米の歩行者モール（1958〜2016）リストその2

全米の歩行者モール事例(1958〜2016)その2

番号	都市名		州	都市人口(万人)	通り名　※:セミモール形式	完成年	廃止(廃止年)/、存続(○)/部分開放(△)/備考
55	ラスベガス	Las Vegas	NV	58.9	Fremont Street Experience	1994	○
56	レバノン	Lebanon	NH	1.3	Downtown Mall	1964	○
57	リトルロック	Little Rock	AR	18.3	Main Street Mall	1977	廃止(1991)
58	マイアミビーチ	Miami Beach	FL	9.0	Lincoln Road Mall（当初はTram Car走行）	1959	○
59	ミシガンシティ	Michigan City	IN	3.3	Franklin Square Mall	1965	○
60	ミドルタウン	Middletown	OH	4.9	Middletown Mall（Central Avenue）	1970's	廃止(2002)
61	ミルウォーキー	Milwaukee	WI	59.7	Forest Home Avenue Mall（Mitchel St.）	1975	廃止(1995)
62	マウントクレメンス	Mount Clemens	MI	1.6	Macomb Place	1980	廃止(1992)
63	モンロー	Monroe	NC	3.6	25. Courthouse Plaza	1973	廃止(一方通行開放)
64	マンシー	Muncie	IN	6.7	Walnut Street	1975	廃止
65	ナパ	Napa	CA	7.3	Parkway Mall（Brown st.,)	1974	○
66	ﾆｭｰﾍﾞｯﾄﾞﾌｫｰﾄﾞ	New Bedford	MA	9.5	Front Street	1974	○
67	ニューロンドン	New London	CT	2.6	Captain's Walk	1973	廃止(1991)
68	ニューオーリンズ	New Orleans	LA	36.1	Exchange Place	1980's	廃止
69					Fulton Street	1980's	廃止
70	ﾆｭｰﾍﾞﾘｰﾎﾟｰﾄ	Newburyport	MA	1.7	Inn Street Mall	1975	○
71	ニューポート	Newport	RI	2.6	Long Wharf Mall	1970's	○
72	ノーフォーク	Norfork	VA	23.4	Granby Street Mall	1976	廃止(1988)
73	オークパーク	Oak Park	IL	5.1	Oak Park Village Mall	1972	廃止(1988/2007)
74	オタムア	Ottumwa	IA	2.5	Pedestrian Mall（main street mall）	1970's	廃止
75	オックスナード	Oxnard	CA	19.8	Plaza Park Mall	1969	廃止
76	ペインズビル	Painesville	OH	2.0	Main Street Mall	1973	廃止
77	パーソンズ	Parsons	KS	1.2	Parsons Plaza	1971	廃止
78	フィラデルフィア	Philadelphia	PA	146.3	Maplewood Mall	1974	廃止
79	ピッツバーグ	Pittsburgh	PA	53.4	Allegheny West Ped Mall	1969	廃止(1999)
80	ポモナ	Pomona	CA	14.9	Pomona Mall	1963	廃止(順次交通開放)
81	ポーツマス	Portsmouth	NH	2.0	Vaughan Street Mall	1970's	○
82	ポッツビル	Pottsville	PA	1.4	Centre Street Mall	1977	廃止
83	ポキプシー	Poughkeepsie	NY	3.3	Main Street Mall	1970's	廃止(2001)
84	ローリー	Raleigh	NC	40.3	Fayetteville St	1976	廃止(2006)
85	レディング	Reading	PA	9.0	Penn Square	1975	廃止(1993)
86	レディング	Redding	CA	9.2	Redding Mall(Market St.,Yuba St.,Butte St.)	1970's	○
87	レッドランド	Redlands	CA	6.9	Redlands Mall	1977	廃止
88	リッチモンド	Richmond	IN	19.8	The Promenade	1972	廃止(1997)
89	リヴァーサイド	Riverside	CA	30.3	Main Street Pedestrian Mall	1966	○
90	ロックヒル	Rock Hill	SC	6.6	Main Street	1970's	廃止(2000's)
91	ロックフォード	Rockford	IL	34.9	State Street Mall	1978	廃止(1984)
92	セントチャールズ	Saint Charles	MO	6.6	Main Street	1979	廃止
93	セントルイス	Saint Louis	MO	34.8	North 14th Street Pedestrian Mall	1980's	廃止(2010)
94	ソールズベリー	Salisbury	MD	3.4	Downtown Place	1968	廃止(2001)
95	サンタクルーズ	Santa Cruz	CA	6.0	Pacific Garden Mall	1969	廃止(順次交通開放)
96	サンタモニカ	Santa Monica	CA	9.0	Third Street Promenade	1965	○(1989全面改修)
97	スケネクタディ	Schenectady	NY	6.6	Jay Street Pedestrian Walkway	1984	○
98	スクラントン	Scranton	PA	7.6	Wyoming Avenue Mini-Mall ※	1978	廃止(1983)
99	シアトル	Seattle	WA	63.5	Occidental Mall	1970's	廃止(1990's)
100	シボイガン	Sheboygan	WI	4.9	Plaza 8/Harbor Center ※	1976	廃止
101	スーフォールズ	Sioux Falls	SD	14.5	Pedestrian Mall	1970's	廃止(順次交通開放1987)
102	サウスベンド	South Bend	IN	10.8	Michigan Street	1970's	廃止(1987)
103	スパータンバーグ	Spartanburg	SC	3.7	Main Street Mall	1974	廃止
104	ｽﾌﾟﾘﾝｸﾞｽﾌｨｰﾙﾄﾞ	Springfield	IL	11.1	Old State Capitol Plaza（East Adams St.）	1971	○
105	ｽﾌﾟﾘﾝｸﾞｽﾌｨｰﾙﾄﾞ	Springfield	MO	15.2	Park Central Squre	1974	廃止(交通開放1985/89)
106	セントクラウド	St. Cloud	MN	5.9	Mall Germain	1972	廃止
107	セントジョセフ	St. Joseph	IL	7.7	Pedestrian Mall	1974	廃止(1991)
108	セントルイス	St. Louis	MO	35.7	14th Street pedestrian mall	1977	廃止(2010)
109	タコマ	Tacoma	WA	19.4	Broadway Plaza ※	1976	廃止(1980's)
110	タンパ	Tampa	FL	32.2	Franklin Mall	1973	廃止(順次交通開放2001)
111	トコア	Toccoa	GA	0.9	Downtown Mall（Doyle Street）	1976	廃止2007
112	トレントン	Trenton	NJ	8.5	Trenton Commons	1974	廃止(順次交通開放)
113	タルサ	Tulsa	OK	38.4	Fifth Street Mall	1968	廃止(2001/2005)
114					Bartlett Square and Main Street Mall	1978	廃止(2001/2005)
115	ヴィックスバーグ	Vicksburg	MS	2.4	Main Street Mall	1970's	廃止
116	ウェーコ	Waco	TX	12.5	Austin Avenue Mall	1970	廃止(1986)
117	ワシントン	Washington	WDC	60.2	Liberty Place/Gallery Place	1976/80	廃止
118	ウエストチェスター	West Chester	PA	1.8	Gay Street Mall	1970's	廃止
119	ｳｨﾘｱﾑｽﾞﾎﾟｰﾄ	Williamsport	PA	2.9	Center City Mall	1976	廃止
120	ウィルミントン	Wilmington	DE	7.2	Market Street Mall	1976	廃止(1990's)
121	ウィノナ	Winona	MN	2.7	Levee Plaza	1969	廃止
122	ｳｲﾝｽﾄﾝ･ｾｰﾗﾑ	Winston-Salem	NC	23.0	Downtown Walkway	1971	廃止(1981)
123	ヤングスタウン	Youngstown	OH	6.7	Federal St.	1980	廃止(2001)
124	ユマ	Yuma	AZ	9.3	Main Street Mall	1973	廃止(2005)

州名凡例-AL:アラバマ州/AK:アラスカ州/AZ:アリゾナ州/AR:アーカンソー州/CA:カリフォルニア州/CO:コロラド州/CT:コネチカット州/DE:デラウェア州/FL フロリダ州/GA:ジョージア州/HI:ハワイ州/ID:アイダホ州/IL:イリノイ州/IN:インディアナ州/IA:アイオワ州/KS:カンザス州//KY:ケンタッキー州/LA:ルイジアナ州/ME:メイン州/MD:メリーランド州/MA:マサチューセッツ州/MI:ミシガン州/MN:ミネソタ州/MS:ミシシッピ州/MO:ミズーリ州/MT:モンタナ州/NE:ネブラスカ州/NV:ネバダ州/NH:ニューハンプシャー州/NJ:ニュージャージー州/NM:ニューメキシコ州/NY:ニューヨーク州/NC:ノースカロライナ州/ND:ノースダコタ州/OH:オハイオ州/OK:オクラホマ州/OR:オレゴン州/PA:ペンシルベニア州/RI:ロードアイランド州/SC:サウスカロライナ州/SD:サウスダコタ州/TN:テネシー州/TX:テキサス州/UT:ユタ州/VT:バーモント州/VA:バージニア州/WA:ワシントン州/WV:ウェストバージニア州/WI:ウィスコンシン州/WY:ワイオミング州/WDC:ワシントンDCコロンビア自治区

参考:The Experiment of American Pedestrian Malls,Fresno、Pedestrian & Transit Malls Study,Memphis、Google Eearth Street Viewによる調査ほか

写真６‐41　15年のフルトンモール、既に沿道の商店は殆ど閉鎖していた

写真６‐42　フルトンモールの街角の閉鎖し合板で塞がれた商店

写真６‐43　水が枯れ、落ち葉やゴミの溜まったかつての水路オブジェ

写真６‐44　フルトンモール沿いの広場の街灯の基壇に埋め込まれた完成記念の銘板。ここに設計者であるヴィクター・グエルーエン、ガレット・エクボら半世紀前にこの歩行者モールの実現に尽力した方々の名が刻まれていた

埋まるという形態で、両側に歩道があるも歩く人も少なく、街は閑散とし、当時は人口流出と郊外ショッピングセンターの立地等の要因で中心地の経済的地盤沈下が指摘されていた。

それを克服すべく〝モール〟＝自動車交通から切り離された、魅力的な公園的空間を創造する。そこには様々な樹木や街具類（ストリートファニチュア─彫刻やせせらぎが配され、人々はそこに集まり、憩う、街並みもその空間に相応しいものに、周辺には駐車場を整備する、といったメニューで街を甦らせる）が登場した。64年のことであった。ランドスケープがまちを甦らせる、これは見事に成功し、周縁部から街を楽しむ人々が集まってきた。それは同じ悩みに苦しむ多くの都市から見学者が相次ぎ、一躍フレズノは注目の的となる。そして08年には合衆国の歴史文化遺産としての登録地（National Register of Historic Places）に指定されている。

完成から半世紀近く経た２０００年代に、沿道の店舗の閉鎖が相次ぎ、その改廃の議論が持ち上が

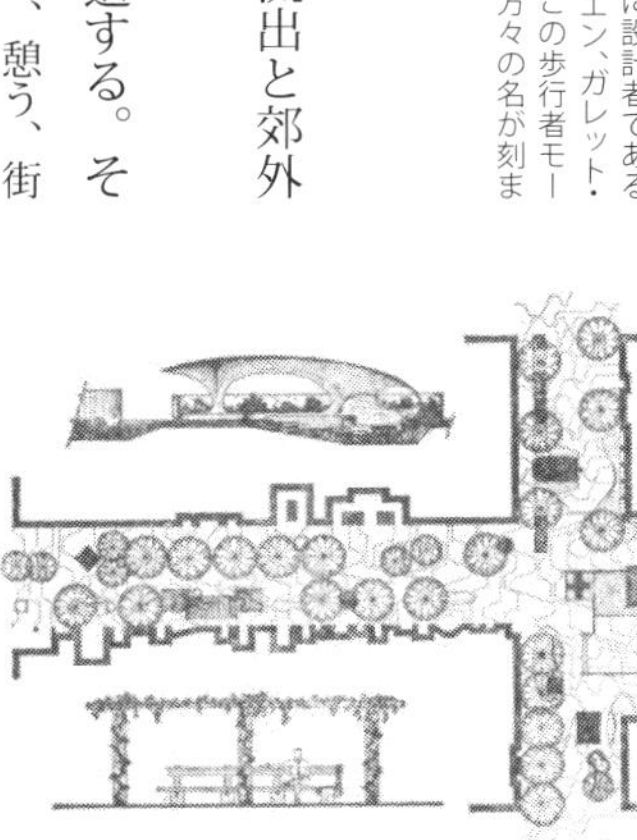
図６‐14　フルトンモールの計画図（部分図）　出典：G・エクボ『景観論』

る。市は専門家への委託調査、代替案の提示、市民ワークショップ等による様々な議論を重ね、14年に最終結論として「自動車通行の復活」を決定した。ワークショップ等の議論を総合すると、①歩行者モールは人の集まる「公園」となるが、これは必ずしも「消費」につながる訳ではない、②身障者や老人たちの利用促進のためには自動車進入を認めるべき、③公共交通自体が不経済、不効率のまちでは自動車は不可欠、などの指摘がなされている。

これは同様に廃止を決断した各都市がそのプロセスをそれぞれの報告書にまとめているが、共通しているのは、〝モール〟は一時のまちの賑わいをもたらせてくれたが、まち再生の特効薬にはなり得なかったこと、そして沿道商業者も含め多くの市民が廃止に賛同していったことが記されている。しかし筆者なりには、フルトンモールには常に人の気配を感じるものの、そこには失業者や英語圏以外の国からの移民の人たちに占拠された感があり、賑わいを支えるはずの一般市民の姿は消え去ってしまった感がある。

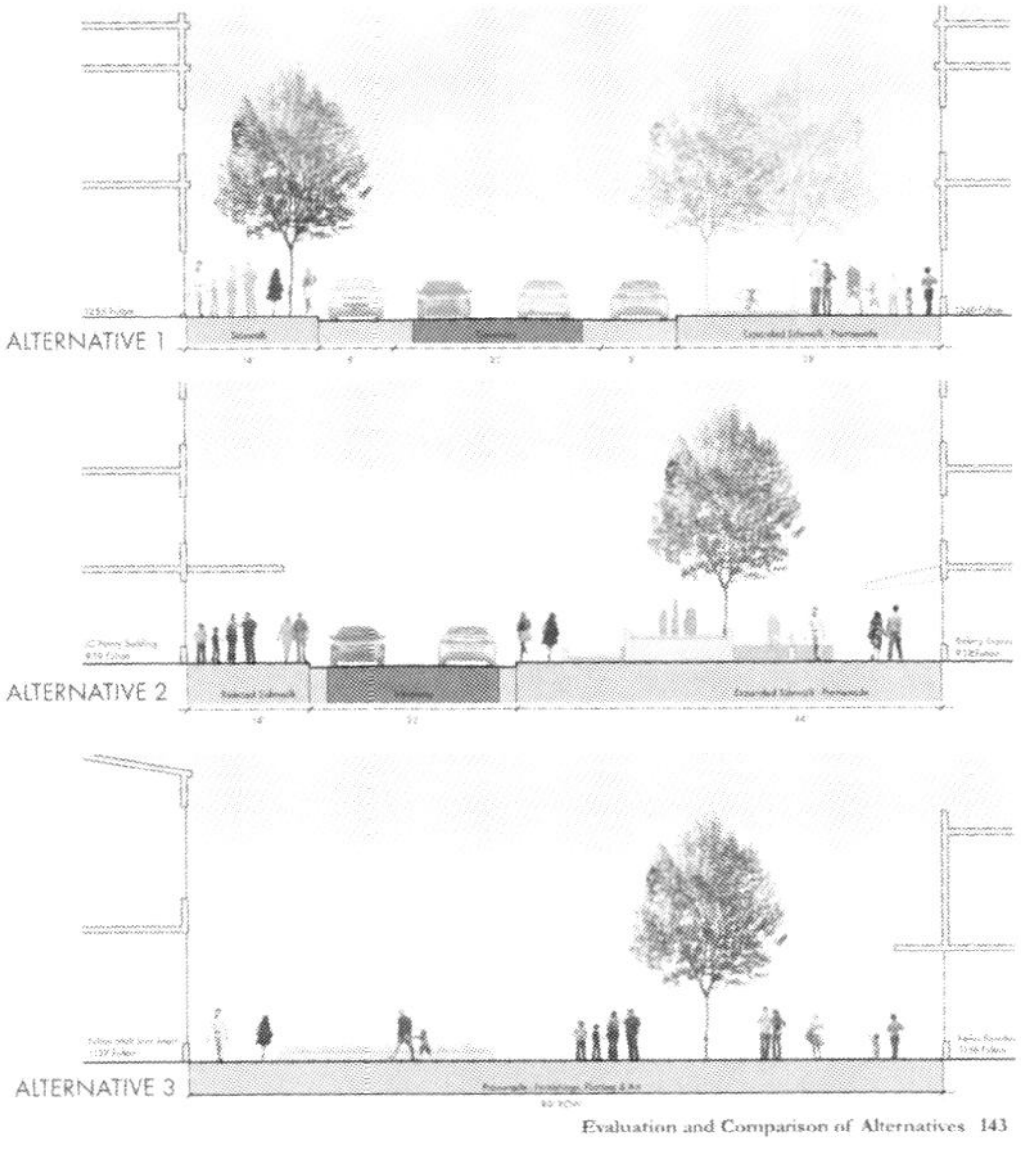

図6-15　市民ワークショップで出された改修計画の代替案検討、結果として一番上の代替案（Alternative）1の双方向通行案が採用された模様　出典：Fulton Mall Reconstruction Alternatives Analysis Report, 2013.11.13,https://www.fresno.gov

（3）ミネアポリスのニコレットモール（Nicollet Mall）改造計画

次に再改修が決定したミネアポリスのニコレットモールを紹介することとしたい。前掲の67年に完成したハルプリンの名作として世界的に知られるニコレットモールが全面的に改造されるという驚きのニュースを14年の訪問時に知った。それをあらためて改造工事の進む翌16年に確認してきた。

ミネアポリスはミネソタ州の南東部のミシシッピ川沿いに位置する都市、ニコレットモールと連動した様々な整備事業が行われた。これらは70年代以降、都心の荒廃を食い止める大きな役割を果たし、後に延長が1・3kmから2・0kmに延伸され、第三の道とされるスカイウェイシステムは延伸を続けた。その一方で、筆者が観察する限りでは、通りの賑わいは今一つという雰囲気が拭えなかったのだが、その報で少し合点がいったという気がする。

改造コンペの開始が13年4月、最終審査に残った4社の中から公開審査を経て選ばれたのが、ニューヨークのハイライン遊歩道の設計者であるランドスケープ・アーキテクトのジェイムス・コーナー・フィールド事務所（James Corner Field Operations）だった。その提案はバス・トランジットモールの継承だが、デザインは実に斬新なものと言える。ニコレット・マイル（Nicollet Mile）とタイトルされたコンセプトプランを見る限りでは、緑量の充実、多機能照明システム、スカイウェイとの連携に加え、路上に置かれた可動椅子での市民休憩やオープンカフェや各種イベント対応など、明らかにソフト指向といった世界的な公共空間活用の流れへの指向を読み取ることができる。その意味では、50年前のハルプリンの設計を全面的に更新することをミネアポリス市民は選択したのである。その完成は17年頃という。

ハルプリンの時代の街路デザインと現代のそれとは何が違うのか。それはニューヨークの幾つかの事例で紹介したように、基本はプレーンな空間まさに真っ白なキャンバスであり、そこに利用者が自由に空間演出を施す。可動椅子であったり、パラソルやテントなど自由に動かせるものを用い、あるときは大きな広場での催し物、あるときは大型プランターや仕切りで小さな空間になる。これを運営していくのがBIDを始めとするマネジメント団体なのである。それは固定されたベンチやオブジェなどの街具でハードな空間デザインを求める時代とは明らかに異なるのである。

加えて現地であらためて気になったのが、80年代の街並みと現在との大きな変化であり、スカイ

写真6・45　14年のニコレットモールの風景、この時点で沿道の賑わいに陰りが見られていたように思える

ウェイの新旧比較（写真6−37）から明らかなように、沿道の再開発が進行し、個店の商店街が高層のオフィス街に大きく様変わりした感がある。改修工事期間中に訪れた時はビルの1階店舗の多くが閉店し、まちはひっそりとしていた。再開発の進行によって店舗と共存していた住居は消え去り、それは日常生活の商品を扱うお店から、オフィス街向けのビルのテナントショップに替わっている。それこそ「生活街」の消滅を示す変化と言えるだろう。

とは言え、市も積極的に中心部および周縁部への再投資によって、歴史的建物の保存修復、街なか居住の推進策を講じている。例えば、ミシシッピ川沿いのかつての港湾そして工場地帯、鉄道駅周辺の産業遺産群の再生や文化施設、集合住宅誘導などが着実に進められつつあり、中心部全体を見れば明らかに居住人口は増加傾向にある。その点も踏まえ、新たなニコレット・マイル完成後のマネジメント、そしてタクティカル・アーバニズムの展開による賑わい再生にも大いに期待したいところでもある。

（4）廃止された〝モール〟と存続する〝モール〟

アメリカにおいては残念ながら、〝モール〟廃止派が圧倒的な多数を占めてしまった。そこが次章以降に展開する欧州とは根本的な違いであろう。確かにそれは約40年前、全世界の都市にはじまる歩行者空間化のうねり、それこそ近代都市計画の受容と共に訪れるインナーシティ問題の解決手法として登場したが、半世紀後には実に厳しい結果となってしまった。

やはり自動車社会の極端に発達した同国、とりわけ公共交通機関の衰退著しい地方中小都市においては、郊外住宅地が発達し市民の移動は車中心となり、大規模駐車場を併設した郊外型シッピングセンターが立地し、必然的に中心市街の商店街は衰退を辿る。その再生の期待を込めた〝モール〟、そ

図6−16　ニコレット・マイル提案書表紙・当選案（2014.5.14）パブリックミーティング時のもの　@James Corner Field Operations

して街なかの立体駐車場であり、再開発によって誘致された大型店や専門店街であった訳だが、それは多くが水泡に帰したという結末なのであろう。実際、〝モール〟が廃止された都市では、その計画遂行とともに住民の郊外脱出も促進されたとの報告もある。その理由としては、碁盤の目の形で整然と区画された街路網のなかで、多くが一本の軸となる自動車を排除した〝モール〟すなわち街路「公園」を実現するも、周囲の街路はそれを支える車の道として機能し、また郊外からの顧客吸引のための大型駐車場もその期待に応えることは出来なかった。むしろ背後地は自動車の集中による環境悪化から脱出する市民が相次ぎ、それが空き家となり、青空駐車場が増殖していったのである。

たとえば、筆者が80年代に訪れたニューロンドンの72年に完成したキャプテンズウォークは、当時多くの歩行者交通量があったと記憶するが、91年には完全に廃止され一般の道路に戻されていた。周囲の数多くの立体、青空の駐車場は閑散とし、鉄道駅前のビルは完全に空き家状態となってしまっていた。これに代表されるように、明らかに中心部の空洞化が以前にも増して進行している。

このように、〝モール〟は中心市街地再生の救世主にはなり得なかったという事例は全米で枚挙に暇がない。その悪循環の連鎖、それが欧州都市における複数の道を対象とした面の歩行者区域とは大きく異なる点でもある。その意味では、歩行者空間を導入するも、それを支援するはずの都市計画がそれだけの力を持ち得なかった、いや近代都市計画の抱える「誤謬」というべきであろうか、結果として空洞化を助長してしまったとみたい。それは「働くところ」と「住むところ」を分離したことで生じる小さな都市の必然だったのではないだろうか。それが「職」「住」の秩序ある混在を回復した欧州諸都市とは大きく異なっているような気がする。

写真6・46　72年に完成したニューロンドンのキャプテンズウォーク（82年筆者撮影）

写真6・47　16年のニューロンドンのステイト通り、91年にキャプテンズウォークは廃止された

4　いまも歩行者モールを持続させている小さなまち

（1）カラマズー（ミシガン州）のカラマズーモール

１９５９年に全米初の歩行者モールを誕生させたまちとして知られるアメリカ中東部ミシガン州のカラマズー（Kalamazoo）の中心部の商業地区に南北に走るバーディック通り（Burdick St.）、その計画はヴィクター・グルーエンの提案に基づき実現している。当初の完成はミシガン通りとサウス通り間の２街区、翌60年にウォーター通りまでの北側街区が延伸される。

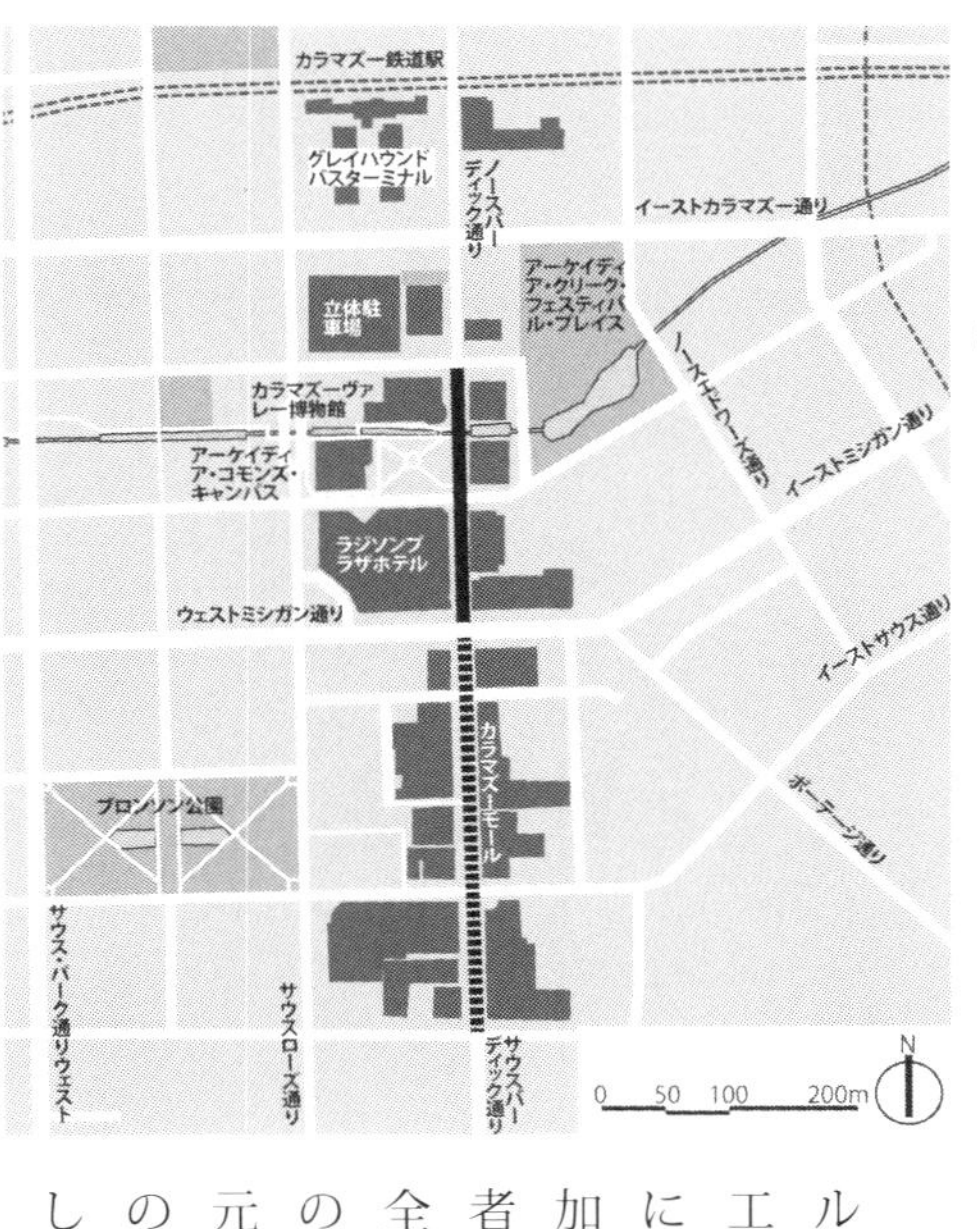

図６・17　カラマズーモール周辺市街地図

約10年後の70年より新しいイメージのモールづくりに向けての改修計画すなわち第二期工事が始まり、72年に完成する。その後75年にさらにエレナー通りまでの北側1街区が追加され、計4街区の総延長約４５０ｍの歩行者モールが実現した。このまちはもうひとつ全米で初とされるものがある。55年に民間のダウンタウン計画委員会が設立され、地元不動産所有者に一定の賦課金を課し、その費用をもとに中心市街地再生計画を策定し、そしてモール建設資金に充当されている。これがミシガン州議会で成立したＢＩＤ

写真６・48　初期のカラマズーモールの鳥瞰写真（60年代）　出典：「For Pedestrians Only:Planning, Design and Management of Traffic-free Zones」Robert Brambilla, Gianni Longo (1978)

(Business Improvement District) 制度の始まりとされる。同委員会は現在のＤＤＡ（Downtown Development Authority）、そしてＴＩＦ（Tax Increment Financing）区域につながることとなる。モールの建設資金は市とＢＩＤとの共同による。まずはその経緯を解説しよう。

　ダウンタウン計画委員会は57年に計画案公募のコンペを実施し、選ばれたのが前掲のグルーエンであった。そして2年後の59年に歩行者モールが実現した。完成したモールは中央に大きな芝生面と高木で構成されたまさに街路公園で、それは自動車から解放された路上のミニパーク、多くの市民に歓迎されたという。近傍に立体駐車場も建設され、郊外からも多くの買物客が訪れることとなった。初期の数年間の通りの歩行者交通量は以前の30％増となり、沿道商店の売上は着実に増加した。

　しかし60年代以降、全米各地で斬新な歩行者モールが数多く実現し、また路上のミニパークの陳腐化も含め、商店街の売上がいま一つ伸びず、70年に新たなデザインの第二期プランづくりが始動していく。72年に中央に大きな矩形の池と噴水、パーゴラ、そして芝生と樹木に加え、草花を配した新しい3街区にわたる歩行者モールへとリニューアルされた。それは北側街区のミシガン通りとウォーター通り西側街区の再開発計画とも連動し、スーパーブロック型のホテル・コンベンションホールや1・5万㎡の商業施設を複合したカラマズーセンターも3年後の75年に完成する。さらに北側の街区にカラマズーバレー博物館と地元カレッジがオープンし、モールも延伸されていく。

　しかしそれから10数年を経た80年代以降、様々な議論が巻き起こる。それは結果として98～2000年にかけて南側2街区を交通開放というかたちで結論が出されることとなった。その際、車道は復活するも一方通行で幅員は縮小され、車道舗装も帯状のレンガ舗装が挿入され、植栽空間と豊かな通路空間のセミモールの風景が実現したと言ったほうが正しいだろう。残る2街区は当初のフルモール型の公園的な空間がそのまま残されている。結果としてその空間の性質は大きく異なり、南側の最初

写真6-49　第二期計画、70年代の絵葉書　出典：https://kalamazoo history.wordpress.com

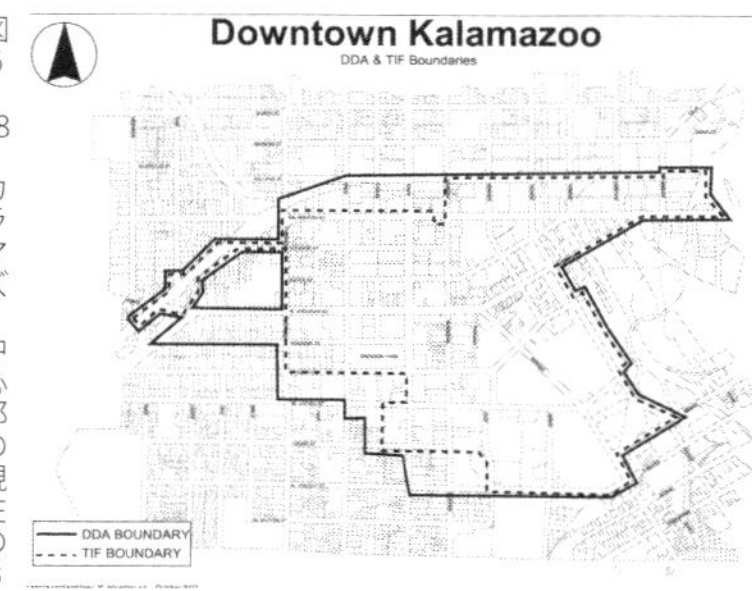

図6-18　カラマズー中心部の現在のＢＩＤとＤＤＡの範囲　出典：http://www.downtownkalamazoo.org/

にモール化された区間がサウス・カラマズーモール、北側の追加区間がノース・カラマズーモールと呼ばれ、北側はフルモールの形態が今も残されている。

しかし、賑わいの点では明らかに交通開放した南側の方が復活している。その理由は何か。北側はスーパーブロック型でモール側の沿道サービスは不要、一方の南側は建物のスケールは小さく、多くの個店の集合で当然のことながらサービス面で不便を強いられていたことが推測される。加えて背後地に存在する集合住宅、そして伝統的な町家群、つまり界隈性のなかに「生活街」が存在する。その地元の住民たちが通りに出て、歩道に置かれたパラソルの足元で休憩し、語らう風景がある。確実にこちらの方が生活感が溢れている。それに対し北側は、ホテルや商業ビル、文化施設、大学などの大型施設、そして立体駐車場がある。さらに北には鉄道駅とバスターミナルが存在するも、歩く人影もまばらで、完全に車利用に特化している感がある。その所為か立体駐車場も無機質な表情を見せ、し

写真6・50　カラマズーモールの歩行者専用区間、ここは1975年に完成し、当時の姿が今も残る区間である。まさに街路のミニパーク然としている

写真6・51　カラマズーモールの歩行者専用区間、沿道はホテルやオフィス

写真6・52　カラマズーモールのセミモール区間、2000年交通開放

写真6・53　カラマズーモールのセミモール区間、歩道で語らう市民の姿

写真6・54　カラマズーモールのセミモール区間、個店が連なり、歩道にはテーブルと椅子が置かれ、市民の休憩する姿がある

かも閑散としていた。その意味では北側は全く生活感のないゾーンなのである。

あらためてこのまちの観察から思うことは、人々を惹きつけるまちの要素は何か、それはモールの形式とは無関係ということなのであろう。しかし確実に市民のための滞留空間が備わっているべきものと言える。それこそ、ニューヨーク・ブロードウェイの仕掛け人でもある都市計画家ヤン・ゲールが唱えているヒューマンスケール、そして人々の存在であること、その２つを改めて再認識させられるのであった。

（2）ボルダー（コロラド州）のパール・ストリート・モール

ここも前掲のヴィクター・グルーエンの提案が契機となり実現した歩行者モールのまちだが、結果は大きく異なっている。大学町としても知られるロッキー山脈の麓のボルダー（Boulder、人口約10万人）は州都デンバーから北西約40㎞に位置し、このまちの中心市街（ダウンタウン）には延長約５００ｍ、11番通りから15番通り間の4街区にわたるパール・ストリート・モール（Pearl Street Mall）がある。ここは77年に完成し、以来40年もの間、多くの市民の利用する中心的な歩行者空間として機能している。

その成立プロセスはこの区域のＢＩＤ・ダウンタウンボルダーのＨＰに紹介されているが、他都市と同様に50～60年代にかけて中心市街は大きく衰退し、市は66年に再生計画の作成をグルーエンに委ね、提案されたプランはこの4街区の歩行者モールに加え、市庁舎、商業施設、駐車場などの大掛かりな再開発計画がセットとなっていた。事業費が嵩む、それゆえに地元の賛同を得られなかったという経緯がある（注6‐15）。替わって都市計画委員会のメンバーであった地元の都市計画家カール・Ａ・ワージント

注6‐15　ボルダーのパール・ストリート・モールの情報は服部圭郎氏（明治学院大教授）の「都市の鍼治療データベース」に詳しく解説されている。本稿も一部参考にさせていただいた　参考：http://www.hilife.or.jp/cities/?p=214

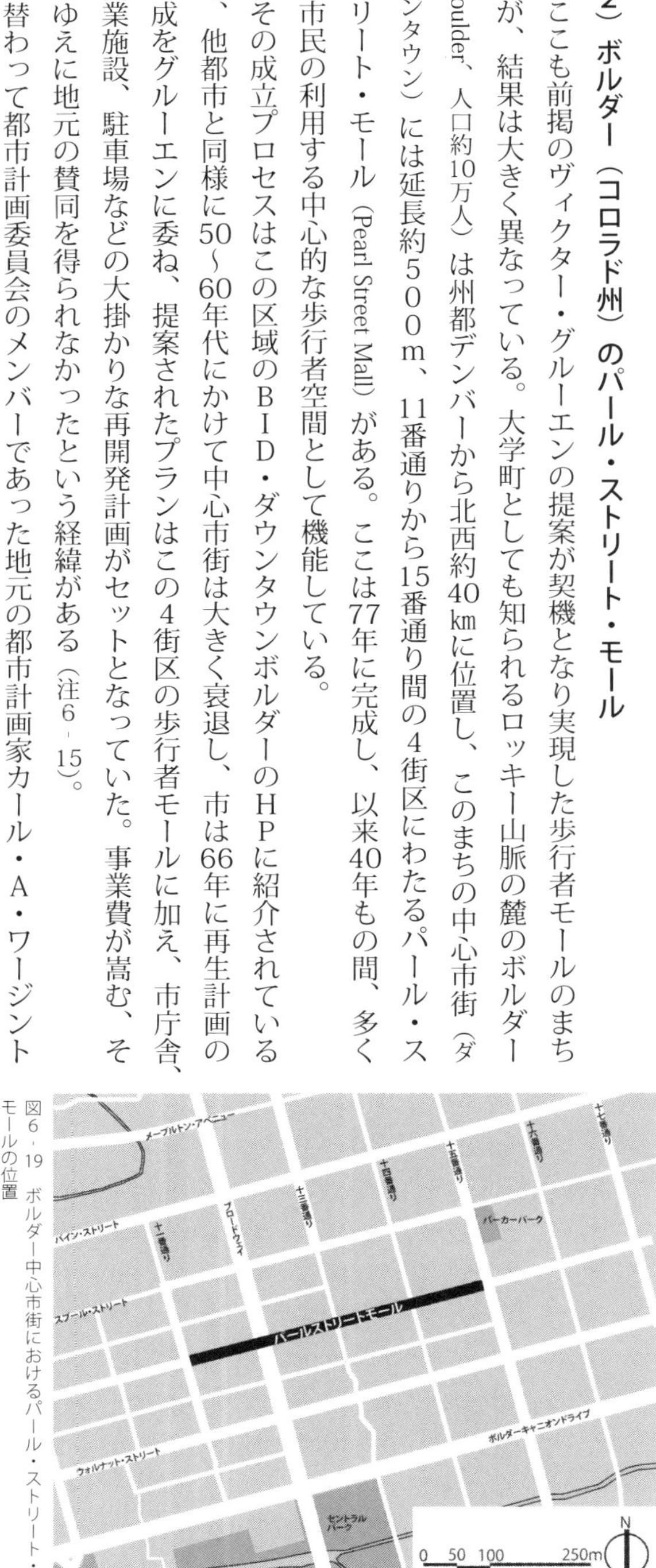

図6‐19　ボルダー中心市街におけるパール・ストリート・モールの位置

ンを中心に現在に至る新たな計画案が練られてきた。その計画は73年に市民合意の後に、設計は地元建築家エベレット・ジーゲル、コム・アーツそしてランドスケープ・アーキテクトで53年アーバンデザイン会議のメンバーであったヒデオ・ササキのササキ・アソシエイツの3社に委ねられている。このモールは年間４００万人もの地元市民や来街者が行き交い、今では「ボルダーのクラウンジュエル（Crown Jewel of Boulder、戴冠用宝石の意味）」と称されるほどの存在となっている。

さらにこのまちの再生に大きく寄与したのが、ワージントンたちの提唱した中心市街の伝統的な職住近接型社会への回帰であり、パール通り一帯を歴史保存区域（Downtown Historic District）に指定し、都市デザインガイドラインを制定し、建物高さ規制等とあわせ建物保存修復を通して、居住機能の回復、そして環境の向上のための交通計画などが展開されていった。その効果もあり、今では多くの住民が暮らす中心市街が復活した。それを証明するのが、パール・ストリート・モールで見かける

写真6・55　パール・ストリート・モールの砂場で遊ぶ多くの子供たちの光景

写真6・56　モールの節目に置かれた自然石のゲートオブジェ

写真6・57　モールに設置された中心市街の歴史的資産を解説する案内板

写真6・58　パール・ストリート・モールの公園に面する区間、人通りが絶えない

図6・20　ボルダー市のダウンタウン・都市デザインガイドラインの内容紹介例、歴史保存区域（左）とパール通りの建物間口解説

乳幼児を伴った多くの家族連れの存在であり、とりわけパール通りに用意された砂場は子供たちお好みの遊び場となり、それを見守る若い母親たちの溜まり場ともなっていた。そして沿道の飲食店やカフェ・レストランで食事・休憩する多くの老人の姿、これこそ真の「生活街」が再生されたことを物語っている。

（3）サンタモニカ（カリフォルニア州）のサード・ストリート・プロムナード

サンタモニカ（Santa Monica、人口約9万人）はアメリカ西海岸のロサンゼルス近郊の海岸保養地、このまちも50年代以降中心市街の商業地の衰退を招き、その再生のために65年に3街区約６００ｍ、幅員約25ｍのフルモール形式の公園的な歩行者モール、サード・ストリート・モールを実現している。しかしその後、郊外に進出したショッピングセンターのあおりを受け、消費が低迷し、その集客のための大規模複合商業施設・サンタモニカ・プレイスが80年にモールの南端に実現する。その規模は約４万㎡の商業床、映画館等の複合施設で設計はグルーエンと建築家フランク・ゲイリーによる。それは滑り出しは良好も、次第にその集客に陰りを見せ、幾度か改修が加えられ、２０１０年には商業プロデューサーとして名高い建築家でジョン・ジャーディ設計による全面建替えに至る。

サンタモニカ・プレイス完成直後には来街客の増加は見られたものの、歩行者モールへの経済波及は乏しく、また集中する自動車交通の問題も含め、交通開放へと地元の意見は集約化され、89年に中央に６ｍの車道、両側各９・５ｍ

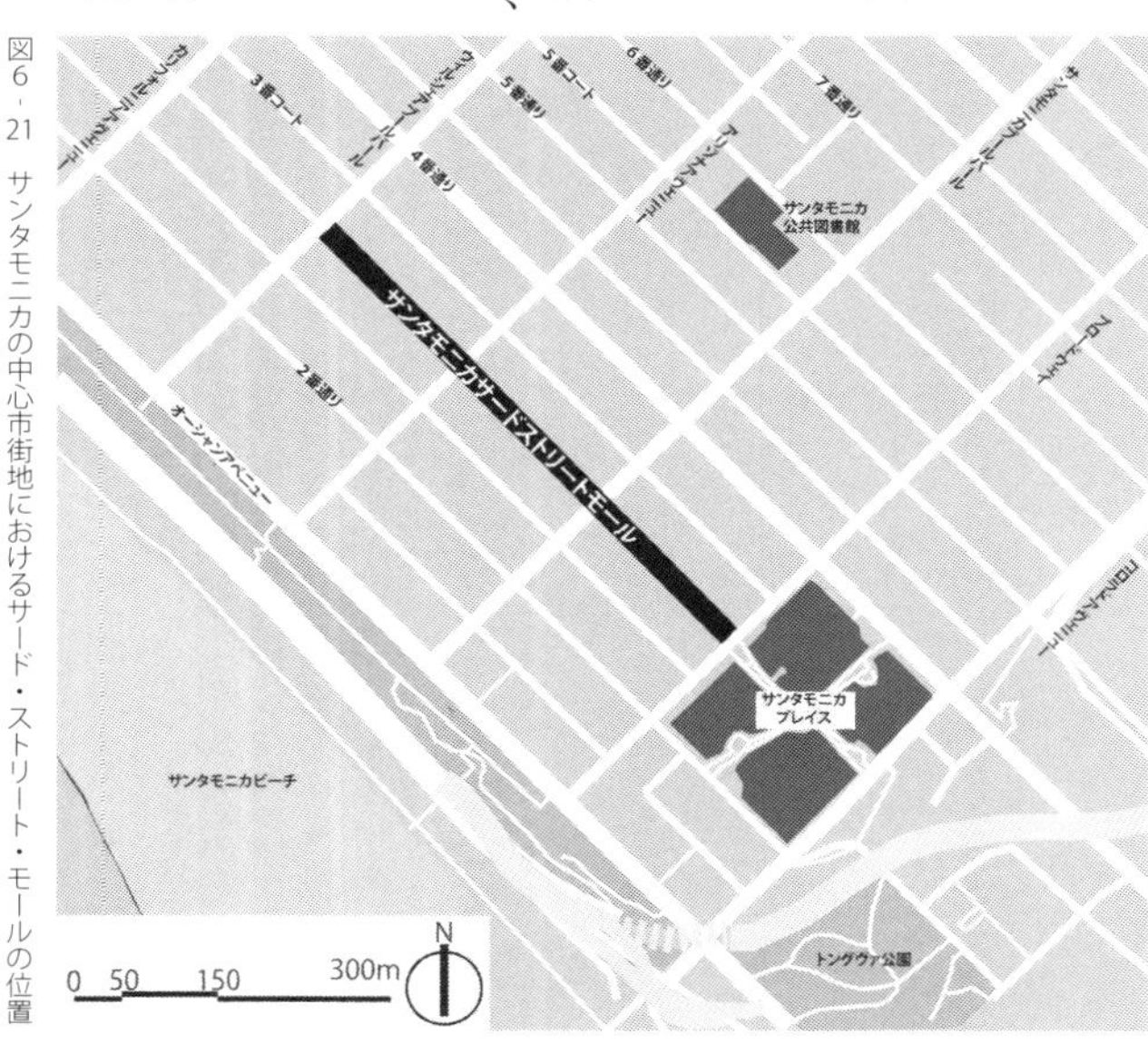

図6-21 サンタモニカの中心市街地におけるサード・ストリート・モールの位置

の歩道を併設した複断面のセミモール形式にリニューアルされ、サード・ストリート・プロムナードと改名された。その一部の区間に中央帯が設けられ、そこにレストランやショップが常設されているが、それは路上に常に人の気配を感じることで人々が集まりやすい環境を創り出すという作戦で、加えて中央帯には子供たちの目を楽しませるトピアリィの恐竜オブジェや噴水を用意した。それは見事に的中し、次第に多くの人々が訪れる名所に変貌した。今では大人だけでなく、子供連れの家族の姿も多くみられる。

市も中心市街の再生のための重点施策として、地元ＢＩＤ団体の立ち上げ、そして周辺区域の都市計画の転換を行ってきた。90年代以降は中心市街（ダウンタウン）の詳細計画つまりアーバンデザイン計画を策定し、歴史的建物の保存修復とあわせ、職住の秩序ある混在地区（Mixed-Use Area）、近隣居住区（Recent Residential Neiborhood）などを指定し、積極的に人口呼び戻し策を展開する。それらの政

写真6-59　サンタモニカ・プレイス屋上から望むサード・ストリート・プロムナード・モール（２０１５年）

写真6-60　改造前のサード・ストリート　出典：Courtesy of the Santa Monica Public Library Image Archives

写真6-61　65年に完成したばかりのサード・ストリート・プロムナード・モール　出典：同上

写真6-62　83年にセミモール型に改造されたサード・ストリート・プロムナード・モール（２０１５年撮影）

写真6-63　サード・ストリート・プロムナード・モール、実質歩行者空間化されている（２０１５年撮影）

写真6-64　サード・ストリート・プロムナードの中央帯に配されたレストラン・ショップの建屋

策転換は着実に成果を挙げ、中心市街の人口は、かつての値には届かないものの確実に復活の兆しを見せ、徐々にではあるが増加の傾向を示していくのであった。

さらに市は地元との官民連携パートナーシップ（Publiv/Private Partnerships）を立ち上げ、サード・ストリート・プロムナードを舞台とする様々なイベントが企画され、それとともに歩行者交通量は増えていく。あらためてボラードが常設され、サービス車進入は午前6～9時に限定され、ほぼフルモールに近い風景が出現している。そしてプロムナードだけでなく、公園や海岸も含めた広範囲のパブリックスペースを舞台とした活用が積極的に展開されていく。筆者が訪れた際には、このモール一帯はまさに〝解放区〟のような賑わいの光景が出現していた。今ではこの歩行者モール、サード・ストリート・プロムナードは全米では数少ない成功例として紹介されている。

（4）セーラム（マサチューセッツ州）のエセックスモール

セーラム（Salem、人口約4・4万人）はアメリカ東海岸のボストン近郊の歴史的な港町、ボストン北駅から近郊鉄道で約30分、まち全体が古き良きアメリカ・ニューイングランドの風情を残し、70年代につくられたトロリーバスの走るトランジットモール、エセックスモール（Essex Mall）が今も健在である。トランジットとは言ってもトロリーバスは歴史地区を巡る観光客を乗せて徐行する程度である。このモールの沿道商店等への搬入に関しては午前11時までは配送用車両の進入が認められる。

またエセックスモールに接続する旧タウンホール周辺の細街路にまで歩行者空間が広がり、ある意味ではアメリカンタイプのモールというより欧州タイプに近いと言える。

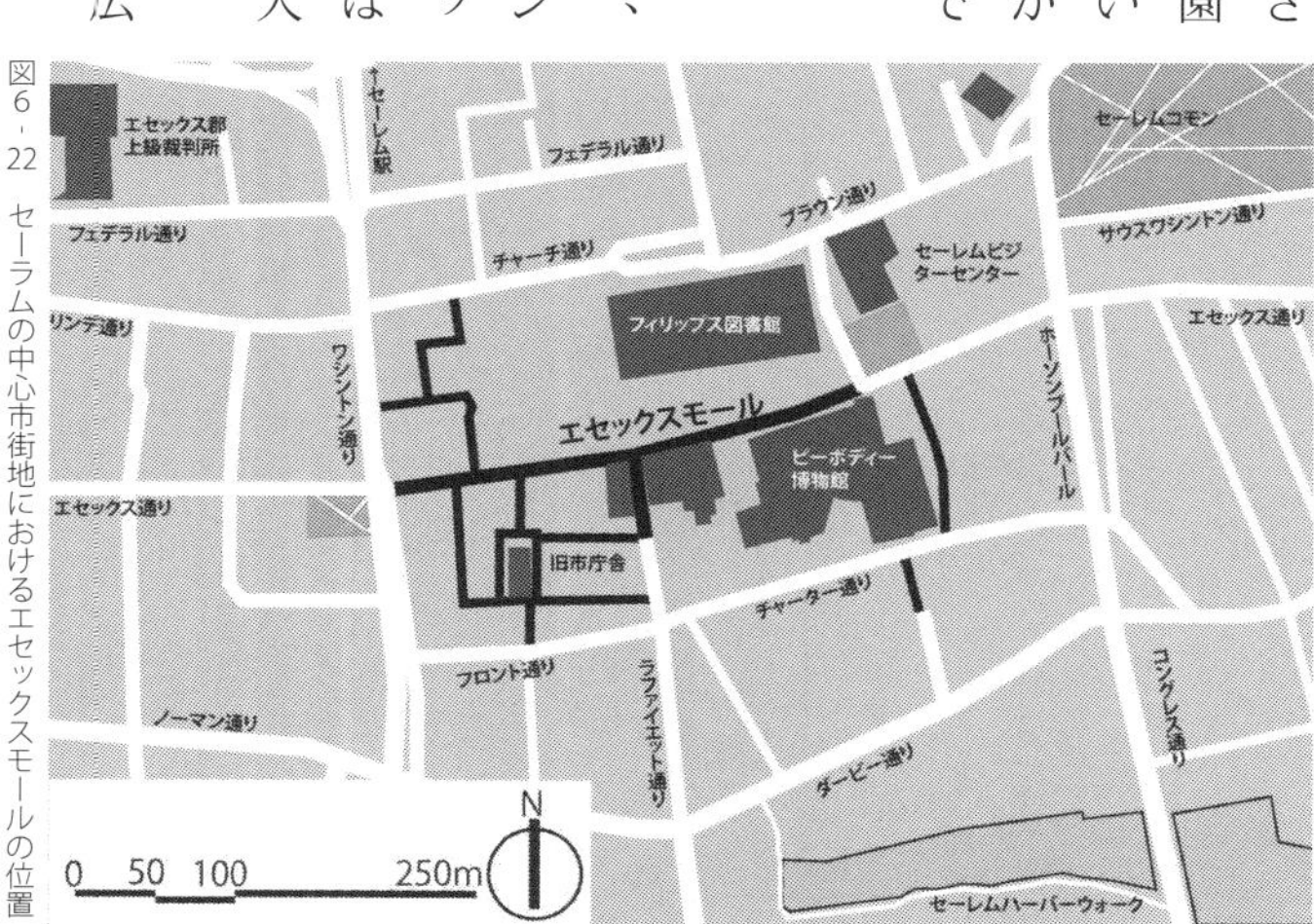

図6-22　セーラムの中心市街地におけるエセックスモールの位置

周囲はのどかな古き良きニューイングランド地方を彷彿させる伝統的スタイルの町家が広がり、そこには「生活街」の雰囲気が漂う。職住近接型が貫かれているボストンのまちのイメージのローカル版と言うべきだろうか、その意味では理想の歩行者街路の姿が定着していると言ってもよい。実際、このまちもボストンへの通勤通学圏で、鉄道駅と一体となったパーク・アンド・ライドの立体駐車場が用意されている。

強いて気になるところを挙げれば、街具や植栽桝、路面などの経年的な傷みであろうか。その中で地元でも改修計画のための市民ワークショップが進められているという。基本的な構成は現状を保全しつつ、英国ブライトンのニュー・ロード（第11章）のような本格的なシェアド・スペースを目指すとの情報である、いずれにしても市民が好んでこの歩行者空間の更なる発展に積極的に参加しているところが何とも頼もしい。今後が楽しみな小さなまちである。

写真6‐66　エセックスモールの風景、ベンチ・街路灯などが設置されている

写真6‐67　セーラムの中心部を走る観光用トロリーバス

写真6‐68　セーラムの歴史的建物指定の煉瓦造の旧タウンホール

写真6‐69　エセックスモールの入口の交通標識。自転車進入禁止、サービス車のみ進入時間規制となっている

写真6‐65　セーラムのエセックス・モール、段差の無いフラットな構成

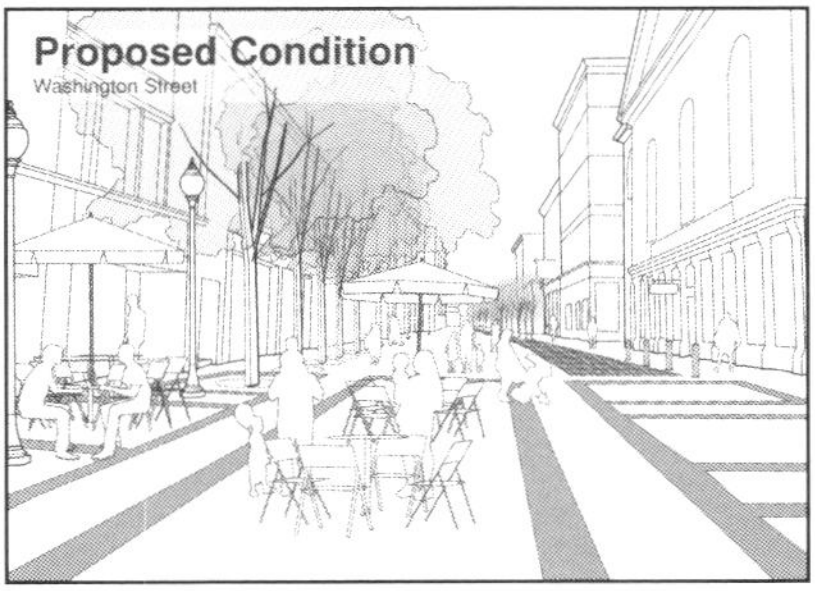

図6‐23　エセックスモールの市民ワークショップで提示されたきた改修計画案の一例　出典：http://www.salem.com/

第7章　歩行者空間先進都市・コペンハーゲンのストロイエ

1950年代の欧州そしてアメリカで始まる歩行者空間整備は60年代から70年代にかけて欧州各地へと広がり、南北アメリカ大陸、豪州、アジア圏そしてわが国へと拡がっていく。それから半世紀を経た現在、欧州においては中心市街の歩行者空間は目覚ましいほどの隆盛ぶりにある。衰退する傾向にあるとされるわが国や既解説のアメリカとは大きく異なる点である。本章からは欧州諸都市の歩行者空間整備の系譜と現状、その第一弾としてストロイエに代表されるコペンハーゲンの事例を解説してみたい。

1　1962年のストロイエ＝そぞろあるきの歩行者街路誕生

デンマークは北欧のバルト海と北海に挟まれたユトランド半島とその周辺の島々からなる国土約4万3000㎢の小国だが、一人当たりの国民総所得は世界第6位、アメリカの9位、日本の14位より高い水準（2013年値、注7‐1）を誇る。首都コペンハーゲンは人口約57万人（都市圏人口約120万人、広域経済圏人口は190万人とされる）で、2つの海に通じるエーレスンド海峡沿いの港町として発展し、都市名のデンマーク語「商人たちの港」がその由来とされる。その海峡を挟んだ対岸のスウェーデンのマルメ（Malmö）とはわずか7㎞、2000年に道路と鉄道のエーレスンド・リンク（橋と海底

写真7‐1　コペンハーゲンの中心的街路・ストロイエの歩行者空間、今では多くの人々で賑わう通りが復活した

注7‐1　出典：世界銀行「世界開発指標2013年、1位ノルウェー、2位カタール、3位スイス」

トンネルからなる海峡連絡路）が開通している。

コペンハーゲンの中心部（図7－1）はかつての中世城郭都市、12世紀から15世紀にかけて造られたまちで、狭い街路が多く、その中で最も賑わう商店街通りが幅員11～15ｍ程度のストロイエである。その語源が「そぞろ歩き」という意味から、4つの通りと幾つかの広場を含めた総称の「曲がりくねった歩行者空間」を指し、城郭の西門のあった市役所前広場から始まり、東門の外側のコンゲンス・ニュートー広場（Kongens Nytorv）まで、その延長は1㎞あまりにも及ぶ。

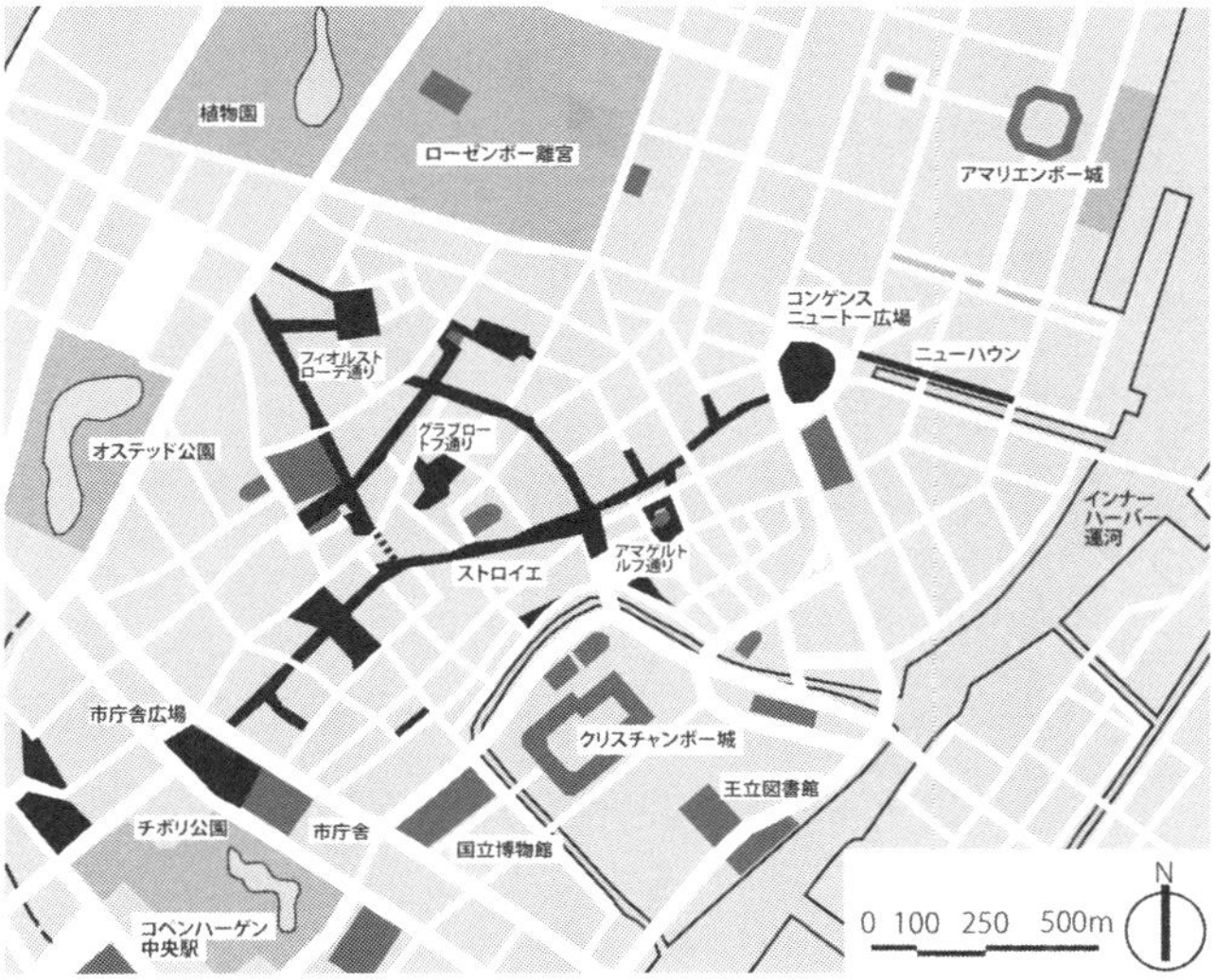

図7－1　2014年でのコペンハーゲン中心部の歩行者区域（黒い部分）

その歩行者空間化の始まりは1962年だが、自動車進入抑制策は沿道の商店や市民から様々な抵抗を受け、市は社会実験によってその効果を検証し、一部改良を加えるなどして市民コンセンサスを得て、最終的に64年に恒久的な歩行者街路として定着した。商店への搬出入の自動車に限って午前4時～11時の間の通行を許容するがその他の通過交通は認めないという徹底した規制により、市民がまちに集う長い時間帯が完全にカーフリーゾーンとなったのである。それ以降、車の排除された商店街通りは順次歩きやすく美しい石畳に改修され、その全区間の完成は67年であった。

写真7－2　ウィークディでも多くの歩行者で賑わうストロイエの風景

写真7－3　ストロイエの風景、車いすの人もまちに繰り出している

写真7-4 1953年時点のストロイエ・アマゲルトルフ通りの自動車の通行する時代の光景 出典：「How to Study Public Life」Jan Gehl, Birgitte Svarre, Island Pr（2013）

写真7-5 2015年時点のストロイエ・アマゲルトルフ通り、歩行者空間のオープンカフェ

写真7-6 1954年時点のニュートー広場、沢山の自動車で占拠されていたことが判る 出典：前掲書「How to Study Public Life」

写真7-7 2015年時点のニュートー広場、歩行者広場のオープンカフェが盛んである

写真7-8 ストロイエの西側の起点となる市庁舎広場でのサッカーの試合のパブリックビューイング風景

その効果は実験前に比べ、歩行者交通量は35～40％の増加、各商店の売上は概ね25～40％増を示している（注7-2）。これを受けて、ストロイエから北に延びるフィオルストローデ通り（Fiolstræde、延長約230ｍ）、グラブロートフ通り（Gråbrødretorv、延長約50ｍ）が歩行者空間化へと動き出すこととなる。

その歩行者空間実現の背景には、第二次世界大戦後の欧州都市に共通にみられる深刻な都心商業地の経済的地盤沈下があった。とりわけ中心部に溢れる自動車交通は中心市街の買物環境だけでなく居住者の生活環境をも脅かし、それが人口減に拍車をかけることとなった。市当局は中心市街への自動車流入を抑制するための交通政策、つまり中心商店街である現ストロイエ区間の歩行者空間化と公共交通機関の利用促進策を展開していく。

写真7-9 ストロイエのすぐ裏に入れば、そこには市民の生活空間が展開している

注7-2 出典：都心歩行者道路を核とした総合交通対策、都市交通レポート・特別研究調査報告（トヨタ交通環境委員会／都市交通分科会、1977）

2　拡張されていく歩行者区域＝生活街の復活

結果は市民にとっても極めて好評で、刺激を受けた周辺街路もそれに同調し、歩行者区域は年々拡大していく。歩行者空間化された街路面積（広場も含む）は、62年当初の1万5800㎡から38年後の2000年には9万9780㎡へと6・5倍にまで拡大している（図7・2）。筆者も最初にこのストロイエを訪れたのが1970年代、その後何度か訪れたが、その度に広がる歩行者区域そしてまちが賑わうさまは、まさに驚きでもあった。

この面的歩行者区域の実現の背景には建物改修も含めた生活環境の改善策が連動してきたことを指摘しておきたい。その狙いは周縁部や郊外からの買物客の誘引だけでなく、一旦郊外に転出していった商店主や一般市民層の都心回帰を促す政策にほかならなかった。中世からの歴史のある中心市街の建物群を再開発するのでもなく、また狭い街路を拡幅するのでもなく、主として改修＝リノベーションという方法で甦らせる、つまり建物の設備や内外装の改修によって価値を高めるのである。そして歩行者優先のまちの復活によって公共空間が豊かになり、かつてのコミュニティも復活する。何より中心部の文化施設や買物や食事のための多くのお店の存在、それらにより都心居住の良さを満喫できる。実際、ストロイエのすぐ裏手の通りに入れば、そこには市民の生活空間が展開している。

通りの幅員の余裕のある部分には多くの大道芸人や露店が並ぶ。かつて車に占拠されていた広場も、露店形式の花屋、オープンカフェが展開し、老人や主婦層など、都心で暮らす市民たちの社交場、溜まり場ができる。そこに周辺就業者や観光客も加わり交流が生まれる。生活者のための魅力的な都市空間が観光の重要な要素となり、それがより経済の活性化をもたらす、その好例と言えるだろう。

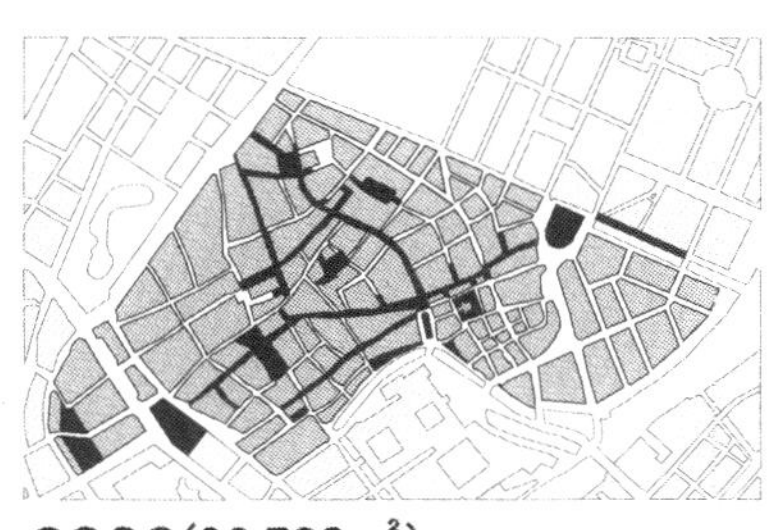

図7・2　ストロイエの歩行者区域の1962年と2000年の比較　出典：「New City Spaces」Jan Gehl, Lars Gemzoe (2008)

写真7-10　ストロイエの路面にカラーチョークで絵をかく行為も行われている

写真7-11　コンゲンス・ニュートー広場でも露店営業が定着した

写真7-12　ストロイエ沿いの露店の果物屋さん、多くの市民が集まっている

写真7-13　ストロイエでは多くの路上飲食店が営業している

写真7-14　ストロイエ沿いには様々な広場があり、いずれもオープンカフェが展開し、多くの市民で賑わっている

3　歴史的港湾地区のニューハウンの再生

ストロイエがコペンハーゲンの旧市街=歴史地区の中心街路ならば、新市街のシンボルが多くの観光客をいざなうニューハウン（Nyhavn、デンマーク語で新しい港）の再生事業、つまり歩行者空間整備と建物の保存・改修との連携によって生まれた新たな魅力スポットにほかならない。その成立の歴史はコペンハーゲンの都市拡張期の17世紀、コンゲンス・ニュートー広場の東側に掘込運河形式の約400mの長さの新港として1673年に完成した。沢山の帆船で賑わった歴史を有し、港に面して木造の4〜6階建ての町家群が並ぶ。多くが18〜19世紀の建物で、最も古い家は1681年の築、またデンマークを代表する童話作家アンデルセンがここニューハウンに20年余りの間、居を構えて旅と転居

を繰り返したことでも知られる（注7-3）。

港町として栄えるも、20世紀の自動車社会の進展と船舶の大型化の流れの中でこの細長い港は廃れ、1950〜60年代にはこの北岸一帯は麻薬取引や売春宿の連なる一般市民に忌避される地区と化していく。70年代に入り、この歴史的港湾の荒廃を憂える地元学者の再生提案が契機となり、市はこの地区の健全化と再生に向けて動き出すこととなった。一帯の建物調査を経て、都市計画の修復型再生地区に指定、個々の町家の修復計画が立てられ、それに基づく改修事業が順次展開されていった。

その改修事業の展開の結果、水面に面する建物の低層階には飲食店が入居し、その上層階の住宅は内装・設備改修、外装の改修などが徹底して行われ、まさにわが国の人気テレビ番組「ビフォー・アフター」の世界が展開されていく。つまり水廻りなども含めた内装そして設備、窓廻りや外装、屋根などの全面改修、それが計画的に進められ、いまではこの歴史的な建物の上層階は地元で最も人気の高い住宅となっているとも聞き及ぶ。実際、現地の不動産情報にアクセスすれば、その内外観の写真を閲覧が可能で、築数百年を経た建物とは思えないほどの魅力的な住居となっていることが判る。また港の最東端の船着場近くにある1805年築の木骨煉瓦造のかつての倉庫は改修され、ニューハウンを代表する高級ホテルとなっている。

そして町家群の前面の半ば駐車場と化していたかつての港の物揚場は歩行者空間化され、道幅の約半分をテントやパラソルのオープンカフェ・レストランとして開放したのであった。あわせて目の前の水面は、デンマーク国立博物館のプロデュースのもとでのミュージアム・ハーバー（博物館港）として、沢山の多くの歴史的な帆船などが集結していく。水面に浮かぶ多くの歴史的な帆船の風景、土木遺産である運河施設、周囲の町家群、これらが実に上手く調和している。それこそ地域のこだわりの演出が自然のかたちでなされてきたことの証でもある。

注7-3　アンデルセン（1805-1875）はここに3度住み、67番地を皮切りに、20番地で出世作「人魚姫」「マッチ売りの少女」などの童話集を執筆、晩年は18番地に住んだとされる

写真7-15　ニューハウンの水面には歴史的な帆船が多数浮かび、またかつての物揚場にはオープン・レストランが連なる

写真7－16　1968年当時のニューハウン、港湾機能の外延化に伴い、水面に浮かぶ船も無く、道路上はまさに駐車場と化している状況が判る　出典：「Conservation and Sustainability in Historic Cities」Dennis Rodwell（2007）

写真7－17　上記とほぼ同じアングルの現在のニューハウンの風景、80年代にほぼ今のような状態になったという。14年撮影

写真7－18　地元の不動産会社のHPに掲載されているニューハウン町家上層階の賃貸住宅の一例　出典：Apartment in Copenhagen - Vacation Rentals in Copenhagen/www.apartmentincopenhagen.com/

このようにかつての港町・ニューハウンは街路の歩行者空間化と建物の保存修復、水面上の歴史的船舶の係留、これら総合的な都市デザイン手法の展開によって、市民のための「生活街」が復活するとともに、コペンハーゲンを代表する観光名所のひとつとして注目されるようになったのである。

4　街なかのオープンカフェ・レストラン街の定着

この多くの市民を惹きつけるオープンカフェ・レストランだが、地元の人いわく、もともと夏が短く冬が長く続くデンマークでは屋外飲食の習慣は無く、それが自動車締出しを機に南欧の地中海文化

写真7－19　ニューハウンの運河と歴史的街並みファサード

写真7－20　ニューハウンのオープン・レストランで食事・語らい・憩う多くの市民の風景

が定着したという。かつて自動車に占拠されていた空間の使い勝手を考えるうちに、誰彼となくそのアイデアが提案され、それが実現していった。加えて、女性の社会進出率の向上すなわち共働き家族が増えたこと、それによる都心居住と外食率の増加もこのような飲食文化の加速化につながったという。かくして歩行者空間の拡大とともに、屋外式のオープンカフェ・レストランが北欧の各地に展開されていった。当初は夏だけであったのが、プロパン式ストーブの輻射暖房利用で春から秋までの長期間の営業ができるようになり、それがまた近年ではパラソル上部からの赤い光すなわち電気式ハロゲンヒーターに切り替わりつつある。

このようにオープンカフェ・レストラン風景は、もうすっかり北欧の市民生活に定着したかの感がある。豊かな歩行者空間を実現することによって、沿道店舗の滲み出しという営業形態も許可対象となり、加えてそれはカフェだけでなく街なかの露店営業にも積極的に認められ、季節感あふれる多くの花屋さんや果物屋さんなどの存在をもたらした。街なかに常に多くの人の気配があることで、道行く人々に安心感を与え、そして都市景観を彩る重要な存在ともなる。今ではコペンハーゲン市内には屋外環境を楽しむ多くの市民の姿がある。１９３０〜50年代には多くの市民が郊外に転出し、その結果が中心市街の空洞化であった。それを60年代以降、着実に再生していった。多くの人たちがまちに戻り、生活空間として定着したことによって、その人たちが広場や水際に居場所を見つけたのである。まさに欧州の幸せな風景を体現する都市なのである。

写真7－21　ストロイエ沿いには随所にオープンカフェが営業し、道行く人が休憩する場所がある

第8章　ロッテルダムのラインバーンから各地の歩行者空間へ

オランダは北欧諸都市とともに欧州の中でもいち早く、都市内に流入する自動車の抑制と歩行者空間整備、公共交通優先政策に取り組んだことでも知られる。１９５０年代のロッテルダム中心部戦災復興計画の中で建築家ヤコブ・バケマらによるラインバーン地区の世界初のショッピングモールとされる商店街の歩行者街路の誕生、そして60年代のアムステルダム、デン・ハーグ、ユトレヒトなどの各地で面的な歩行者区域も実現、70年代のデルフトに始まる生活空間の歩行者優先道路「ボンエルフ」、後者は法改正を伴って全土に展開される。ある意味ではこの世界においては常に先端を走り抜けて来た。それは街路そして運河の公共空間整備も含めた都市の総合的な再生施策とともに進行していくのであった。

写真8－1　１９７６年当時の木のアーケードのラインバーン、プランターの花が美しい、戦災復興計画として１９５３年に完成

1　計画的歩行者空間――ヤコブ・バケマのラインバーン復興計画

１９５３年にオランダ・ロッテルダム（Rotterdam）の戦災復興計画の中で、世界初の「計画的な歩行者空間」とされる建築家ヤコブ・B・バケマが主導したラインバーン地区（Lijnbaan、注8－1）、それは当時の欧州の自動車社会の進展、そして職住分離の近代都市計画を推進するための理論的支柱となった「アテネ憲章」に対するアンチテーゼの意味も込められていた。その実現は前章のコペンハー

注8－1　ラインバーン再開発計画はバケマの全体マスタープランのもとで、各建物・ランドスケープの設計は複数の建築家たちに委ねられている。歩行者モール・低層商業棟・デパート（De Lijinbaan,1953/Warenhuizen,1951-Van den Broek & Bakema）、住宅棟（Lijnbaanflats-H.A.Maaskant他、1956）、バイエンコルフ・デパート（Bijenkorf,1957- Marcel Lajos Breuer）など

ゲン・ストロイエの歩行者空間化の9年前のことであった。その試みはそれに共鳴する先進的な人たちによって、世界各地に伝播していくこととなる。

(1) ロッテルダム戦災復興計画――ラインバーンの歩行者空間

アムステルダムに次ぐオランダ第二の都市・ロッテルダム（人口約62万人）、古くから欧州大陸の玄関港（ユーロポート）として栄え、多くの基幹産業の集積する都市であったがゆえに、第二次世界大戦中の40年にドイツ軍の爆撃で中心部は壊滅的な破壊を受ける。その復興計画は１９４５年の終戦の年から始まった。再開発計画を主導した建築家バケマはＣＩＡＭ（近代建築国際会議）の解体の契機となったとされるチームＸ（テン）の主要メンバーとしても知られる。そしてこのプロジェクトを通して当時の欧州諸都市の抱える諸問題に対する幾つかの答えを提示したのである。その第一は、自動車を進入させないという当時としては大胆な試み、第二には低層の路線型商店街の再生、第三には中心部における住宅開発つまり商・業・住の混合用途、しかも低層・中層・高層のミックス開発を指向したことである。

ここに実現した世界初の計画的な歩行者専用空間、それこそ１９３０年代以降、都市内に増え続ける自動車、それによって惹起される様々な問題を見抜き、いち早くそれらの対応を図ったものである。ここでは中央の南北の主軸の通りと東西方向の3本の通りは完全歩行者専用空間に、そして店舗の商品等の搬出入は東西の背後そして中央を横断するサービス路から行われている。

この計画は欧州都市の伝統とも言うべき、商業空間に沿って2〜3階建の1階が店舗、上層階が事務所や住宅という都市型建築、つまり複合用途の再開発であった。建物の用途・機能にあわせ、低層・中層・高層の３つの高さの異なる建物群が配されており、店舗、文化施設、事務所、ホテル、住

写真8-2　1976年当時のラインバーン商店街、木製のアーケードに中央に大きな花壇が配置されている

宅などが歩行者空間軸を構成しながら整然と並ぶ。低層店舗の庇には木のぬくもり感のあるアーケードが設けられ、それが数ブロックにわたり全長約１㎞もの空間をヒューマンなスケールに分節化し、そして街路の中央には花壇を配していた。

木の連続アーケードは完成から半世紀近く経た２０００年代に金属製のアーケードに、花壇の部分も歩行者交通量の増加にあわせ取り払われ、ほぼ全面的にフラットなペイブ空間に改修されている。店舗はその間何度か入れ替わりが行われ、内部は当然幾度かの改修がされているものの、外装および

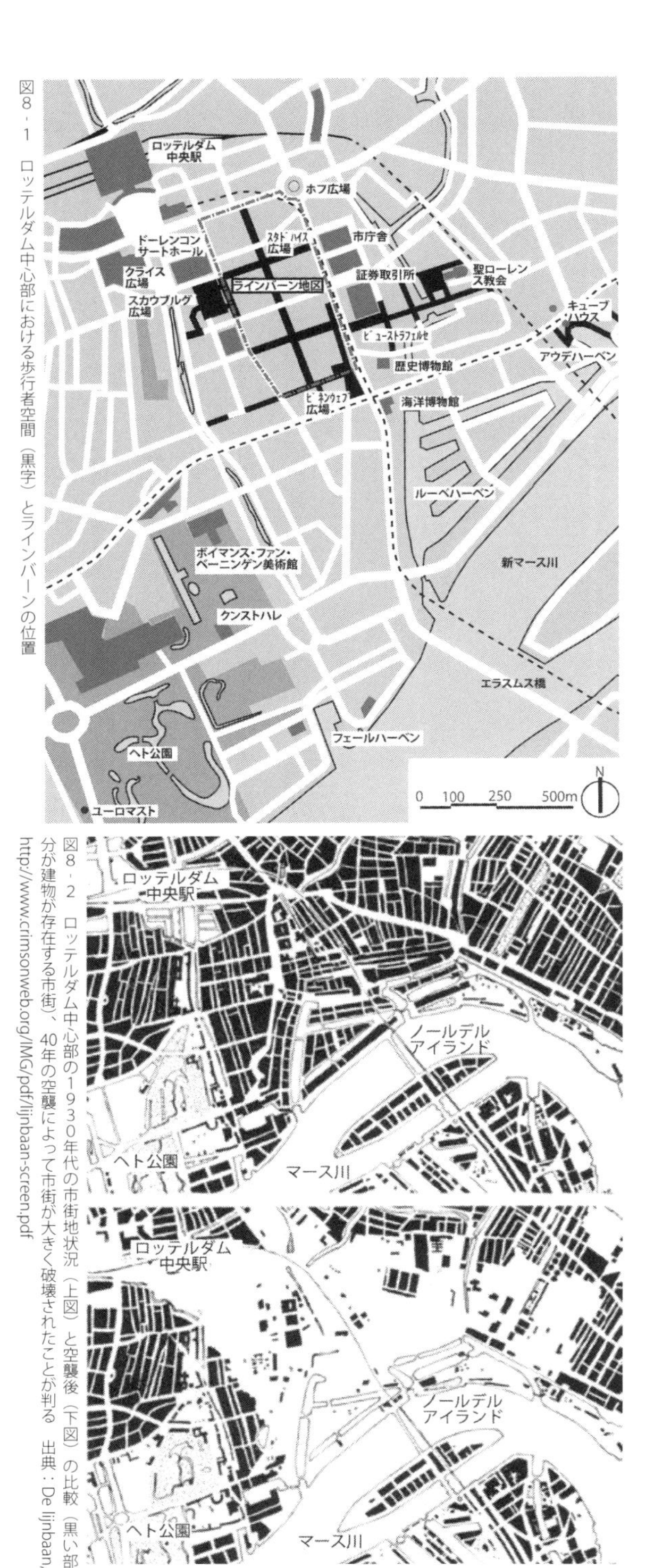

図８－１　ロッテルダム中心部における歩行者空間（黒字）とラインバーンの位置

図８－２　ロッテルダム中心部の１９３０年代の市街地状況（上図）と空襲後（下図）の比較（黒い部分が建物が存在する市街）、40年の空襲によって市街が大きく破壊されたことが判る　出典：De lijnbaan, http://www.crimsonweb.org/IMG/pdf/lijnbaan-screen.pdf

建物群の姿は従来のまま、この当時の最先端の街並みが、ここ大都市・ロッテルダムの中心部に今も温存されている。しかもこの歴史的な集合住宅群は中心部で様々な行政そして文化施設にも近接し、商店街への至近の位置ゆえに、絶大なる人気を誇っているとも伝え聞く（注8－2）。

（2）チーム・テン（Team X）と伝統的職住複合都市への回帰

欧州都市の多くが破壊された中心市街を再建する際に、旧来の街並みの復元を行ったのに対し、このロッテルダムは徹底的な爆撃を受けたがゆえに、敢えて近代的な都市づくりを目指したところはオランダ人の進取的な発想と言うべきであろうか。バケマは近代建築の手法を用いるも、ここでは敢えて当時のニュータウンなどで用いられるタウンセンター型ではなく、伝統的な路線型商店街そして低層部の商業・業務系、上層階を住居とする複合形式を選択している。それこそ当時の近代都市計画理

注8－2　この建築群は、わが国の戦後各地の防火建築帯のモデルとなったとされる。わが国のそれは築50年を経て、解体および建替えの憂き目にあるとの報がある。その意味では大きな違いがある

写真8－3　1970年代のラインバーン商店街、木のアーケードの温もりを感じる時代

写真8－4　1997年時点のラインバーン、まだ木製のアーケードが残っていた

写真8－5　新しく改修された金属製のアーケード（2007年撮影）

写真8－6　改修後のコルテ・レインバーン、正面は修復された歴史的な市庁舎

写真8－7　住居棟に囲まれた芝生広場、築60年を経た今も人気の集合住宅となっている

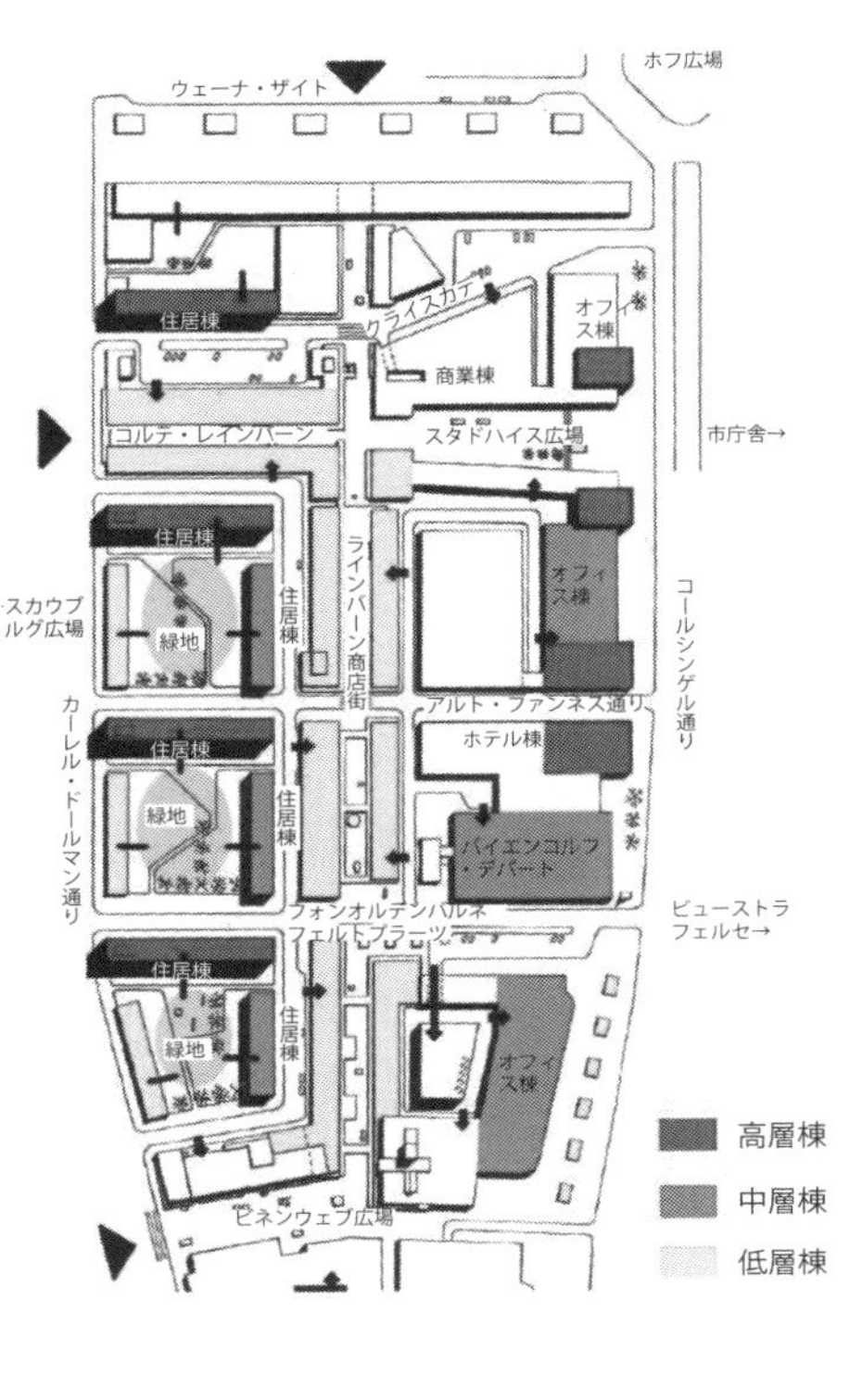

図8－3　ラインバーン地区の建物配置　出典：Rotterdam Lijnbaan : Research Booklet MSC3 Studio Public Realm (2011)

図8－4　バケマの描いたラインバーンの建物群立体構成イメージ図　出典：同上

写真8－8　1953年完成当時のカーレル・ドールマン通り沿いの住居棟　出典：De lijnbaan', http://www.crimsonweb.org/IMG/pdf/lijnbaan-screen.pdf

論の主軸とも言うべき「住む」「働く」「憩う」「移動する」という土地利用と交通との機能分離に対するアンチテーゼ、つまり欧州都市の伝統的な職住近接型の中心市街地像への回帰を企図していたと見ることができる。それはル・コルビュジエが提唱した「輝く都市」とは全く異質のものであり、そこに後にＣＩＡＭの解体への中心的役割を果たすバケマの意志を読み取ることができるだろう。

この再開発計画は、ロッテルダムの中心部の将来の発展を担うべき位置づけを有していた訳だが、一方で被災した8万人近くの商業者・居住者の帰還を目指すこと、その双方を満足する計画づくりが同市の発展の礎となるとの考えがあったとされる。実際、完成したラインバーンの「街」に居住する住民は、その生活空間の至近の位置に、しかも自動車の喧騒から隔絶され、快適にかつ市庁舎・劇場・デパートや数多くの商店・飲食店に到達することができる。そして住居群に取り囲まれた芝生広場が用意され、しかも来街者であふれる商店街通りにも老人や子供たち、そして家族連れが憩い、遊ぶことができる。すなわち欧州の伝統的な都市のスタイルが復活したのである。こうして実現した歩行者のための充実した公共オープンスペースが、居住環境を支え、その定住人口の存在がその後の様々な都市的活動を支えることとなる。

(3) ラインバーンから中心部への歩行者空間の拡大

ラインバーンから始まる歩行者空間はその後、周囲の商業地域にまで面的に拡大され、例えばバイエンコルフ・デパートの東側に広がる屋外式半地下空間の東西に延びるショッピング・ストリート「ビューストラフェルセ(Beurstraverse、注8-3)」方面へ、そして西側の可動式の赤いアームのついた照明が特徴的なスカウブルグ広場(直訳・劇場広場、Schouwburgplein、注8-4)一帯へと広がりを見せている。とりわけ、同広場は様々なイベントや遊びの空間として活用されるなど、ラインバーン地区一帯の活性化に寄与するとともに、日常は周辺居住者の憩いの場、子どもたちの遊び場としても使われている。

またラインバーンの東側に広がる広々とした緑道・広場はかつての鉄道線路の地下化跡で、マース川のアウデ港(旧港、Oude Haven)近くまでつながり、そこでは様々なウォーターフロントを楽しむ活動が展開する。そこに建つキューブハウス(注8-5)は幹線道路上空を跨ぐ建築でショップやアトリエ、住居などの複合用途に加え歩道橋の機能も有する名所ともなっている。また2014年にはロッテルダム中央駅の大改造が完成し、それに連動するかたちで公共交通システムの充実が図られようとしている。

写真8-9 東側に広がる屋外式半地下空間の東西に延びるショッピング・ストリート「ビューストラフェルセ」

注8-3 ビューストラフェルセ:Beurstraverse、設計:Pi de Bruijn、1996年竣工

注8-4 スカウブルグ広場:Schouwburgplein、設計:west8、1996年竣工

注8-5 キューブハウス、設計:P. BLOM、1984年竣工

写真8－10　可動式の赤いアームが特徴的なスカウブルグ広場、設計：ウェスト8

写真8－11　道路上を跨ぐキューブハウス、ショップやアトリエ、住居、などの複合用途の建築

写真8－12　キューブハウスの南側の旧港（アウデハーベン）の水面、多くの船が係留されている

写真8－13　ラインバーンに連なる歩行者空間、ビネンウェブ広場

写真8－14　ロッテルダム市内のLRT、このまちも近郊鉄道、地下鉄、LRT、バス網が実に充実している

（4）ラインバーンから欧州そしてアメリカ、世界の歩行者空間整備へ

このラインバーンの歩行者空間の出現はロッテルダム市民に大いに歓迎され、その成功の報はオランダ国内はもとより、前掲のデンマーク、そして後述するドイツ、フランス、英国等に伝えられ、それに刺激を受けた先駆的な建築家・都市計画家たちの手によって続々と実現していくこととなる。そして大西洋を隔てたアメリカにおいても第7章に解説したように59年のカラマズー・モール以降、60年から70年代にかけて各地で展開されていく。

実はバケマはそのラインバーンの完成後、序章3において解説したようにCIAMの崩壊の契機となったチームX（テン）の様々な活動の中心的な役割を果たし、アメリカのハーバード大学も含む幾つかの大学に客員として招かれ、ラインバーン計画の設計思想そして新たな時代の歩行者空間整備の重要性を当時の学生たちに講義や演習を通して伝えている。そして56年以降のアーバンデザイン会議にも加わり、それに触発された第一線の建築家や都市計画家、ランドスケープ・アーキテクト、そして当時の学生、そして留学生たちが各地の歩行者空間整備の推進役となっていく。

わが国においても、70年代以降展開されていく旭川の平和通り買物公園、横浜の馬車道・イセザキモール、仙台の一番町商店街の計画設計にも大きな影響を与えたとも言えるだろう（注8－6）。

また全米の「モールの父」と呼ばれることとなるヴィクター・グルーエンにも多大なる影響を与えたとされている。その点では中心的街路の歩行者専用空間となり、背後の街路が商品等の搬出入に供されるスタイルのアメリカ型の歩行者モールの原形こそ、このラインバーン商店街に求めることができる。

2 デン・ハーグの歩行者街路から区域への発展

(1) デン・ハーグにおける歩行者街路網の実現

ラインバーンに続く歩行者街路を実現したのは、ロッテルダムから約20km北に位置する北海に面する同国第三の都市で政府機関、国連機関、それに各国大使館そしてオランダ王室などがあるデン・ハーグ（Den Hague、人口約48万人）であった。この街も50年代以降、中心市街に流入する自動車交通量の増加とそれに伴って派生する騒音、排気ガスに加え、交通事故の問題などを抱え、それによる住民の郊外脱出や地元商店街の経済的地盤沈下など、欧州の他の大都市と同様の悩みを抱えていた。それを克服する手段の一つが中心部からの自動車の締出しであり、それによる都市住民の快適な生活環境の回復、そして中心部の賑わい復活を意図したものであった。

ここでは中心部のビネンホフ（国会議事堂）を中心とする南北６００ｍ、東西約８００ｍの区域内の

写真8・15　新装なったロッテルダムの中央駅駅舎のコンコースからホームを望む、設計：Team CS

注8・6　日本では、馬車道・仙台一番町モールを設計した高橋志保彦氏、イセザキモールの横田武美氏もともに当時アメリカに留学し、その影響を受けた世代と言われる。また旭川平和通買物公園の「公園」はグルーエンが唱えたものとの共通点も少なくない

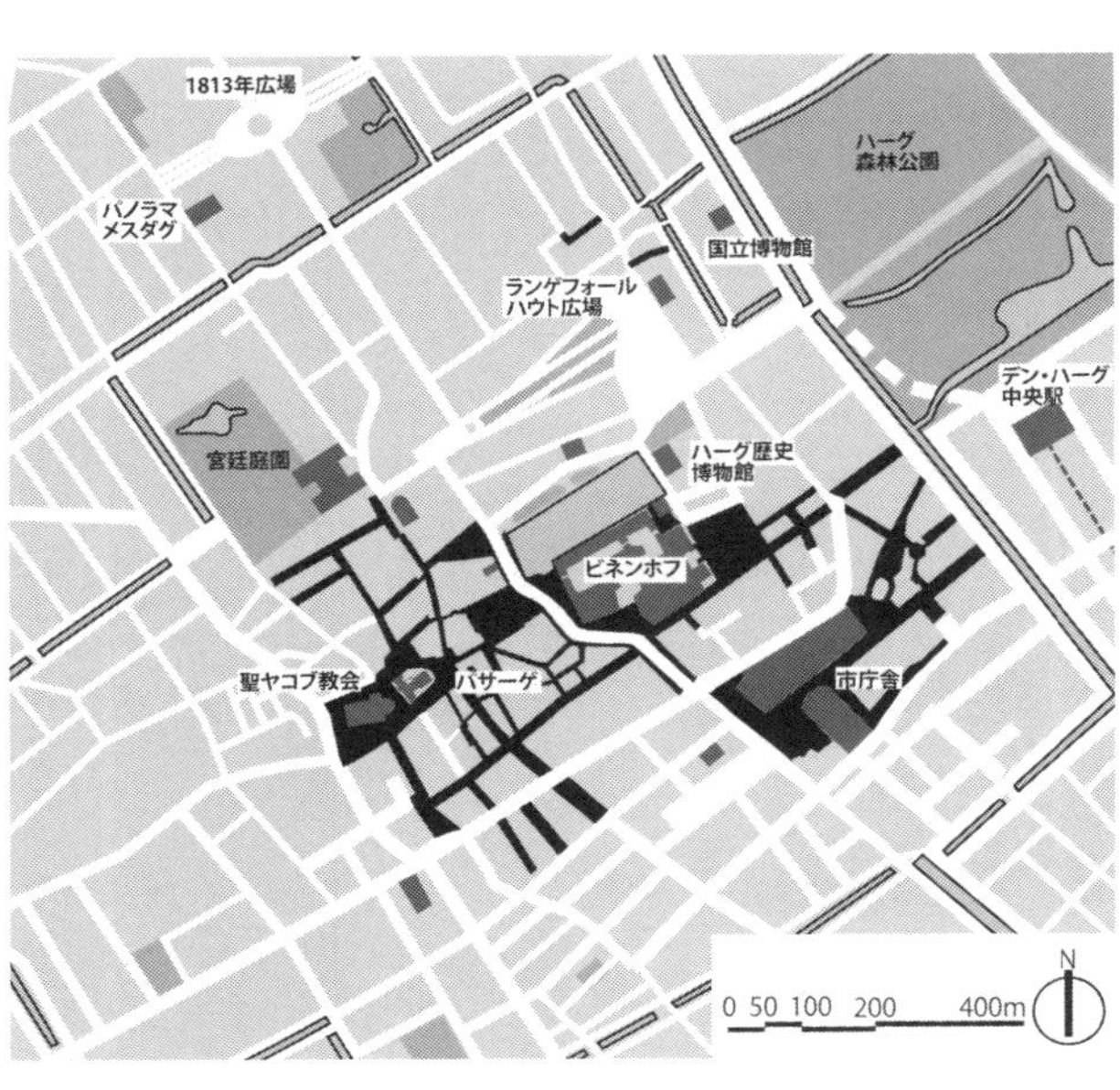

図8-5　ハーグの中心市街における歩行者街路位置（2016年現在）

複数の街路がその対象となり、段階的に進められていった。その第一期の完成は60年、それに続く第二期として65年、その後、69年に幾筋かの通りが追加され、面的な歩行者街路網が実現している。その対象は幅員6～15ｍの街路で70年までに歩行者街路の総延長は２・７㎞に達したと報告されている。

第一期事業では中央駅からプライン（Plein）広場を経て、ビネンホフの南側を通り、西側の商業中心に至る幅員６ｍの真っ直ぐに伸びるスパイ通り（Spuistraat）からフラームング通り（Vlamingstraat）、そして直交するフィネ通り（Venestraat）、ワーゲン通り（Wagenstraat）、スコール通り（Schoolstraat）、グラーベン通り（Gravenstraat）を含む広範囲の街路に及んでいる。

そして第二期の65年にはハーグの商業中心とも言うべき、ブイテンホフ（Buitenhof）通りとその周辺街路網が加わることとなる。さらに69年にはホーフ通り（Hoogstraat）、プラーツ（Plaats）広場などが加わっていく。その面的広がりとなった歩行者街路網はパレイスプロムナード（Paleispromenede）と呼ばれ、歩行者にやさしい平滑なコンクリート平板や自然石の舗装へ替えられていった。

写真8-16　ハーグのスパイ通りの歩行者空間（2013年撮影）

写真8-17　プライン広場の前面のプラインン通りでのオープンカフェ風景

（2）商住複合型の歴史的パサージュと歩行者区域

そしてその歩行者区域の中心には、19世紀後期の1885年に完成し、その後1929年に増設され3方向に延びることとなった、中央にガラスのドームを有し光を透過する天蓋で覆われた、実に優美なパサージュ「デ・パサーゲ（De Passage）」が位置している。その幅員はわずか6mと7m、延長はオリジナル部が157・5m、増築部が44mの計200m、その建物は4層構成で、1層目は店舗階だが、2階以上は住居とホテルとなっている。ちなみにその内訳は49ユニットの店舗併用住居、専用店舗は4戸のみ、専用エントランスを有する5戸のアパート、それに専用エレベーターを有する60室のホテル、それにカフェの複合施設である。その歴史的かつシンボル的な光の街路の存在が、このハーグの街の歩行者空間の価値を高めてくれる。

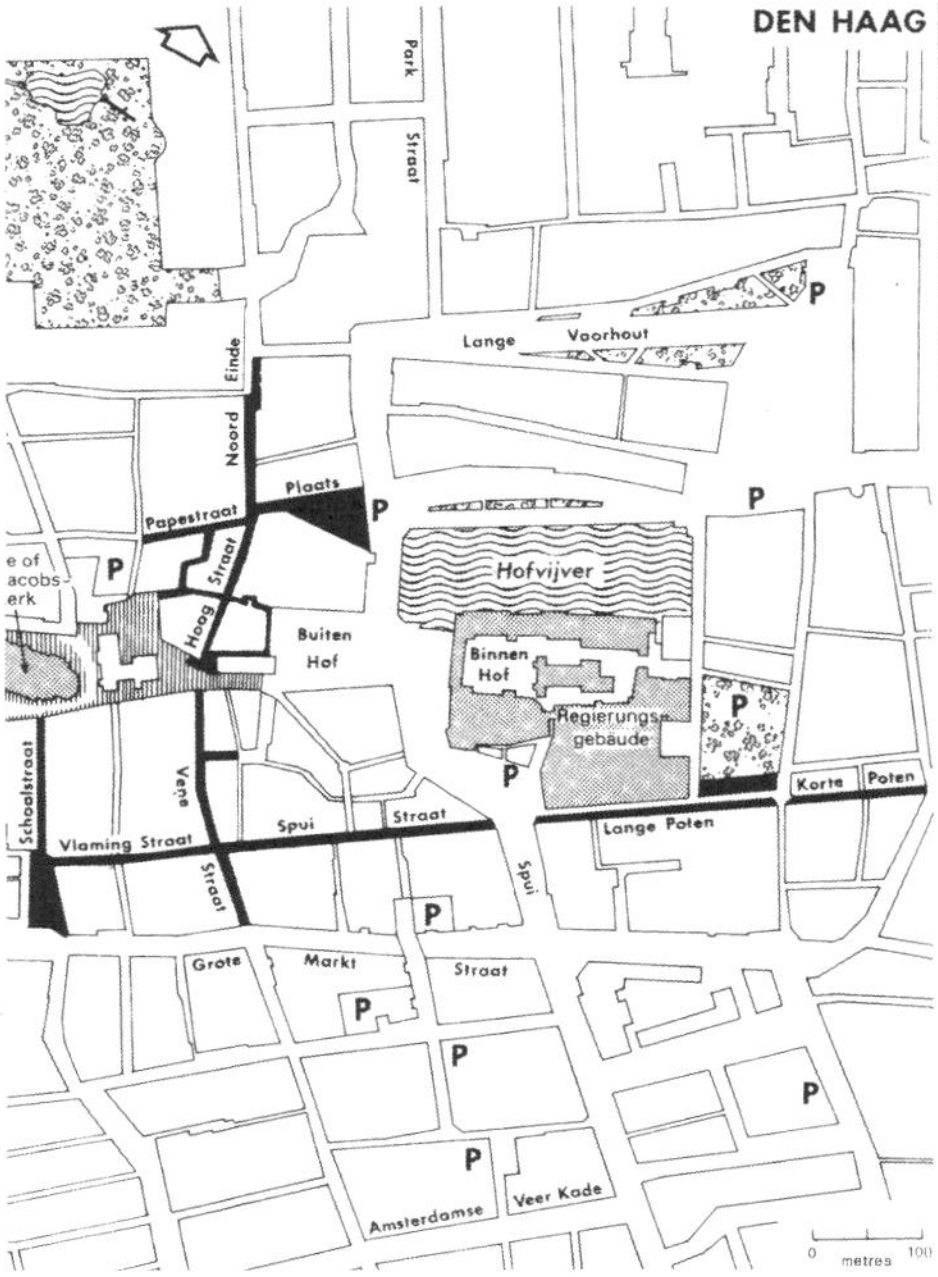

図8-6　デン・ハーグの中心市街における60年代に実現した歩行者街路位置　出典：「STREETS FOR PEOPLE」FOR People,1974; OECD（編）

（3）面的な歩行者区域の設定を支える交通規制運用の仕組み

ある意味では既存市街における面的な歩行者区域へと発展した背景には、サービス車両の進入時間帯を深夜午前0時から歩行者通行量の少ない午前11時まで認めるという柔軟な対応を行ったところに特徴があり、それが沿道の

写真8-18　デン・ハーグのメイン商店街のホーフ通り（1976年、筆者撮影）

写真8-19　デン・ハーグのシンボル的な実に美しい19世紀後期のパサージュ空間（オランダ語でパサーゲ）

店舗や周辺居住者の理解を促したとされる。それが歩行者専用空間とそれを支える背後のサービス道路の構成であったラインバーン地区とは大きく異なる点でもある。その結果が、周辺街路への連鎖的な拡大を促していくのであった。それが後に、オランダ国内そして欧州諸都市での一本の歩行者街路から面的な広がりをもつ歩行者区域へと発展していった大きな要因と言えるだろう。

つまりわが国の専門用語に置き換えれば、ラインバーンは計画的な「歩行者専用道路」であり、ハーグも含む欧州諸都市での一般的なスタイルは「歩行者用道路」といえる。その違いは、前者は新設の場合にのみ適用される道路法に基づく完全な「歩行者専用道路」であり、自動車の進入は許容されず、その沿道サービス機能は背後の道路に依存せざるを得ない。一方、後者は道路交通法の運用に基づく「歩行者用道路」の違いに該当する。つまり、その規制時間帯をそれぞれの沿道条件等で選択できる分、その曖昧さゆえに既成市街地においては受け入れやすいとも言える。それが面的な歩行者区域を生みだす要因なのである。

それから約半世紀もの月日が流れ、改めて40年ぶりにこのまちを訪れてみると、まさにこの面的な歩行者区域が市民の生活にすっかり定着していることが読み取れる。改めてパサージュの天蓋を覗けば、ガラスに透けて上層の住居階の存在を垣間見ることができる。このように、オランダの都市に限らず、欧州では、サスティナブルなかたちで職住一体型の中心市街が成立している。いやそれが復活していると言う方が正しいだろう。そしてそれを回復するために自動車の喧騒から解放された歩行者街路網の存在、それが「生活街」には不可欠となったのである。

写真8-20　ハーグのデ・パサーゲの3方向の中央部のガラスの天蓋部

写真8-21　スパイ通りの歩行者街路の交通標識、サービス車両の通行時間帯等が示されている

3　オランダ国内への歩行者街路・区域の普及

ロッテルダムの中心部のラインバーン、そしてハーグの成功を受け、60年代から70年代にかけて、オランダ国内各都市に中心市街の歩行者空間整備が続々と波及していくこととなる。例えば、首都アムステルダム（Amsterdam、人口約82万人）の中心部においてはハーグとほぼ軌を一にする形で、60年代初頭（注8-7）には歩行者街路が実現したとされている。

その対象はアムステルダム中央駅の南側の16世紀に成立した歴史的な旧市街を貫く王宮前のダム広場を経てムント広場に至る幅員6・5mのニューウェインデイク通り（Niewwendijk）、そしてムント広場側のカルフェル通り（Kalverstraat）の南北方向の延長約1・2kmの2つの商店街通りを軸とし、東西方向の10数本の枝道からなる面的な広がりに時間的な交通規制が実施され、実質的な歩行者空間が実現している。そして71年には全面的に歩きやすいコンクリート平板と自然石の舗装に改められ、名実ともに広がりを有する歩行者街路として知られるようになっている。

そして上記3都市に続くのが、アイントホーフェン（Eindhoven、人口約21万人、68年実施）、ユトレヒト（Utrecht、約32万人、65／68年交通実験、

図8-7　オランダ国内で70年頃までに歩行者街路を実現した都市

写真8-22　アムステルダム中央駅とダム広場を結ぶ歩行者空間化されたカルフェル通り風景（76年、筆者撮影）

注8-7　アムステルダムにおける歩行者街路の実現は前掲の各文献においても曖昧な表現がなされている。そのため本書においても60年代初頭と表記している

71年実施、次々節解説）であった。

加えて70年代になると地方の中小都市も次々と歩行者街路の導入に踏み切っていく。例えば、フローニンゲン（Groningen、約18・5万人）、スヘルトーヘンボス（'s-Hertogenbosch、約14万人）、マーストリヒト（Maastricht、約12万人）、デルフト（Delft、約10万人）、デーフェンター（Deventer、約10万人）、ミッデルブルグ（Middelburg、約5万人）、フラーディンヘン（Vlaardingen、約7万人）、メッペル（Meppel、約3万人）などが続き、その歩行者空間化のうねりは、オランダ国内全土に展開されていく。

今では同国内のほとんどの都市において複数の街路を対象とした面的な歩行者ゾーンを見かけることができる。それは商業地だけでなく、住宅街のなかにまで発展していく。それが「ボンエルフ」と言われる世界初の歩行者優先型の歩車共存道路である。そして後章に登場するシェアド・スペースと呼ばれる歩行者優先思想に基づく街路もこの国が発祥とされる。

このように、オランダは世界の歩行者空間整備の発信源となっていくのである。その原点こそ、ヤコブ・バケマのラインバーン計画にあったと言うことができよう。

写真8-23 ミッデルブルグの歩行者空間（76年、筆者撮影）

第9章　ドイツ諸都市における歩行者区域——線から面へ

１９５０ないし60年代の欧州における歩行者空間整備のうねり、その動きは第二次大戦前のドイツにおいても始まっていた。それはドイツ・ルール地方の工業都市エッセン（Essen）の中心部のある商店街の自動車進入禁止措置が世界で初とされる。それは同市の戦後の復興計画にも踏襲され、その方式は53年にはカッセル、シュツットガルト、60年代にはケルン、ブレーメンなど、そして70年代にはミュンヘン他同国内の多くの都市で採用され、それは中心部の面的な歩行者区域（Fußgängerzone）の成立へと発展していく。

1　エッセンにおける中心街路の歩行者空間

（1）第二次大戦前の世界初の商店街の自動車進入禁止措置

それは１９２７年にエッセン（人口約58万人）の中心部、リンベッカー通り（Limbecker straße、幅員8～10m程度）のわずか３００mの一部の区間だが、馬車や自動車の乗り入れ禁止の規制を商店主たちが行政を動かし実現した。それが通りの商店の売上を大きく増加させる効果をもたらしたという。これが、筆者が調べた範囲での自動車進入禁止の欧州初、いや世界初の事例とされる所以でもある（注9-1）。そしてリンベッカー通りから南のエッセン中央駅に延びるケトヴィガー通り（Kettwiger Str、

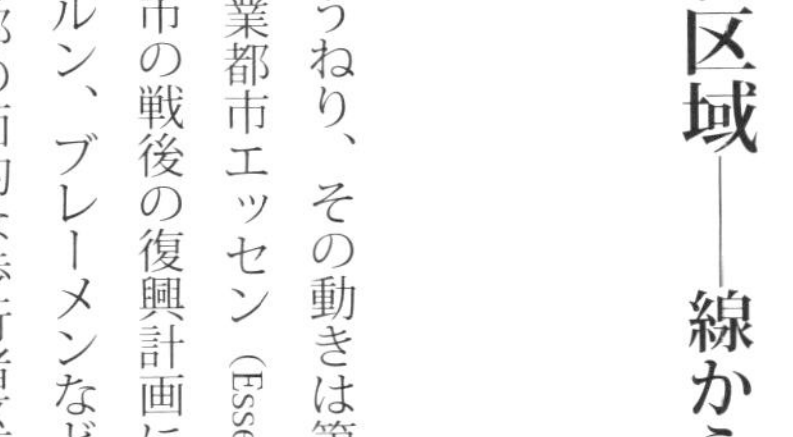

写真9-1　１９５３年に歩行者空間化を実現したカッセルのトレッペン通り

注9-1　なお、わが国においても横浜・伊勢佐木町で１９２７（昭和２）年に「諸車乗り入れ禁止」措置が始まり、北九州・門司港でも１９２９（同４）年から実施されたという記録がある（筆者現地図書館調べ）

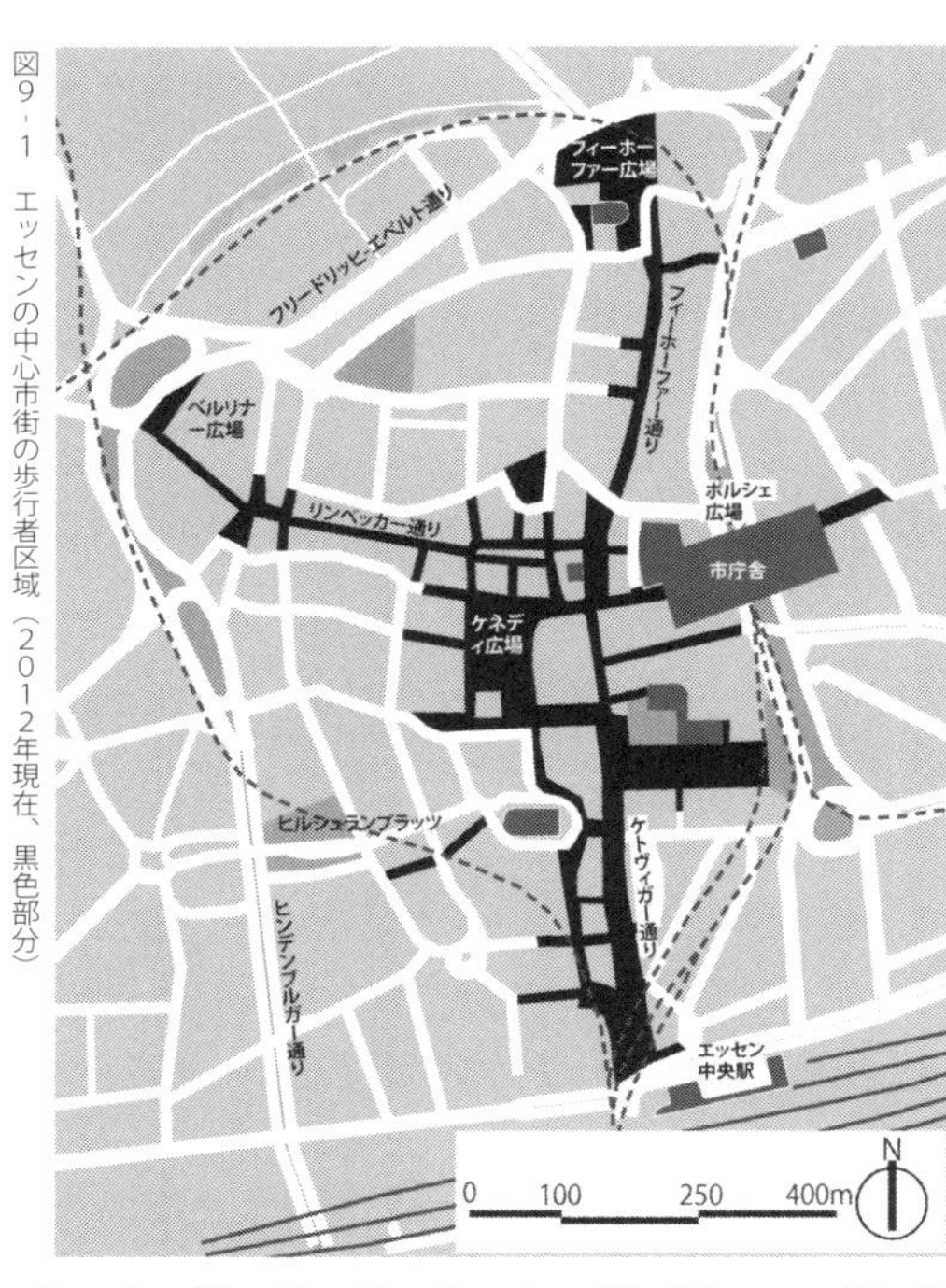

図9-1　エッセンの中心市街の歩行者区域（2012年現在、黒色部分）

幅員12～25m）が38年に一部区間ながら歩行者街路化されている。

ルール地方の各都市はライン川支流・ルール川の舟運と流域に産する石炭を背景に、鉄鋼業などの重工業地帯として発展する。その中心都市・エッセンは中世からの歴史を有し、とりわけ中心部は狭い曲がりくねった街路網ゆえに、20世紀初頭からいち早く、自動車社会の洗礼を受ける。それに立ち上がったのが同通りの店主たちであった。しかしそれは第二次大戦の混乱期には一旦解消されることとなる。

（2）戦災復興に伴う1950年代の歩行者空間の復活

エッセンは第二次大戦の空襲により、市街の80％という壊滅的な破壊を受ける。45年からの復興計画、それは先人たちが営々と築き上げた都市風景の再現を選択する。その中で例外的に街路拡幅の対象とされたのが都心環状道路であった。その過程で戦前からのリンベッカー通りの自動車乗り入れ規制が50年代には復活し、全長約６００ｍの歩行者空間へと生まれ変わる。59年にはマルクト広場を介して接続するケトヴィガー通り南側エッセン中央駅側へと拡大され、65年には通り一帯には歩きやす

写真9-2　70年代のエッセンのリンベッカー通り（76年筆者撮影）

写真9-3　70年代のエッセンのケトヴィガー通り（76年筆者撮影）

い自然石と平板ブロックの舗装が施されている。

（3）1970年代の面的な歩行者区域への拡大

70年代以降のドイツ他都市の歩行者空間の実現とともに、エッセンも本格的な歩行者区域への拡張が進められる。それはケトヴィガー通り北側のフィーホーファー通り（Viehofer St.）から始まり、そして72年には東側のポルシェ広場（Porsche Pl.）の再開発、つまり新市庁舎を核とした文化・商業・業務施設が完成する。その再開発地区の人工地盤下には都心環状道路が走り、それに沿って交通結節のためのバスターミナルや大型駐車場が造られている。そして環状道路を立体交差で渡る歩行者デッキで東側にもつながれ、庁舎1階には通り抜け通路を介することで南北約1km、東西0・8kmの十字型の歩行者街路網が完成した。中心部に供給された駐車場は3～4千台規模にのぼり、そして地下鉄

写真9・4　エッセンのリンベッカー通り（2013年）、写真9・3の1970年代とほぼ同じ風景

写真9・5　エッセン中心部のケネディ広場内のオープンカフェ店舗

写真9・6　ケネディ広場とケトヴィガー通りの間にあるクリエン広場

写真9・7　駅前通りの歩行者空間ケトヴィガー通りの豊かな緑陰空間

写真9・8　ポルシェ広場の再開発地区内のエッセン市庁舎

写真9・9　エッセン・ケトヴィガー通りに並ぶ路上の花屋、果物屋などの露店（2013年）

（Uバーン）、近郊鉄道（Sバーン）の整備とも連動していった。それは結果として沿道商店街の売上高15～35％増の好結果をもたらすこととなった。そして自動車の喧騒から解放された中心部には民間による新たな住宅複合型開発が続々と進められていく。

今では中心市街には多くの店舗、デパートが並び商業床は延約30万㎡にも及ぶ一大商業中心が形成されている。自動車の喧騒から解放された歩行者街路や広場上にはオープンカフェや花屋などの生活感豊かな露店が展開する。それを支えるのが中心部の就業者・来街者に加え、周囲に居住する多くの市民層の存在にほかならない。世界の都市に先駆けて、歩行者空間化を実現したこの街の人々の進取性に敬意を払いたい。それが今のこの都市の繁栄の礎を築いたと言っても過言ではないだろう。

（4）先端的な研究・居住都市へと変貌

かつてのルール地方の発展を支えた石炭産業もエネルギー転換の過程で廃れ、また製鉄業なども国際競争の末に衰退を余儀なくされたが、ＩＢＡエムシャーパーク（Emscherpark）の主要施設として有名なツォルフェライン炭鉱などの多くの産業遺産群が世界遺産に登録されるなど、文化都市としても注目されている。

今ではかつての工場地帯が緑化され、物流を支えた運河が市民の憩いの水辺となり、交通や情報インフラなどの資産を活かした先端的な研究・居住都市へと変貌している。その様々な産業転換の努力、文化活動などの成果が高く評価され、２０１０年の欧州文化首都にも選定されてきた。その背景には居住環境の改善こそが市民を定着させ、それによる都市の活力の源であること、それをこのまちは如実に示しているのである。

写真9・10　ツォルフェライン炭鉱産業遺産のかつての巻き上げタワー

2　シュツットガルトの「環境都市計画」と歩行者区域

シュツットガルト（Stuttgart）はドイツ南西部のバーデン・ヴュルテンベルク州の州都で、人口は約60万人の工業都市であり、ダイムラー・ベンツの本社・工場、またポルシェや世界的企業ボッシュなども立地し、その中で自動車産業はこのまちの発展を支えてきた。また環境都市計画の先駆的都市としても内外に知られる。それは市域の約50％を公園緑地や森林で占め、実に起伏の富んだ地形を有し、その盆地に成立したがゆえに、１９２０年代から工場からの煤煙、冬期暖房の石炭消費に加え自動車の排気ガスなどで大気汚染が深刻化し、冬季の大気の逆転層が生じ、山上からは雲海状に停滞するスモッグ、盆地内の地上からは太陽光が遮られ曇り空が続く、という問題が発生した。それを克服するための「風の道」が都市計画に採り入れられたことでも有名で、清浄な空気の流れを都心部に導入するために、緑地の保全に加え、建物などの再配置を含めた、都市整備計画などが進められてきた。

また序章に紹介した27年のドイツ工作連盟の主催のもとでのヴァイセンホーフ・ジードルンク（Weissenhofsiedlung）の住宅展の開催、そして36年の帝国庭園博覧会の会場提供など、進取的な都市計画の取り組みがなされ、その環境志向の姿勢は、人と自動車の共存という大きなテーマに向かい、中心市街地の歩行者空間整備を官民を挙げて取り組んできた。

（1）中心市街の再生に向けての１９５０年代以降の取組み

シュツットガルトは工業都市ゆえに、第二次大戦の連合国軍の空襲で中心部の大半が灰燼と化した。戦後いち早く復興され、幾つかの主要建築は復元され、ドイツ国内の多くの都市が破壊前の姿への復

写真9‐11　シュツットガルトの盆地状地形の逆転層　出典：注9‐7

注9‐2　シュツットガルト市役所公式訪問時受領資料、筆者は２０００年に財団法人・都市づくりパブリックデザインセンター（当時、現一般財団法人）の公式視察団団長として同市を公式訪問、その際に受領した資料より

興であったのに対し、ここでは市庁舎をはじめとして市街の殆どが近代的な建物群に生まれ変わっている。

そして自動車産業都市ゆえの厳しい現実が中心市街の都市問題を巻き起こす。工業化の波はまちの人口を飛躍的に増大させ、その受け皿である住宅開発は多くの郊外団地を生みだしていった。その結果、市内人口の大半が郊外居住者で占められ、そこに自動車の普及が加速化されていく。それは交通事故の多発、交通渋滞と排気ガスのもたらす深刻な大気汚染、それによって惹起される住民の健康問題も、中心市街地からの脱出者を増加せしめることとなる。

元来、この街はヴュルテンベルク王国の首都時代に王宮やシュロス広場も含めほぼ細長い格子状の街路が形作られたが、そこに大量の自動車の進入によって、既に解説した諸都市と同様に、様々な問題が露呈していく。とりわけ中央駅正面のケーニッヒ通り（Königstraße）はメインストリートとして60年代には大量の歩行者と自動車とで混乱を来すこととなる。そのさなかの53年、中心部の商業地の一角、シュール通り（Schulstraße）の自動車を締め出した歩行者空間化が地元商業者の努力で実現する。

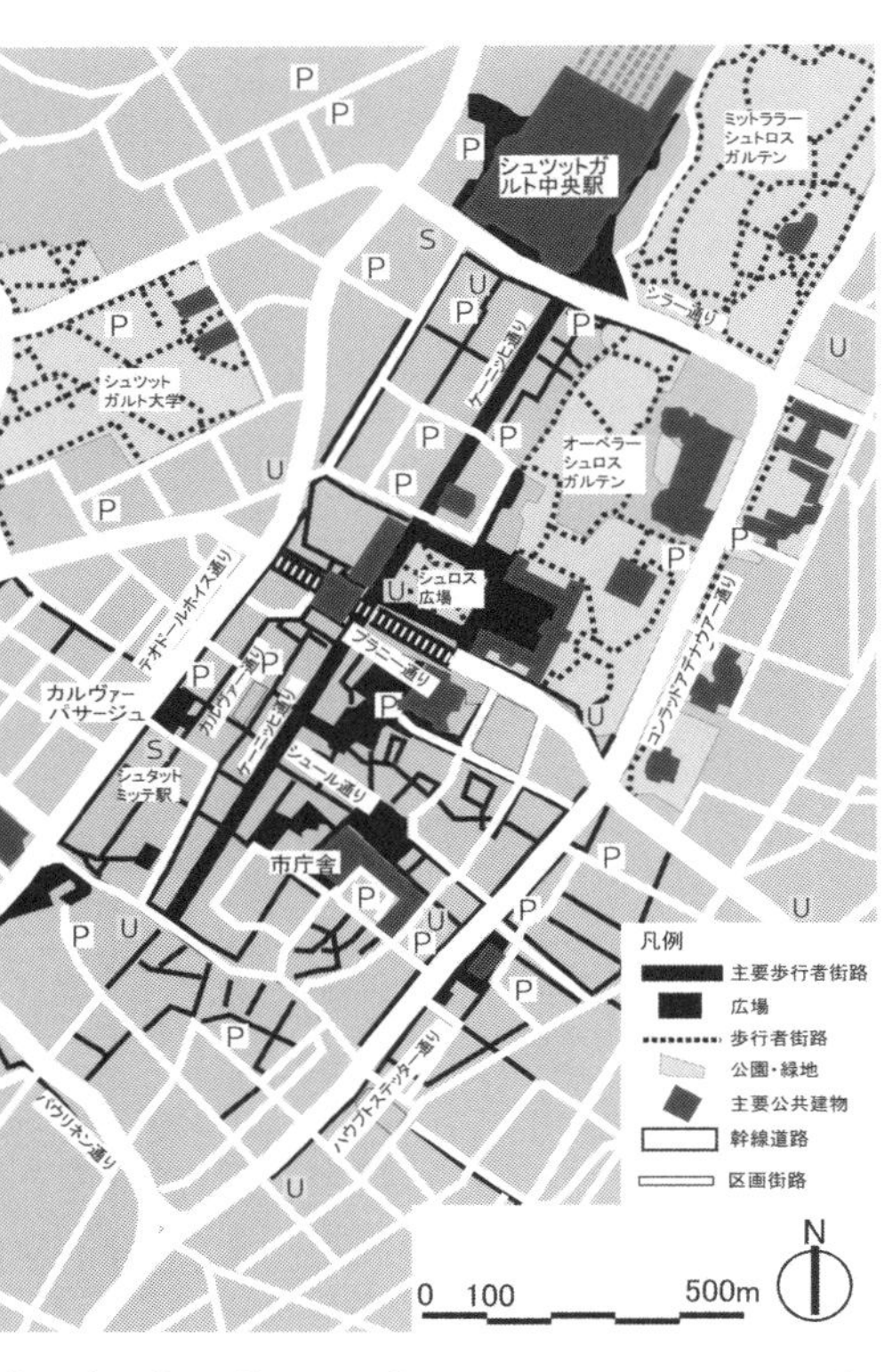

図9-3 シュツットガルトの中心市街地図

写真9-12 1953年に歩行者空間化が実現したシュール通り（1980年撮影）

図9-2 風の道の概念図 出典：注9-7

ケーニッヒ通りとマルクト広場を結ぶ約１２０ｍの短い区間だが、その効果は大きく、買物客には極めて好評であったという。

その後65年に策定された広域総合交通計画は、①歩行者最優先の観点に立って、車の乗り入れ禁止ゾーンを面的に設け、歩車分離の完全化を計画する歩行者区域の設定、②公共交通機関の整備とパーク・アンド・ライドによる車から公共交通へのシフト、③中心部を取り囲む都心環状道路の整備、を掲げている。その一環でシュロス広場脇のプラニー通りは68年に通過交通を担う幹線車道部の地下道化が図られ、また都心環状道路は東西６００ｍ、南北１３００ｍの矩形の街路を巡る形に設定され、70年代には完成している。

73年に中央駅正面のケーニッヒ通りがシュロス広場までの約６００ｍ区間が改造され、立派な歩行者街路に生まれ変わっている。この街路修景にあたっては設計コンペが実施され、豊かな街路樹にベ

写真9-13　ケーニッヒ通りの駅前区間、正面は中央駅のベンツマークの塔（80年撮影）

写真9-14　ケーニッヒ通り、樹木廻りのサークルベンチやキオスク類が多数置かれている（80年）

写真9-15　「ガラスのキューブ」から望むシュロス広場、左はケーニッヒスバウ・パッサーゲン

写真9-16　70年代に造られたプラニエ通りの2段道路、後に上の道路は廃され、美術館用地となる

写真9-17　歩行者空間化され約10年を経過したケーニッヒ通りの光景（80年）、正面に中央駅の塔が見える

ンチやサイン類などの街具類、そして石畳の道となる。そして歩行者空間化は前掲のシュール通りも含む複数の街路にも及び、74年末には延街路面積が2・5haにも及ぶ歩行者区域が完成する。そしてケーニッヒ通りの歩行者街路は70年代後半にはプラニエ通りを越して、西側の都心環状道路近くの約1・2kmに延伸されていく。

今では市内には実に広大な面的な歩行者区域が完成している。それは自動車に占拠された都市内街路を人の手に取り戻すという思想のもとに行われたのであった。地元の自動車関連産業各社も自動車社会の弊害を無くすことには積極的な協力を惜しまなかった。

(2) 1990年代以降の更なる歩行者環境の充実と魅力向上

歩行者空間整備の始まりから半世紀余りを経過した。歩行者区域は拡大され、前掲の二段の街路となっていたプラニエ通りはかつてはケーニッヒ通りを車の進入で分断していたが、地下道路のみとなり地上部の道路は廃止され、そこには新たに「ガラスのキューブ」と呼ばれる総ガラス張りの美術館（設計：Harscher Jehle Architektur、05年竣工）が建てられ、前面のケーニッヒ通りは完全に歩行者空間化されている。美術館前にはオープンカフェも実施され、一段高い小シュロス広場との間には階段広場も絶好の若者たちの集う場ともなっている。また美術館の最上階にはレストランが設けられ、そこからはシュロス広場から広大な公園群、中心市街の賑わいを望むことができる。

そして美術館北側の階段広場を挟んだ隣には通り抜け歩行者路を内包した複合施設・ケーニッヒスバウ・パッサーゲン（Königsbau Passagen、06年竣工）が完成している。これは新古典様式の中央郵便局のファサードをそのまま残し、背後は建て替えられて、モダンなショップとオフィス、郵便局などが複合した再開発ビルで、地下鉄駅とも接続している。

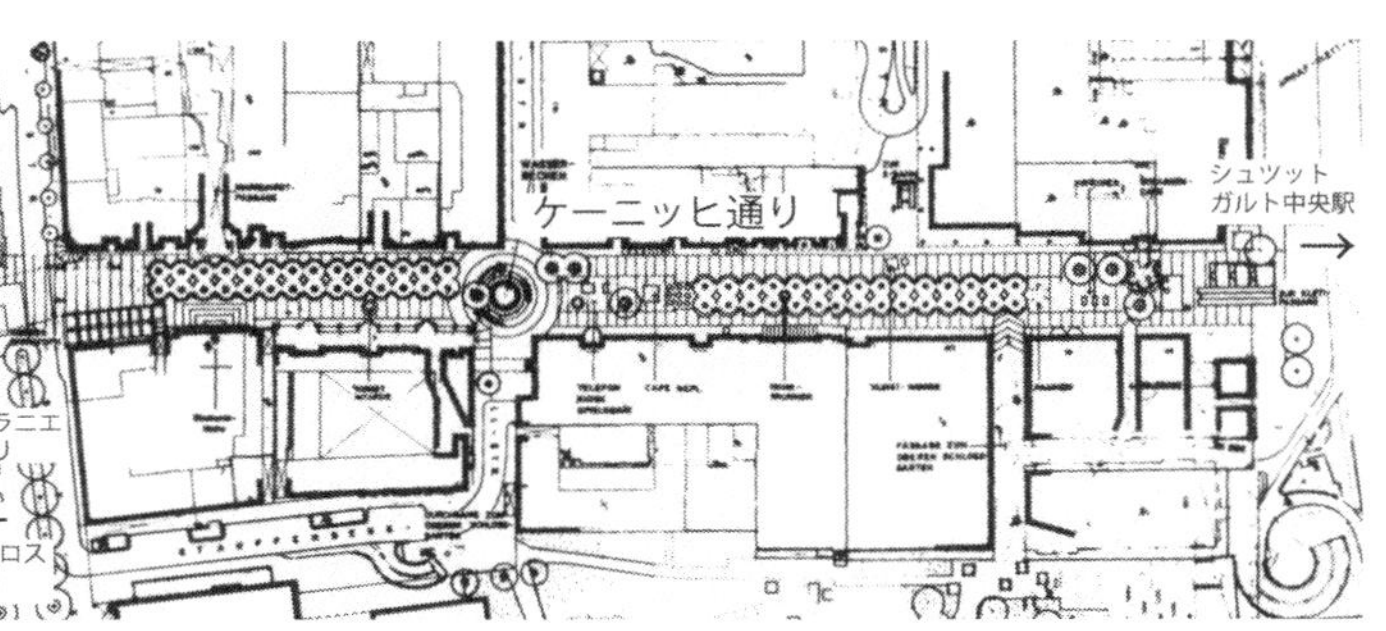

図9・4 ケーニッヒ通り計画平面図
出典：Pedestrian Areas, architectural Book Pub.1979

このような再開発が進められている背景には、戦災復興から半世紀余りを経て長寿命社会を迎えたことがある。余暇時間の増大にともない、多くの市民が都心生活を楽しく過ごせるよう、美術館や博物館、コンサートホールなどの文化施設を交通利便性の高い中心市街に積極的に整備しているという。そして周縁部、郊外部の開発抑制策のおかげで、その投資が中心部に集中される傾向にあることも否めない。そして公共交通機関の新規路線などの更なる建設が地下を対象に行われ、駅を含む公共地下空間と周辺ビルの店舗や駐車場との接続によるネットワーク形成なども積極的に行われ、それに連動する形で既存建物の部分改造が促進される傾向にある。

それはより環境負荷の少ない住まい方＝都心居住の推進という考え方が定着し、街なかには歴史的な街区形態の中に収まるかたちの伝統的な都市型住宅の改修が積極的に進められてきた背景もあるという。それと連動して街なかの公園・緑地、街路空間の再整備など、環境改善のための施策が進められている。また自動車交通量の多い都心環状道路も半地下構造の掘割式に改造され、地上部は一部覆蓋され、上部は公園化されるなど、周縁部から中心部への到達性は格段に向上しつつある。このような環境改善の施策が積極的に進められているのも、このまちの特徴でもある。

（3）駅前通り・ケーニッヒ通りの再改修とオープンカフェ文化

そして中央駅前のケーニッヒ通りも２０１０年に市はリニューアルのための設計コンペを実施し、翌11年に完成した（設計：Behnisch Architekten）。基本的には旧来の石畳の舗装や街路樹、街路灯、ベンチ類は踏襲されつつ、一部が整理されている。その替りに路上を占拠するオープンカフェ空間が大きく広がっていることがその大きな変化といえるだろう。明らかに沿道建物の1階に飲食施設を誘導した感があり、かつての大型店のショーケースのあった箇所が小さな飲食店舗群に改造され、その前面

写真9－18　プラニエ通りの地下道上部に建てられた「ガラスのキューブ」と呼ばれる美術館

写真9－19　旧い建物外観を残したケーニッヒスバウ・パッサーゲンの再開発建物

写真9‐20　ケーニッヒ通りはこのように、オープンカフェを楽しむ市民が圧倒的に増えている

写真9‐21　ケーニッヒ通りの沿道の飲食店前に街路中央部に展開するオープンカフェ

写真9‐22　ケーニッヒ通りには以前にも増してオープンカフェのテント・パラソル類が増えている

写真9‐23　かつてのガラスのキオスクが、布製のテント類に置き替わった感がある

写真9‐24　駅前の一等地のビルの1階の小さな飲食店群

の通り中央部にはパラソルとテーブル、椅子が置かれ、多くの人々が屋外カフェを楽しんでいる。

つまり歩行者空間も70～80年代は街路樹や街灯そして景観に彩りを添える様々な街具類を積極的に配置する街路デザインの風潮があったが、21世紀以降は明らかに街路に憩う市民の姿を演出するスタイル、すなわちオープンカフェ・レストランの仕掛け重視にシフトしてきているのである。そこには可動式のカラフルな色彩の布製パラソルそしてその足元で街を楽しむ活き活きとした市民の表情がくっきりと浮かびあがる。つまり都市空間という舞台の主役を人々の活動と位置付け、それの表出される風景を楽しむ、つまり都市を使い込むことを重んじること、これも「生活街」の回復を実現しえた歩行者空間先進都市に共通の近年の潮流とも言えるだろう。このような成熟した社会環境のもとで市民が積極的にまちに出て、楽しみ憩うこと、これこそ明らかに都市デザインの世界が目指してきた姿と言ってもよい。

3　ミュンヘンのオリンピックを契機とした歩行者街路網

ミュンヘン（München、約143万人）はドイツ南部バイエルン州の州都、南ドイツの経済・文化の中心地でもあり、人口規模ではドイツ国内でベルリン、ハンブルグに次ぐ第三の都市である。一方で自動車産業のBMWの本社・工場が存在するなど工業都市としても知られる。そのため第二次世界大戦時の連合国軍の空爆は熾烈を極め、市街地は大きく破壊された。戦後の復興計画の多くは被災者の居住空間の確保と経済活動の回復が急がれ、旧来の街の姿の復元に終始した。そのため、街路網も曲がりくねり、幅員も不揃いなまま、経済の高度成長期を迎えるのであった。

今では多くの観光客を受け入れ、この街の風景を最も代表されるのが、市庁舎前のマリエン広場と中央駅側のカールス広場とを結ぶ幅員18～36ｍクラスの広幅員のノイハウザー通り（Neuhauserstraße）とカウフィンガー通り（Kaufingerstraße）の歩行者街路の賑わいでもある。とりわけ市庁舎前のマリエン広場では多くの市民や観光客は市庁舎のカラクリ時計に目を奪われ、また幅員の変化ゆえの溜まり空間ではフラワーポットやベンチが置かれ、その脇にはパラソルとテーブル、椅子のオープンカフェ文化が花開き、常に人々の楽しむその光景が実に素晴らしい。

（1）オリンピックを契機とする街路の歩行者空間化の実現

しかしこのまちの街路の歩行者空間化はドイツ国内では後発組の部類に入る。それはノイハウザー通りとカウフィンガー通りの歩行者空間化の完成する1972年、すなわちミュンヘン・オリンピック開催の年であった。それ以前はこの道も都心を貫通する自動車交通の大動脈的な存在で、多くの自

写真9‐25　ノイハウザー通りの賑わい風景（2015年）

図9-5　ミュンヘン中心部の市街地図（黒い部分が歩行者区域）

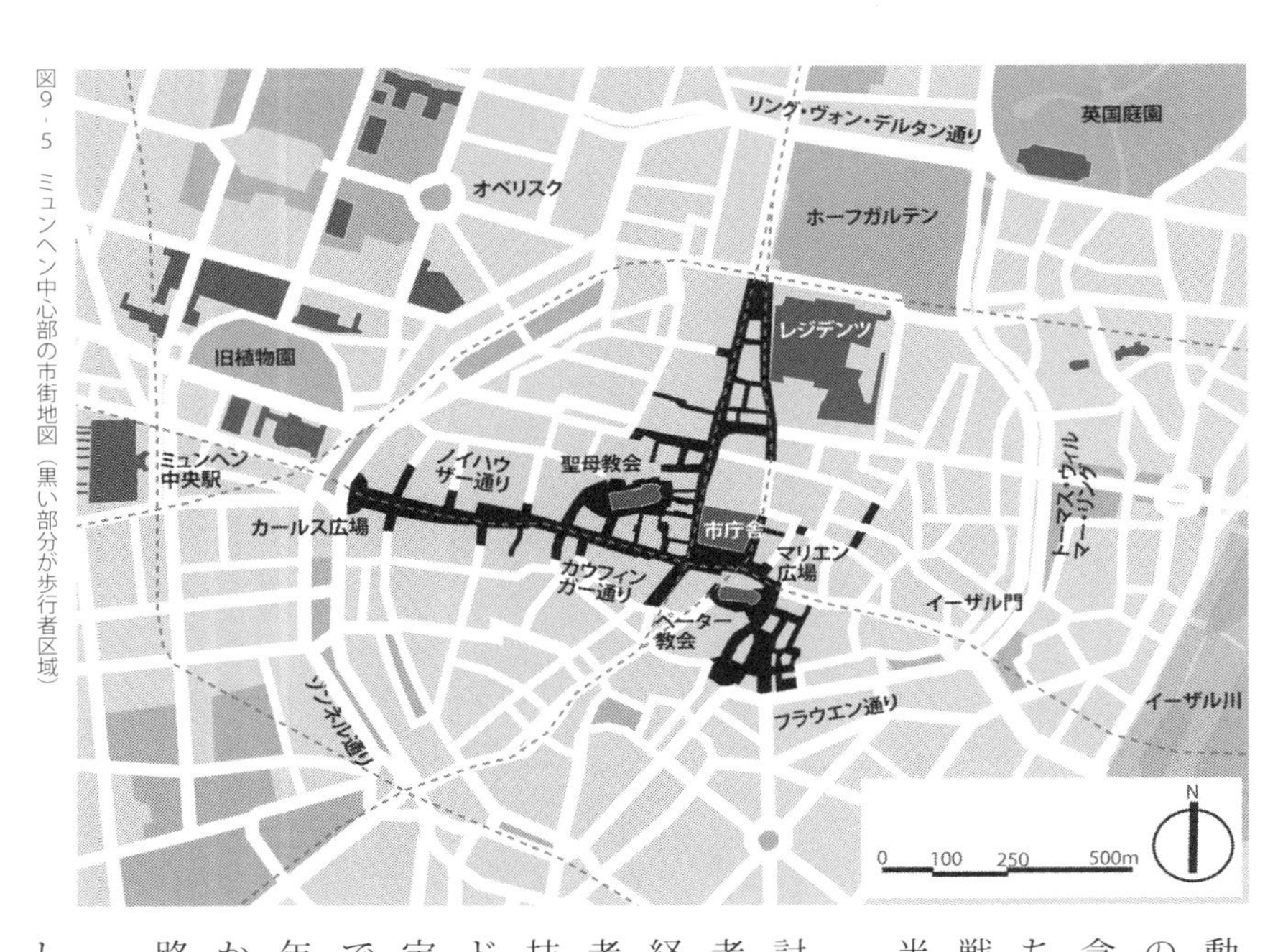

動車がひしめき合い、年々増加する交通量のなかで住民の郊外脱出が進み、商店街も含めた地域経済は衰退の危機を迎えていた。ちなみに中心市街地の居住人口は第二次大戦後の復興期の1・4万人から60年代には半減したという。

　そのため市は中心市街の再生のための検討を開始し、63年に2つの街路を含む歩行者空間化計画が策定され、その後の調整を経て、67年の約5haの区域内の街路の歩行者空間化を前提とした都市設計提案設計競技が行われている。その結果、ベルンハルド・ウインクラーのチーム（注9-3）が特定され、翌68年に実施提案が市民公開の上で決定している。70年に設計が完了し、72年に同街路の主要部分であるマリエン広場からカールス広場間の完成、76年までに7路線全体が完成している。

　その間の66年にオリンピック招致が決定し、会場計画とあわせ都市改造が急ピッチ

写真9-26　1960年代のノイハウザー通りのカールス門付近の自動車交通の状況
出典：科警研資料集69号・西ドイツの都心部歩行者区域、昭和50年5月、科学警察研究所

注9-3　ベルンハルド・ウインクラー等のチーム：BernhartWinkler, Friedrich Hahmann, Gerhard Schloffer, Wolfgang Niedermayer ほかの共同

で進められる。その内容は、都心環状道路と地下鉄（Uバーン）・都市鉄道（Sバーン）建設と既存路面電車（LRT）、バス網も含む公共交通の再編計画、郊外拠点駅でのパークアンドライド、そして都心環状道路近傍での約8千台規模の立体駐車場計画も含む総合的な都市計画であった。そして当該道路の地下を走る地下鉄と都市鉄道の工事が先行し、その後、歩行者街路工事へと移行する。

街路のデザインは、黒い小舗石と灰色のライムストーンの路面舗装にPCコンクリートのフラワーポット、ベンチや街灯、ショーケースなどの街具類、所どころに噴水のオブジェや彫刻類が置かれる。また聖母教会前の水のサンクン広場なども含め、実に上手くまとめられている。その結果、完成後の72年には通りの歩行者交通量は15万人／日を数え、その値は整備前の7万人／日の倍増となった。それは当然のことながら、商店街の売上増につながった。それとあわせて、中心部の歩行者空間整備は居住環境の改善へとつながり、居住人口も徐々にではあるが回復の方向に向かうこととなる。

写真9－27　ノイハウザー通りカールス門側の風景（1976年）

写真9－28　カウフィンガー通りのフラワーポット類（1976年）

写真9－29　カウフィンガー通りのコンクリート製植栽桝グリエと可動椅子

写真9－30　ノイハウザー通り・カウフィンガー通り共通の路面舗装

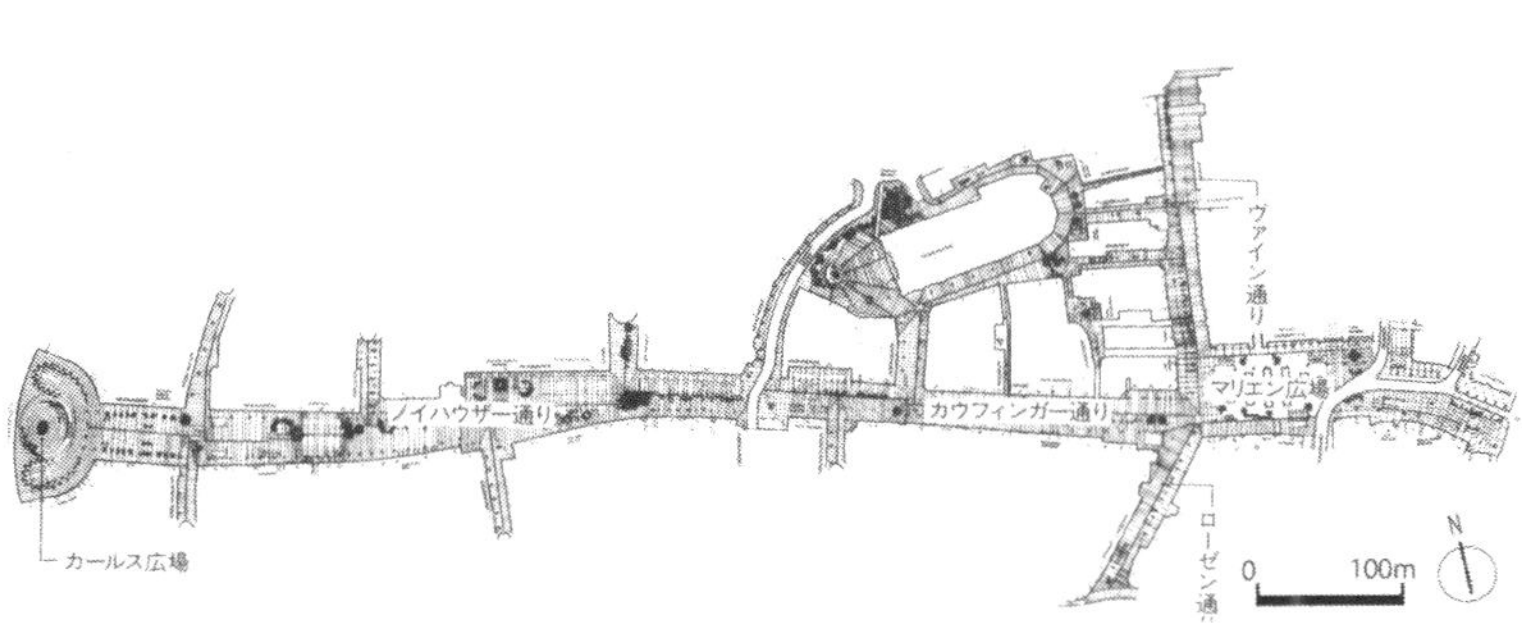

図9－6　ミュンヘン歩行者区域（1972年）の計画平面図　出典：Pedestrian Areas: From Malls to Complete Networks, Klaus Uhlig, Architectural Book, 1991

（2）面的な歩行者区域の実現と公共交通優先策の連動

歩行者街路は時間の経過とともに、他都市と同様に拡大し、歩行者区域となっていく。その間に当該2道路の歩行者交通量は、90年代後半には40万人に増えたという。その背景には、いち早く自動車から公共交通へのモーダルシフト（交通手段転換）を政策決定し、歩行者区域に近接した地下鉄・都市鉄道の駅、郊外部のパーク・アンド・ライド、ＬＲＴ、バス網の整備、そして公共交通機関相互のゾーン別運賃制度の導入も含めた連携、そして自転車専用道路の整備など、抜本的な交通政策を実施していったことがある。その結果、２０１４年には営業路線が都市鉄道４４２km、地下鉄１０３km、ＬＲＴ網79km、バス網４６７km、パーク・アンド・ライド駐車場23カ所が整備されてきた。その他、バイク・アンド・ライド駐車場、自転車専用道路網なども積極的に整備が進められている。

このように、市民の通勤・通学、買物などの日常行動にはマイカーを不要とする交通政策が功を奏し、まちのなかには真の「歩行者天国」が実現している。それは面的な歩行者区域となり、随所にオープンカフェやキオスクなどの路上店舗が展開している。そして歴史的建物である市庁舎前のマリエン広場には、日常は時を告げるカラクリ人形見物の観光客の人だかりや可動椅子で日向ぼっこをする多くの市民の姿がある。ここもお祭りの際には市（いち）が立つなど、様々なイベント空間として使われる。

（3）歩行者空間化は都心居住策と連動

その歩行者区域の設定はもうひとつの人口呼び戻し策とも連動していく。それは人口流出によって衰退した中心部を再生するには人口定着が不可欠との考えのもとに、それを支援する施策すなわち都心居住の推進策によって、今では夜間も人の絶えない活気ある街が復活した。その手法とは第3章に

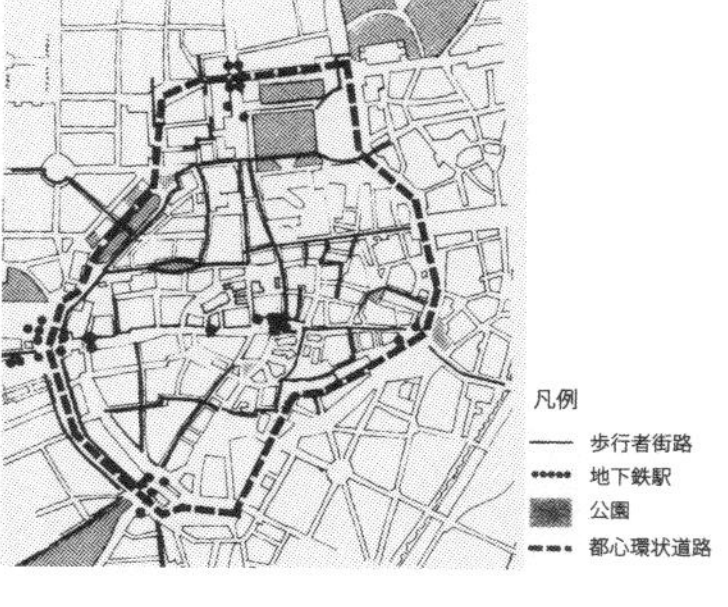

図9-7 ミュンヘンの都心環状道路と地下鉄等駅、歩行者街路の連携 出典：For Pedestrians Only: Planning, Design and Management of Traffic-free Zones; Robert Brambilla, Gianni Longo (1978)

て解説した土地利用計画に相当するFプランと「地区詳細計画」のBプランの組み合わせのうちの後者すなわち、「地区詳細計画」で地区毎に目標等する住宅床面積のボリュームが定められ、最低でも20～30％の住宅床が義務付けられるという仕組みが定着している。

ミュンヘンに代表されるように、ドイツ諸都市においては歩行者空間と交通計画、建物修復も含めた居住環境の性能確保、それに住宅付置義務のための地区詳細計画、それらが連動する形で中心市街の活性化策が進められてきた。今では表通りの背後には都心居住のスタイルがほぼ完全に復活した。このミュンヘンの中心市街においても街なかには多くの野菜・肉などの生鮮品を扱う店舗が営業し、そこにはいつも生活者である地元市民の姿がある。そしてドイツ第3の大都市にしては、中心部で超高層オフィスビルや高層マンションを見かけることはない。それは伝統的な生活環境・景観を守るべく、市内の建物の最高限度をランドマークである聖母教会の塔の高さ99m以下とすることを、市

写真9-31　ノイハウザー通りの東端にあるカールス門前の広場の噴水を眺める多くの市民や観光客

写真9-32　ノイハウザー通りの歩行者空間、ミュンヘンオリンピックを機に車が締め出されている

写真9-33　カウフィンガー通りのキオスク、街角のアクセントとなり、人の気配を感じる

写真9-34　カウフィンガー通りオープンカフェ、経年的に屋外を楽しむ市民が増えている

写真9-35　カウフィンガー通りの路上オープンカフェ風景、常に多くの市民の利用する居場所となっている

民が住民投票によって選択し、それが２００４年に条例化されたという経緯がある。ここに、大都市の中心市街であっても人間的スケールの伝統的な都市環境を守り抜くという、市民の強い姿勢が貫かれているのである。

このミュンヘンを筆者が初めて訪れたのが76年、それから断続的な再訪を繰り返し、いま改めて感じるのが、街なかの路上オープンカフェ・レストランそして花屋や果物屋などの露店の数が圧倒的に増えたことである。これは自動車の排除も含め、中心部の生活環境が改善された結果、居住者が戻って来たことを示す指標と言えるだろうが、明らかに市民も屋外空間を上手く使いこなすことを覚えたのである。それは第8章での現地の方の証言にもあるように、高学歴社会の到来とともに女性の社会進出率の向上したことなどの要因に加え、長寿命化社会での余暇時間の増大そして市民が積極的に都市空間の有効活用などを考える時代が既に到来している。それがゆえに、中心市街地居住を若者たちも積極的に選択する。

加えて、街路も含めた公共空間の管理者である自治体も人口減少化社会を見据え、税収の落ち込みが予見される時代的背景のなかで、歩行等の必要幅員以外の余剰スペースを民間に貸し出すことで徴収できる占用使用料収入、そして清掃代行等による支出減も大きな魅力なのである。そして路上のストリートウォッチャーの増加が犯罪抑止につながることも、それを後押ししている。また自治体もコンパクト化した市街地回復を目指すべく、利用者増を見越し、文化施設などを交通至便の街なかに戻す政策を続けている。

これらの複合要素も含め、これこそ歩行者空間化が成熟し、行き着いた姿のような気がする。そのようなかたちで、あらためてドイツ、いや欧州諸都市の路上のカフェ文化を味わうのもまた楽しからずや、と言えるのではないだろうか。

写真9-36　中心部の通りに展開するオープン・レストラン街

写真9-37　カウフィンガー通りの路上の花屋ショップ

4　小さなまち・ハスラッハのシェアド・スペース

ここに紹介するのはドイツ南西部の豊かな自然の黒い森地方（Schwarzwald）の人口わずか7千人の小さなまち、ハスラッハ・イム・キンツィクタール（Haslach im Kinzigtal）の歩車共存のシェアド・スペースという概念の商店街道路である。行政区域は第3章に紹介したフライブルクを含むフライブルク行政管区に属するも、同市の中心部からは北東約38㎞離れた山あいのまちで、古くはローマ時代に拓かれた歴史を有す。地名の直訳は「キンツィヒ川に沿ったハスラッハ」、13世紀には帝国都市（注9-4）の権利を与えられ、銀鉱山の採掘で潤うなど17世紀以降も商業都市として栄えてきた。その鉱山は18世紀には閉鎖されるが、その間の富の集積が「ドイツ・木組みの家街道」の街並みに刻まれている。この小さなまちに、シェアド・スペースと言われる自動車と歩行者とが同じ通行領域をシェアつまり共用するという、新たな使い方の画期的な街路が80年代末に実現した。

（1）特段のデバイスを設けない歩車共存＝シェアド・スペース（Shared Space）

シェアド・スペース（Shared Space）という概念は80年代にオランダのハンス・モンデルマン（注9-5）により提唱され、85年にオランダ北部のフリースラント州（Friesland）で実現したのが初とされ、その後欧州各地で様々な実験的な試みがなされてきた。ソフト対応の歩行者優先ゆえに、その定着には時間を要し、実用化するのは2000年代以降とされる。おそらくその提唱とは脈絡はなかったと思われるが、この「特段のデバイスを設けない歩車共存＝シェアド・スペース」をこの小さなまちでいち早く実現することとなった。

写真9-38　ハスラッハのハウプト通りのシェアド・スペースの石畳の道

注9-4　帝国都市：諸侯（領主）から独立して神聖ローマ皇帝・ドイツ国王に直属することで自治権を獲得した都市のこと

注9-5　ハンス・モンデルマン（HANS MONDERMAN 1947-2008）オランダの交通工学者、数々の都市デザインプロジェクトで交通マネジメント実務を担当。参考：HTTP://WWW.ECOPLAN.ORG/

（２）ハウプト通りのシェアド・スペース街路

その改造計画はほぼ円形状の旧市街を貫くハウプト通り（Hauptstraße）の南北方向のわずか１３０ｍ区間を対象に86年から始まり、その後の地元関係者協議、工事を経て、89年に石畳の道として完成した。幅員は概ね11～13ｍ、南の折れ曲がりの角にマルクト広場があり、そこに旧町役場の建物が位置し、その南にはまちの教会が置かれている。完成した通りは中央部に幅員３ｍ程度の通行帯がジグザグな形となり、そこは歩行者に加え、自動車も徐行しながら進入する。運転者は所どころに配置された停車可能スペースに車を置き、店で買い物をすることができる。その停車も実に短時間で、入れ替わり利用する。その譲り合いも、まさにシェアドの意味が共有されているように思える。

図９・８　ハスラッハ・イム・キンツィクタールの中心部地図、円状に市街がつくられていったことが判る

図９・９　ハスラッハ・イム・キンツィクタールの航空写真
出典：Google Earth

写真９・39　ハウプト通りの南側入口に置かれた「ハスラッハにようこそ」のサイン

写真９・40　ハウプト通りは歩行者と自動車が共存している

この道路の入口に歩行者優先の特殊な道路であることを示すサインが置かれ、入口にはライジングボラードが設置されている。そのボラードが上にある時間帯は当然のことながら歩行者専用空間となる。ここを通行する歩行者は皆、中央部を歩く。それもそのはず、歩道上のお店側には最小限の通路の他はレストランの前にはオープンカフェのパラソル、テーブル、椅子が置かれ、また物販のお店の前には商品の陳列が認められ、その領域を示すプランターや柵が置かれている。その結果、通行帯は狭いうえにシケイン（蛇行）で車の走行速度は抑制される。つまり、真ん中の通路は歩行者通行帯でもあり車両通行帯でもある。これこそ歩行者優先のシェアド・スペースそのものと言ってよい。

以前は中央に幅7m程度の車道に双方通行の車が走り、両側には段差のある幅2～2・5m程度の狭い歩道のごく普通の複断面道路であったのが、この改造で歩車道段差の無い石畳で一方通行の歩行

写真9-41　1970年代の改造する前のハウプト通りの状況 ©Matt Ball　出典：Shared SpaceIntersection Haslach im Kinzigtal:Matt Ball on October 14, 2007

写真9-42　2015年時点の上記写真とほぼ同じアングルの写真

写真9-43　1970年代の改造する前のハウプト通りの写真 ©Matt Ball　出典：9-41と同じ

写真9-44　2015年時点の上記写真とほぼ同じアングルの写真

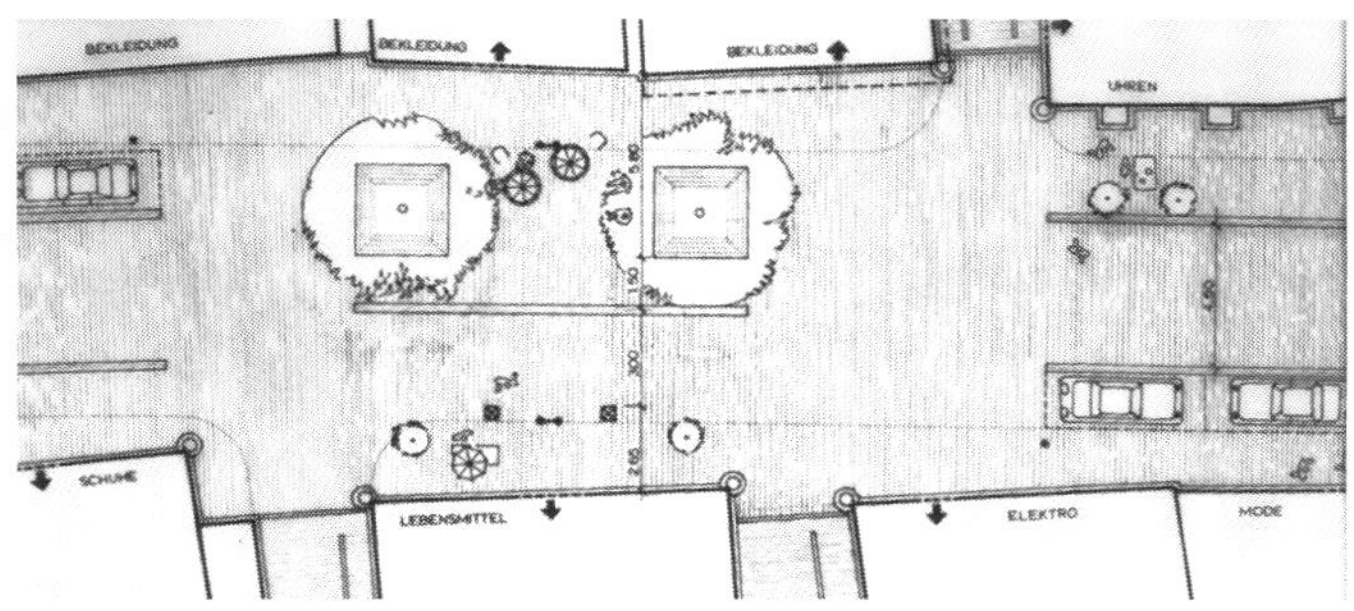

図9-10　ハウプト通りの部分平面図　出典：写真9-41と同じ

者優先の単断面の道に生まれ変わっている。

（3）周囲に広がる歩車共存道路「ボーンシュトラーセ」指定

この円形状の小さな歴史的市街には商店やレストラン、手工業の工房などが存在し、それが住居と併用するかたちで木骨建築の家並みが続いている。このような職住近接型の環境が中世の時代から営々と続けられてきた。それがドイツの小さなまちには息づいている。その生活空間を守るべく、旧市街の入口には前章に解説したオランダの「ボンエルフ」のドイツ版「ボーンシュトラーセ」の標識が置かれている。その意味では円状の外周道路の内側の市街の街路は70年代以降、全面的に歩行者優先の生活道路指定がなされてきたことが読み取れる。

その中心軸のシェアド・スペースのシステムもごく当たり前のように市民に受け止められる背景には、面的指定の歴史があるからと思えば合点が行く。その規制ゆえに、区域の入口に置かれた休日・平日の進入可能時間帯や指定場所以外駐車禁止、一方通行、ゾーン30指定などの標識以外は区域内ではほとんど見かけることがない。実はドイツではオランダの例と同様に、道路法、道路交通法の改正によって、外周の幹線道路を除く内側の生活道路区域すなわち「居住環境区域」に定められ、歩行者優先思想の「ボーンシュトラーセ」が自動的に指定される制度が組み込まれているのである。そこではゾーン30やゾーン20などの速度規制は自治体の裁量で選択できるようになっている。このように、ドイツでは「特段のデバイスを設けない歩車共存＝シェアド・スペース」が受け入れられる素地が市民の中に定着している。それをこの小さなまちが如実に教えてくれているように思える。

写真9-45　区域の入口に立つ交通標識、一番下の標識がボーンシュトラーセ標識である

写真9-46　区域内はゾーン30に指定されていた

第10章　英国の歩行者空間の発展そしてシェアド・スペースへ

前編で解説した１９６８年以降の歴史都市調査で交通計画面での中心的役割を果たしたのが都市計画家コーリン・ブキャナン、その街路空間を舞台とする様々な環境改善提案こそ「ブキャナン・レポート―Traffic in towns」の理論を体現化したものであった。それは交通のための空間（都市の廊下）と良好な居住空間（居住環境区域）を明確に分けること、つまり居住空間領域は基本的には歩行者優先という主張にほかならなかった。68年調査の前年の67年に英国初の既存市街地における歩行者空間（注10－1）が、歴史都市として知られるノーリッジにおいて実現し、一躍注目を浴びることとなる。

1　英国初の中心市街の歩行者街路の出現――ノーリッジ

(1) ノーリッジの中心市街に流入する自動車交通

ノーリッジ（Norwich、人口約13・5万人）は首都ロンドンの北東、鉄道で約2時間のノーフォーク州の州都で、古くは古代ローマ時代にまでその歴史は遡り、ベンスム川（River Wensum）の水運を活かした対岸の欧州大陸との交易などで栄えてきた。とりわけ中世の16～17世紀にはロンドンに次ぐ第二の都市であったが、産業革命期の発展のなかで取り残され、次第に衰退していった。しかしその繁栄期に築かれた城や大聖堂、教会などの多く建造物、中世以来の街路網などの歴史資産を遺してきた。

注10－1　ニュータウンにおける歩行者専用道路は59年にロンドン近郊のニュータウン・スティブネイジ（STEVENAGE）に実現している

写真10－1　ノーリッジの中心市街に流入する自動車交通で市内は至るところで渋滞が発生　出典：NORWICH IN THE 1960S PETE GOODRUM, 2013

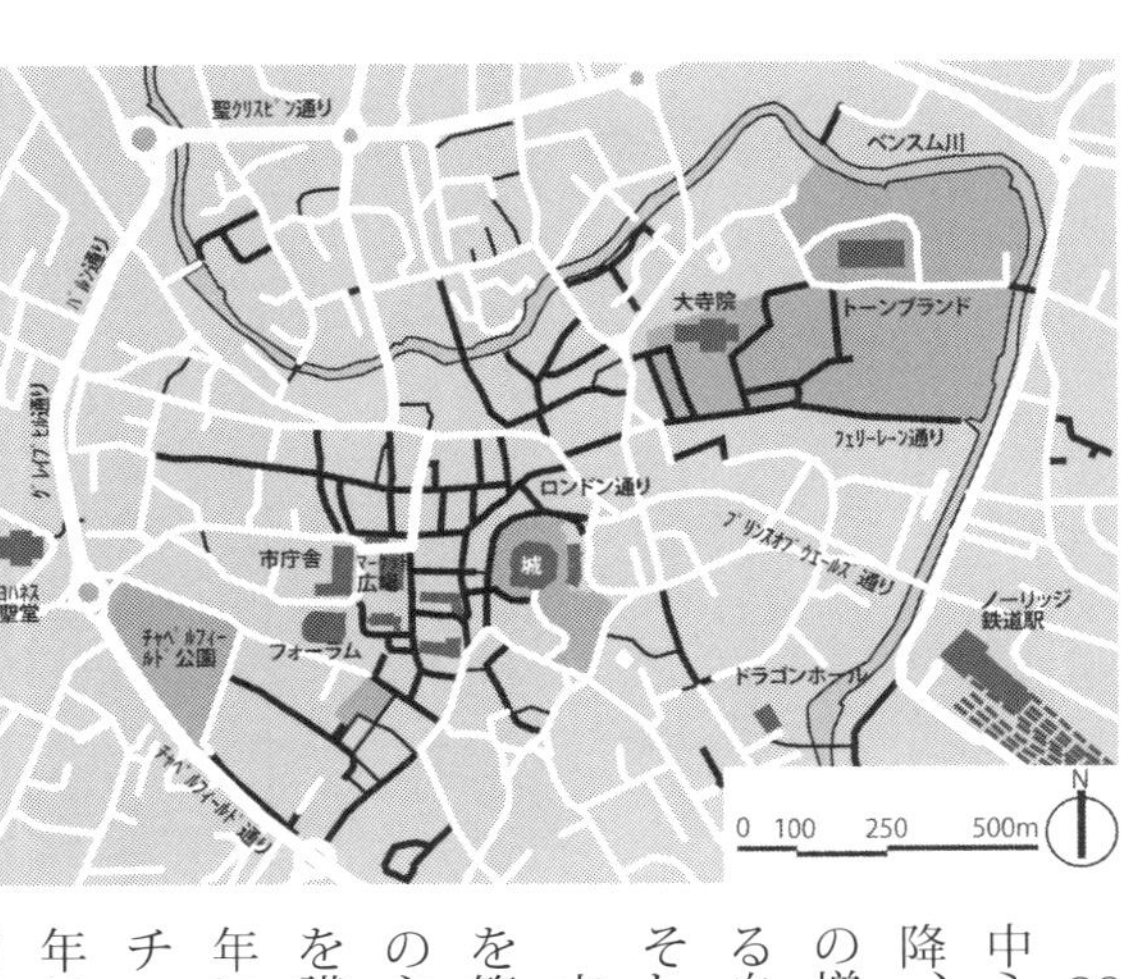

図10・1　ノーリッジ中心部の街路網、黒線になっている通りが2016年現在の歩行者空間の区域

20世紀になり、その歴史的市街に多くの自動車が流入し、中心部の生活環境は一変する。それが顕著になるのが50年代以降、郊外住宅地の開発も含め、中心市街から脱出する市民層の増加で、まちの賑わいは薄れていく。一方で中心部に流入する自動車交通量は増え続け、それによる環境問題や交通渋滞そして事故が多発する。

市はその問題に対処すべく、中心市街の抜本的な交通計画を策定し、都心環状道路計画そして駐車場整備に加え、市内の主要な商店街通りをいくつか指定し、自動車進入禁止措置を講じることとなった。その背景として国（英国運輸省）は67年に交通事故を削減すべく「道路の安全——新たなアプローチ（Road Safety-A Fresh Approach）」の文書を発表し、さらに74年に道路交通法（Road Traffic Act）を改訂して、既存道路を一定時間の通行規制および終日規制を可能とした。

（2）ロンドン通りの歩行者空間整備

67年に英国初の歩行者街路となったのが、城の北側に位置するロンドン通り（London St.）で、幅員は概ね7～15m程度、緩やかに曲線を描く延長200mばかりの道路である。この道は市の中心部にある市庁舎方面に向かう車が大量に通り抜け、沿道は騒音、振動、排気ガスに加え、歩行者は常に身の危険を感じ、現実に事故も発生していた。その交通量は日中1時間あたり600台（8～20時）に

写真10・2　60年頃のロンドン通りのベドフォード通りとの交差部付近、自動車が走り抜けるなど危険な状態　出典：For Pedestrians Only, Robert Brambilla, Gianni Longo, 1978

写真10・3　ロンドン通りのベドフォード通り交差部付近（2015年）

も上り、狭い道路に双方向に行き交うために随所で渋滞が発生するなど、問題は深刻化していた。65年になり、道路下に敷設された下水道の改修工事のため、３か月間の通行止めが行われることとなった。地元商店はそれによる売上減を懸念したが、それは杞憂に終わり、また商店への商品搬出入は背後や交差道路から行うことにも慣れていった。逆に住民たちがそれを歓迎したこともあり、その「実験」は結果として6か月間にも及び、その経験が歩行者街路化へとつながっていく。

市はこの通りの歩行者街路化を決定し、67年に英国初の歩行者街路実現セレモニーはC・H・サットン市長列席で行われている。その残されたニュース映像からは、従来の道路に可動式のプランターを設け、交通制御を行うだけの簡素なものであったようにも見える。歩行者街路の実施前後の商店街売上状況実態調査は極めて好評で、沿道32店のうち回答のあった30店の中の28店舗で向上し、歩行者交通量は土曜日の9~18時までの間、以前の2・5万人から実施後は3・6万人となり、45ポイントの増加を示したという。その理由のひとつに、自動車交通量の増加でめっきり減っていた子供連れの買物客や高齢客が戻り、またショーウィンドウをゆっくり覗く人が増えるなど、明らかに買物客数が

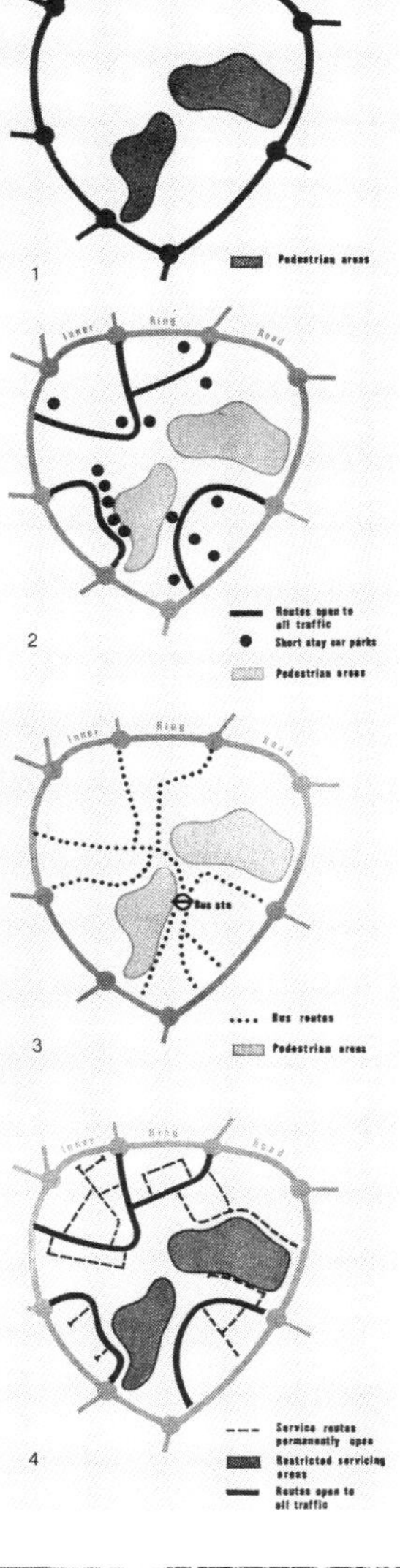

図10・2　ノーリッジ市の中心部の交通計画の概念図、1は面的な歩行者区域と外周の内環状道路の設定、2は内側のループ道路とその沿道に配置する駐車場の提案、3がバス路線網の提案、4はさらにループ道路内側の区画道路網　出典：Norwich Draft Urban Plan, Norwich City Planning Officer, 1967

写真10・4　70年代初頭のロンドン通りの整備された東側入口のミニロータリー部、出典：STREETS FOR PEOPLE, OECD, 1974

写真10・5　2015年の東側入口部分、当時植えられた樹木が大きく成長した

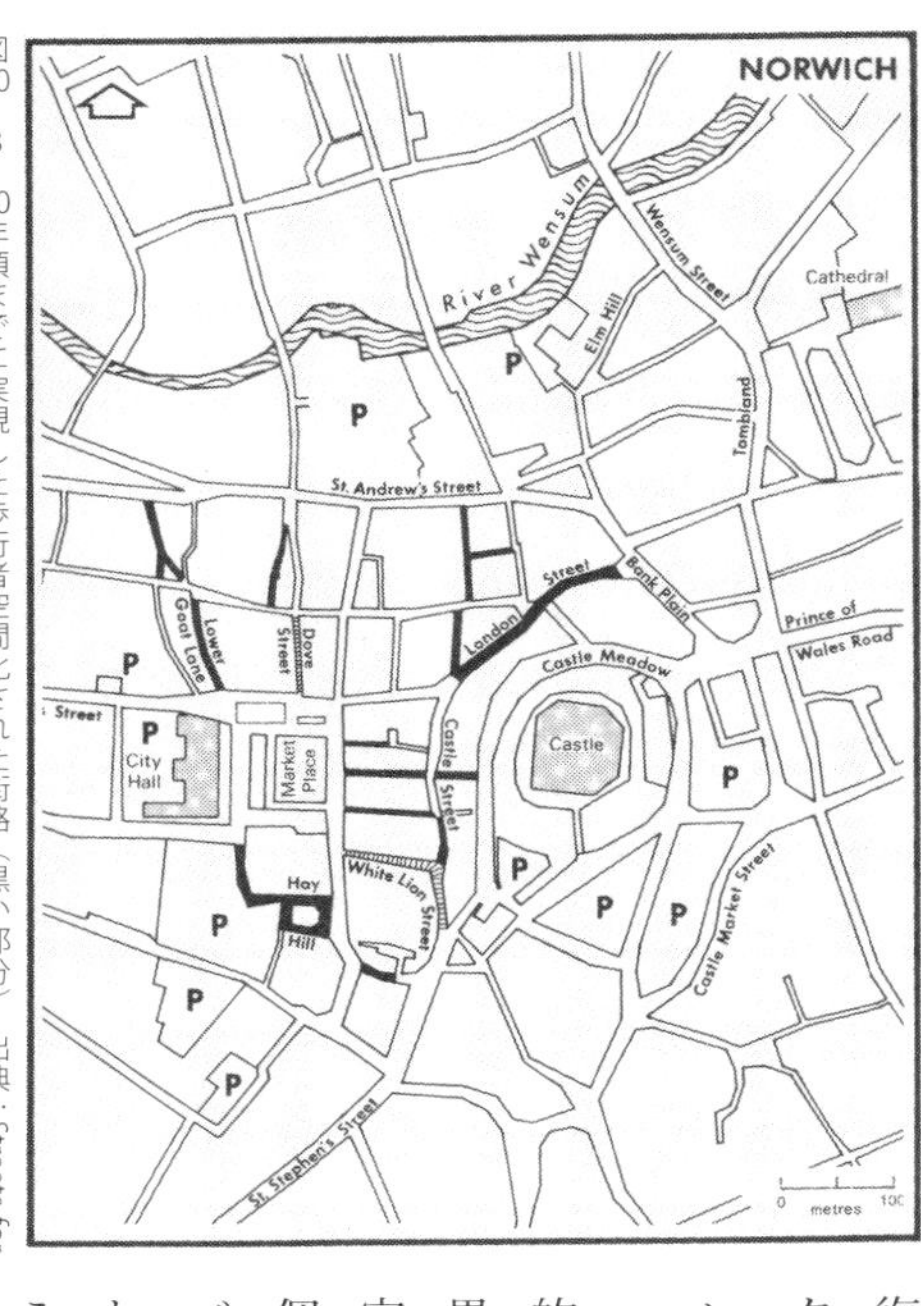

図10-3 70年頃までに実現した歩行者空間化された街路（黒い部分） 出典：Streets for People, OECD, 1974（前掲書）

復活したのである。自動車運転者のインタビューでも、好評との報告も残されている。

その結果を受け、市は数年後には本格的な歩行者空間整備工事に着手した。石畳とレンガ、平板敷きの舗装、そして適宜ボラードが配され、幅員に余裕のある個所には高木が植えられ、その周囲にはベンチが設けられるなどの仕掛けが施されている。東の端部の広場には樹木を植えたミニロータリーが設けられるなど、自動車の転回とサービス車両の停車に加え、巧みな景観演出も図られている。

歩行者空間化からほぼ半世紀経た今、このロンドン通りは多くの市民や観光客で賑わうなど、かつてこの道に大量の自動車が走り抜けていたことが全く嘘のような幸せな光景が続いている。

(3) 周辺街路への歩行者空間の拡張と交通システム

ロンドン通りの成功を機に、周辺の通りも交通閉鎖が相次ぎ、歩行者街路に改造されていく。例えば、ロワー・ゴートレーン通り（Lower Goat Lane）、ダブ通り（Dove Street）、デイヴィー・プレイス通り（Davey Palace）、キャッスル通り（Castle St.）の一部区間など合計10数本の通りが70年代初頭までの

写真10-6 70年代初頭のロンドン通りのセントアンドリュース・ヒル通りとの交差部 出典：STREETS FOR PEOPLE, OECD, 1974

写真10-7 2015年のほぼ同じ部分、新たにサークルベンチが設けられている

間に歩行者空間へと転換されていく（図10－3）。市も中心市街への自動車の通行を抑制すべく、外周に内環状道路を巡らし、その内側に内ループ道路を指定し、周囲に計8千台規模の多層式または地下式の駐車場を整備する計画を立案する。その基本形は前掲のブキャナン・レポートに倣ったもので、さらにバス網などにも言及している。しかしその道路新設計画は市の財政難で完成を見るのに時間を要したが、歩行者空間化と駐車場確保は着実に進められていった。

（4）中心市街一帯の歴史保存地区の指定・「生活街」の再生

ロンドン通りの歩行者空間化実現の年、67年の英国国会において既解説の「シビック・アメニティ法」、翌「1968年都市農村計画法」、そして「1969年住居法」が制定され、「歴史保存地区」を指定し、保存改修への公的支援の仕組みが出来あがる。このノーリッジもウェンサム川両岸を含む

写真10－8　1899年に建てられたロイヤル・アーケード、ヘイマーケットとお城とを結ぶ位置

写真10－9　マーケット・プレイスの北側のギルドホール・ヒル通りの1960年代の風景、左の建物は歴史的建物ギルドホール、多くの自動車の通行する通りであった　出典：NORWICH DRAFT URBAN PLAN, NORWICH CITY PLANNING OFFICER (1967)

写真10－10　2015年の上記通りの風景、ここも70年代に歩行者空間化され、現在に至る

写真10－11　賑わう市庁舎前のマーケット・プレイス

写真10－12　マーケット・プレイス東側のヘイマーケット通り

広範な区域を地区指定し、本格的な建物修復そして街並みの改善が行われていく。

それは各通りの歩行者空間化のはずみとなり、中心部の商業地区そして市庁舎周辺そしてロンドン通り一帯の面的な歩行者区域へと発展していく。今ではこのまちの中心部では車の通る道より歩行者街路の方が多いと言えるくらいに増え、この区域内の商店、各住戸への配送は原則午前3時～10時までに制限され、この中心市街も名実ともに市民の暮らす「生活街」の再生へとつながっていったのである。この方式は英国の他都市にも大きく波及することとなる。

2　リーズの歩行者区域――モール街と歴史的アーケードの連携

次にイングランド北部、ウェスト・ヨークシャー地方に位置する中核都市・リーズ（Leeds、人口約76万人）を紹介しよう。ロンドンから北に約３００km余り、スコットランド方面の幹線沿いで時間距離は2時間余りの位置にある。古くからエア川の水運で14世紀から毛織物業などの工業化をいち早く成し遂げ、その後の産業革命期にはエアー・カルダー水路（１７０４年）、リーズ・リヴァプール運河（１８１６年）の開削による輸送力の増強を果たすなど、永らく近代工業の拠点都市となってきた。そして１８４８年の鉄道開通を機に大きく発展し、英国第三の都市にまで成長していく。

（1）60年代初頭の中心市街の交通計画

このまちも20世紀以降の自動車社会の進展の中で、他都市と同様に中心市街の空洞化に伴う様々な問題に直面していく。それを解決すべく、中心市街の再生への第一段階の施策として60年代初頭に新たに都心部交通計画が策定されている。その前提となったのが半径１・５kmに収まる都心環状道路を

写真10・13　リーズの発展を支えたエア川沿いのかつての工場地帯、レンガ造の建物を活かした集合住宅地の再生が進められている

計画し、中心市街の交通管理策として下記の方針が立てられている。①歩行者街路化による自動車進入抑制、②一方通行街路の指定、③交差点改良による通行単純化、④公共交通対策としてのバスレーンの新設とパーク・アンド・バスライド、⑤駐車場対策としての8千台分の確保、の5項目であった。それを実現するかたちで、70年代初頭には歩行者街路が続々と誕生していく。

（2）70年代初頭の歩行者街路網の実現

いち早く歩行者街路の対象となったのが、中心市街の商業地を東西に貫く幅員15ｍのボンド通

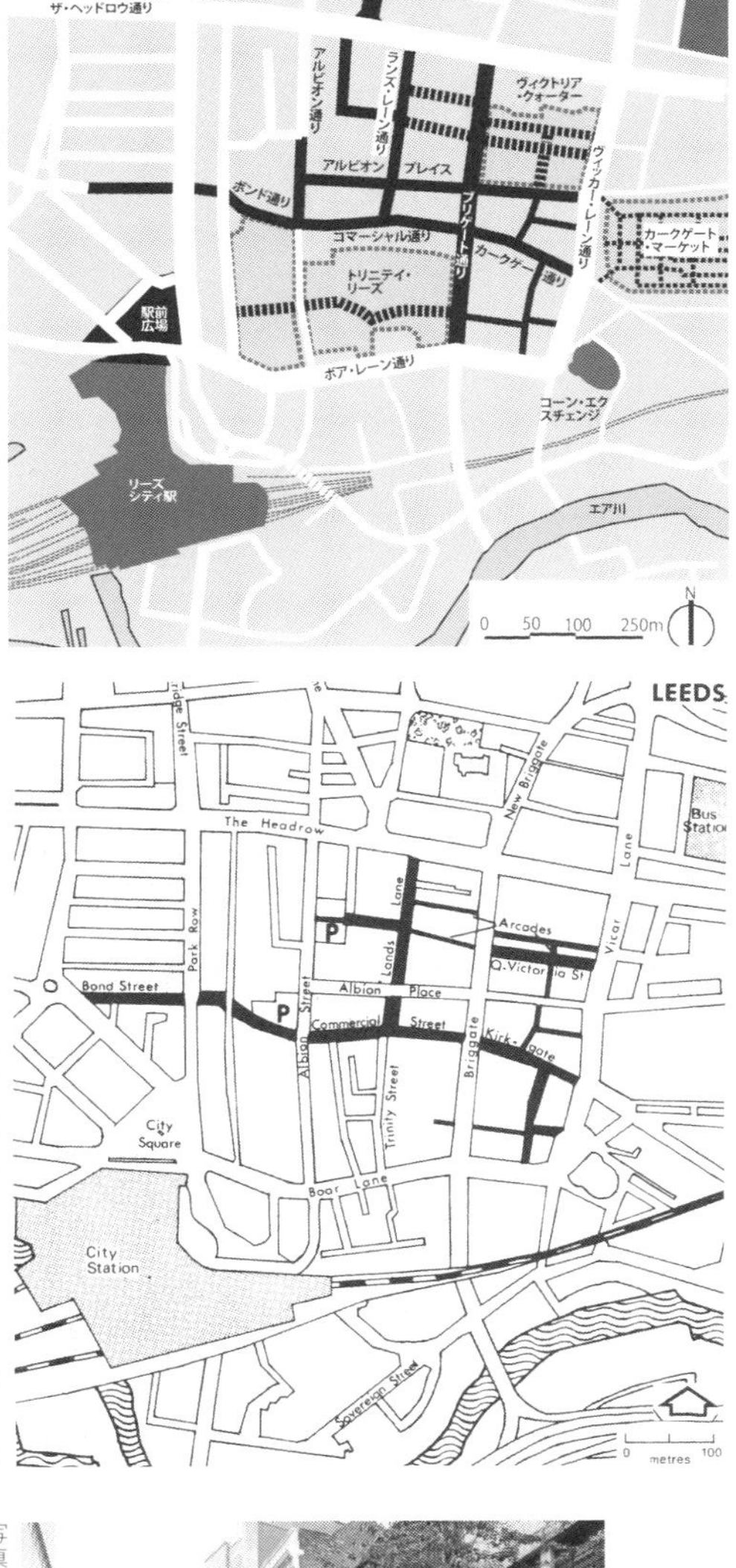

図10-4　リーズの中心市街地図（黒い部分が歩行者空間、点線はアーケード街）

図10-5　1972年までの歩行者空間、出典：Streets for People, OECD, 1974（前掲書）

写真10-14　71年に歩行者空間化されたカークゲート通り

写真10-15　ソーントンズ・アーケード(Thornton's Arcade,1878)

写真10-16　クイーンズ・アーケード(Queen's Arcade,1988)

写真10-17　カウンティ・アーケード(County Arcade,1898)

写真10-18　グランド・アーケード(GrandArcade,1897)

り(Bond St.)、コマーシャル通り(Commercial St.)、それに直交する9m級の南北のランズ・レーン通り(Lands Ln.)、キング・チャールズ通り(King Charles St.)の4本の街路であり、71年に実現している。翌72年には東西方向のクィーン・ビクトリア通り(Queen Victoria St.)、カークゲート通り(Kirkgate)、とそれに直交するセントラル通り(Central Rd.)、フィッシュ通り(Fish St.)が続く。その歩行者街路の総延長は1・24kmにも及んだと報告されている。これらの沿道商店等へのサービス車両は原則通行可とし、一般車両のみ10時～18時まで規制とされ、後に歩行者通行量の多い時間帯のサービス車両の進入は避けることで地元意見が集約化され、15時から翌日の11時半への規制に切り替えられるなど通りの特性に合わせ選択される仕組みとなっている。

これらオープンモール型の歩行者街路に加え、この街の中心部には産業革命期の遺産とも言うべき19世紀末に造られた鉄とガラスのアーケード街(パサージュ)が残されていた。例えばソーントンズ・アーケード(Thornton's Arcade、1878年築)、クイーンズ・アーケード(Queen's Arcade、88年築)、グランド・アーケード(Grand Arcade、97年築)、カウンティ・アーケード(County Arcade、98年築)、クロス・

写真10-19　歩行者ゾーンの入口交通標識、午前7時～10時半のみ車の進入が認められている

アーケード（Cross Arcade、98年築）など、いずれも19世紀末のヴィクトリア時代を代表する名作として知られ、この区域一帯のアーケード街は総称してヴィクトリア・クォーター（Victoria Quarter）と呼ばれ、現代に残る全英で最も美しいアーケード街とも言われている。

（3）90年代の面的歩行者区域の完成

そのヴィクトリア・クォーターだが、その中心に位置する59年に解体されたかつてのヴィクトリア・アーケード（Victoria Arcade）が現代的なアーケード街として90年に復活する。それによって3つの新旧のアーケード街と2本の歩行者モールが連なる3街区にわたるかつてのクォーターが名実ともに復活することとなった。それはヴィクトリア通り（Victoria Ln.）の東側に連なる欧州最大級の屋内マーケットと言われる１８７５年にオープンした市営の歴史的なカークゲート・マーケット（Kirkgate Market）、そして１８６４年に建てられた穀物取引所のコンバージョン建物である「コーン・エクスチェンジ」のマーケットを含め、この界隈の魅力度を一層高めることになった。

ヴィクトリア・アーケード復活とともに、中心市街の南北４００ｍ、東西５００ｍの歩行者区域が実現の方向に動き出す。アーケード西側のこの地区の広幅員のメインストリートのブリゲート通り（Briggate、幅員約20～25ｍ）が、93年に一般車を排除し、トラム、ミニバスのみ通行するトランジットモール形式の道として生まれ変わり、舗装も歩きやすい石畳に替り、多くの市民が集うこととなった。歩行者通行量の増加を受けて、わずか3年後の96年に公共交通も別ルートに移動し、本格的な完全歩行者街路となっていく。そして直交するアルビオン・プレイス通り（Albion Pl.）、キングエドワード通り（King Edward St.）からも自動車が締め出され、面としての歩行者区域へと発展していくのであった。

注10・3　トヨタ交通環境委員会／都市交通分科会「都市交通レポート」１９７０年代後半、コピー版を筆者所有

写真10・20　１８６４年築のコーン・エクスチェンジマーケットの外観

写真10‐21　リーズのメインストリート・ブリゲート通りの広々とした歩行者空間

写真10‐22　ブリゲート通りには随所にベンチが置かれ、市民は自由に休憩することができる

写真10‐23　通りには幾つかの露店が置かれ、常に人の気配を感じることができる

写真10‐24　ヴィクトリアクォーターに復活した新しいガラス屋根のヴィクトリア・アーケード

写真10‐25　トリニティ・リーズ再開発ビルの巨大なアーケードの商業空間

（４）２０００年代以降の再開発区域内の歩行者空間との連携

加えて、ボンド通りとコマーシャル通りの南側と鉄道駅側のボアー・レーン通り（Boar Ln.）に挟まれ、そしてアルビオン・プレイス通りの東西の複数街区に跨る複合型再開発地区のトリニテイ・リーズ（Trinity Leeds）は２０１３年に完成し、中央に巨大なアーケードを内包する商業床９・３万㎡を含む大型複合商業施設がオープンしている。これは２つの大型店に加え１２０店舗の専門店、レストラン、映画館街を擁し、それをつなぐアトリウムやアーケード街が設けられている。これに接続することで、中心市街から鉄道駅までつながる質・量ともに全英を代表する歩行者区域が完成していった。

このように、このリーズの中心市街には産業革命期から現代に至る実に多彩な商業環境が存在している。それがこの半世紀前の都市計画の転換によって、この中心部には自動車の喧騒から解放された歩行者区域が実現し、市民は安全な通行が保障された都市空間の楽しさを享受することが出来る。あらためて、前編で紹介した「イギリスは豊かなり」の書を思い起こしたのであった。

3　ブライトンのシェアド・スペース＝ニューロード

(1) 本格的な「シェアド・スペース」、ニューロード

ロンドンの南約70㎞、鉄道で1時間弱の英国屈指のリゾート保養地・ブライトン（Brighton、人口約25万人）、ここはロンドンの湘南といわれる海岸線ビーチに加え、11世紀からこの地に建つ聖ニコラス教会や19世紀の国王ジョージ4世の摂政皇太子時代に海辺の別荘として建てられた王室の離宮ロイヤル・パビリオン、そして海岸にはブライトン・ピア（桟橋、１８２３年築）などの歴史の集積がこのまちの魅力になっている。そして数年前に実現した「シェアド・スペース」街路が注目されている。

この街の中心部の鉄道のブライトン駅とピアのほぼ中間に位置する王立劇場とステューディオ劇場、パビリオン庭園に挟まれた、幅員約13ｍ、延長約１８０ｍのニューロード（New Road）が、２００７年に「シェアド・スペース」として改造された。以前はごく普通の歩道と車道の段差のある複断面道路であったが、観光シーズンには狭い歩道からはみ出し通行する人々も見られ、道に面する2つの劇場の公演時や隣接するパビリオン庭園で開催されるイベント時などにはこの通りは人で埋め尽くされるという。そこに自動車が通行する。その危険回避のためにこの道が改造の対象となっていったという経緯がある。

この「シェアド・スペース」こそ前掲のように歩行者と自動車が同一領域をシェアする訳だが、原則として歩行者に優先権（Pedestrian Priority）がある。そこには信号や歩車道を区切るボラードやガードレールは存在せず、出入口にコントロールドゾーンの規制標識が立つのみ、路面は歩きやすい石畳

写真10-26　ブライトンの観光名所のひとつ、海に突き出た桟橋形式のブライトン・ピア

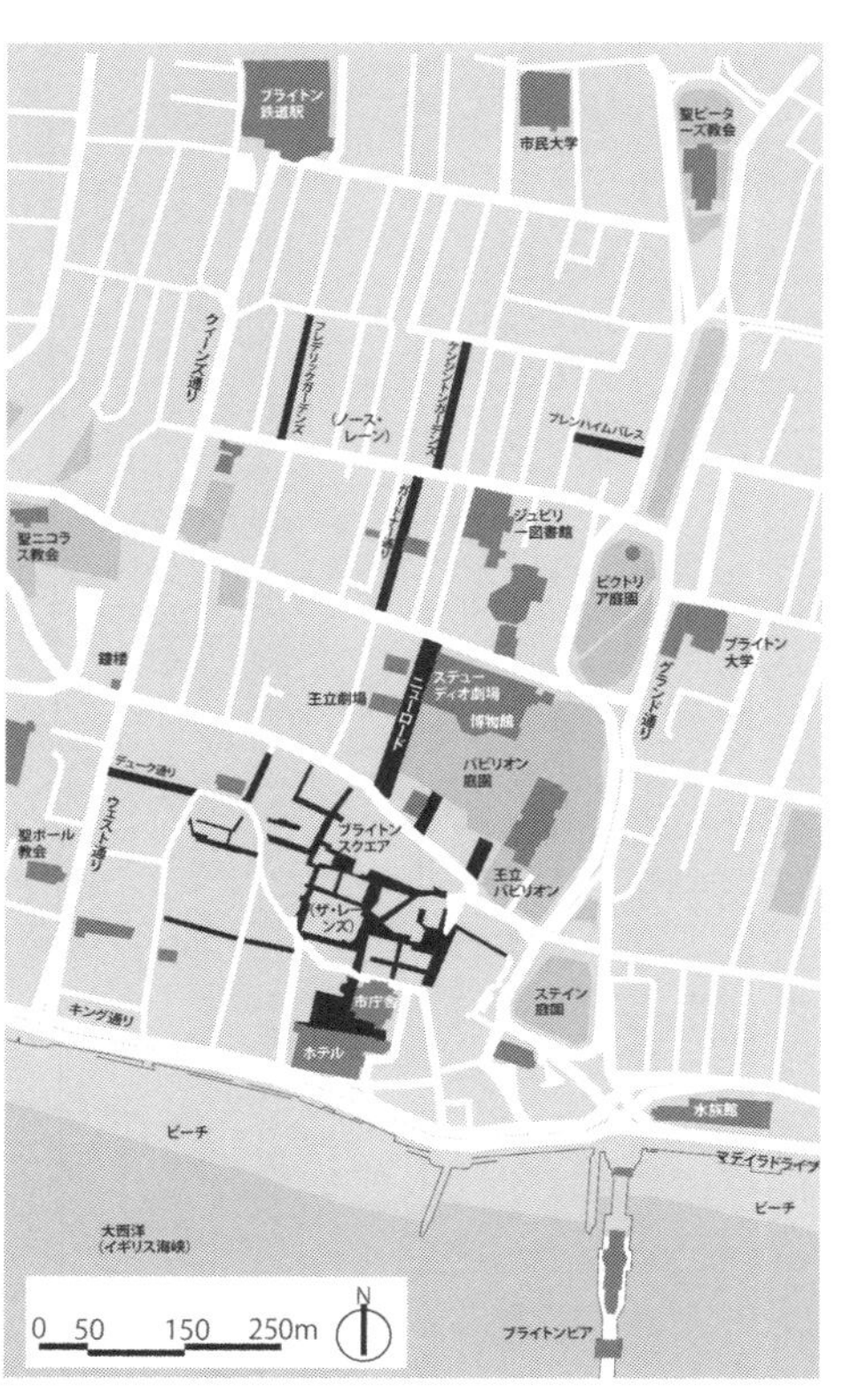

図10-6　ブライトン中心部地図

に替えられ、そこには歩道、車道の概念が消滅し、段差も全く存在しない。強いて挙げれば、かつての歩車道境界の位置にフラットな細い排水グレーチングが存在する。その全くフラットな歩車共存道路ともいうべき空間を通行する人々、バイオリンを演奏する人、ベンチで休む人たち、そこに自動車が速度を落として遠慮しながら進入する（20㎞／時以下）。駐車も特定の区域を定めて認められる。当然のことながら、お昼時から夜までは道路内の通行に支障のない場所に椅子とテーブルが並ぶ。

　このブライトンでのシェアド・スペースの改造計画を主導したのが、本書で何度も登場するヤン・ゲールにほかならない。この通りのデザインは高く評価され、都市デザインやランドスケープデザインの世界の数々の賞を受けている（注10-3）。その実現に当たっては商店主や一般市民も含めた数々

写真10-27　ブライトンのニューロードのシェアド・スペース街路（歩行者優先）

↑図10-7　ニューロード断面構成図（日本語記入、筆者）出典：HTTPS://LANDSCAPEISDONOVAN2.FILES.WORDPRESS.COM/2010/09/NEW-ROAD2.JPG

注10-3　設計：Architect: Gehl Architects, Engineer: Martin Stockley Associates, Brighton & Hove City Council,Contract administration: Brighton & Hove City Council の協同

のワークショップを経て、自動車の通行に係る数々の不安を解消し、使われ方の学習を行ったという。物的な障壁を無くし、それで安全性と利便性を備えたかたちの、まさに成熟した交通社会における理想の街路スタイルを示していると言ってもよいだろう。

写真10・28　ブライトンのニューロードの入口交通標識

（2）ブライトン市内の魅力的な歩行者優先の界隈空間

ニューロードの南側は中世の時代の街路網が残る旧市街、北側は短冊状の街区の17世紀以降に拓かれた新市街で、その北端に鉄道駅が位置している。その中で最も人気を集めるのがニューロードの海側（南）に連なるザ・レーンズ（The Lanes）である。ここは16世紀初頭の英仏間戦争で唯一消失せずに残された界隈、ブライトンが漁師町であった歴史を留めているという。まさに自動車社会から隔絶された複雑な迷路のように曲がりくねる路地街で、宝飾品店、アンティークショップやカフェなどが

写真10・29　ニューロードでは歩行者優先が貫かれ、日常的に人々は道の中央を歩く

写真10・30　ブライトンのニューロード、右に駐停車停車スペースが用意され、短時間利用が可能

写真10・31　ニューロードにはデザインされた木製ベンチが置かれ、そこで語らう市民の姿

写真10・32　ブライトン・ニューロードを行き交う歩行者、そして露店や路上カフェが営業している

写真10・33　ニューロードに隣接するパビリオン庭園でのイベントの野外演奏会

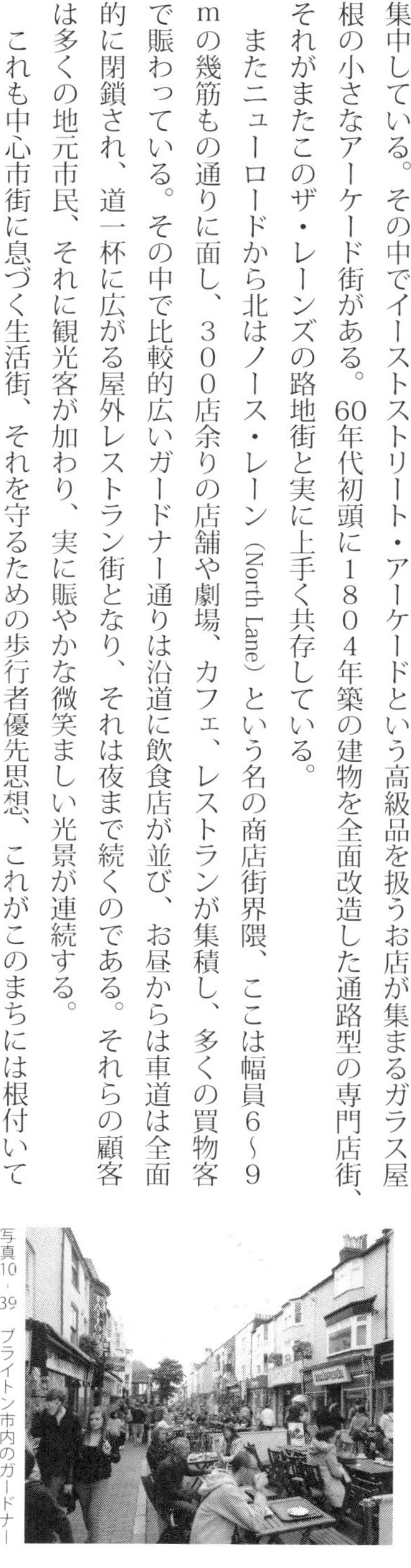

集中している。その中でイーストストリート・アーケードという高級品を扱うお店が集まるガラス屋根の小さなアーケード街がある。60年代初頭に１８０４年築の建物を全面改造した通路型の専門店街、それがまたこのザ・レーンズの路地街と実に上手く共存している。

またニューロードから北はノース・レーン（North Lane）という名の商店街界隈、ここは幅員6～9mの幾筋もの通りに面し、３００店余りの店舗や劇場、カフェ、レストランが集積し、多くの買物客で賑わっている。その中で比較的広いガードナー通りは沿道に飲食店が並び、お昼からは車道は全面的に閉鎖され、道一杯に広がる屋外レストラン街となり、それは夜まで続くのである。それらの顧客は多くの地元市民、それに観光客が加わり、実に賑やかな微笑ましい光景が連続する。

これも中心市街に息づく生活街、それを守るための歩行者優先思想、これがこのまちには根付いていることが判る。実に魅力的なまちである。

写真10－34　ブライトンのザ・レーンズの歴史的な路地界隈、ここには多くのショップが並んでいる

写真10－35　狭い路地を行き交う買物客や観光客の姿がある、実に魅力的な通りである

写真10－36　ザ・レーンズの中にある洒落たイーストストリート・アーケード内のお店と通路

写真10－37　ノース・レーンの商店街通りは多くの来街客で賑わう活気のある風景がある

写真10－38　狭い路地がつづくザ・レーンズ、この中にセレブの人たちが通う宝石店などがあるという

写真10－39　ブライトン市内のガードナー通り、お昼前から夜までは道一杯にテーブル、椅子が並び、市民の交歓の場となる

第11章　フランスの最先端シェアド・スペースと歩行者街路

1　ナントの「50人の捕虜通り」＝最先端シェアド・スペース

（1）「50人の捕虜通り」の名の由来

ここでは歩行者空間整備の最終章にふさわしい事例として、ナントの「50人の捕虜通り」の最先端とも言うべき広幅員のシェアド・スペース、そしてLRTの復活と周辺の歩行者優先区域を紹介する。

ナント（Nantes、人口約28万人）はフランス西部、ロワール川河畔のペイ・ド・ラ・ロワール地域圏・ロワール＝アトランティック県の県庁所在地でもある。ブルターニュ半島の南東部の付け根の位置にあり、大西洋への玄関口の港町として古くから栄え、1598年の「ナントの勅令」の舞台となったことでも知られる。港町ゆえの進取性と言うべきか、ここでの環境政策つまり脱自動車社会への取り組みは実に先端的である。例えば中心市街は面的なゾーン30指定がなされ、かつ徹底した歩行者優先政策、そしてLRT・BRT等の公共交通優先策が進められてきた。

ナントは別名「西のベニス」と謳われるほどの運河網を有し、この大通りも以前はロワール川の支流エルドル川の一部で、中世の環濠城塞都市の名残を留める濠であった。それが自動車社会の到来しつつある第二次大戦前の1920年代に埋立・道路計画が立案され、29年の着手後、大戦時の40年

写真11-1　90年以前の50人の捕虜通りの風景　出典：La reconquista d'Europa. La renconquesta d'Europa. Espacio púpblico urbano. Espai públic urbà. 1980-1999.

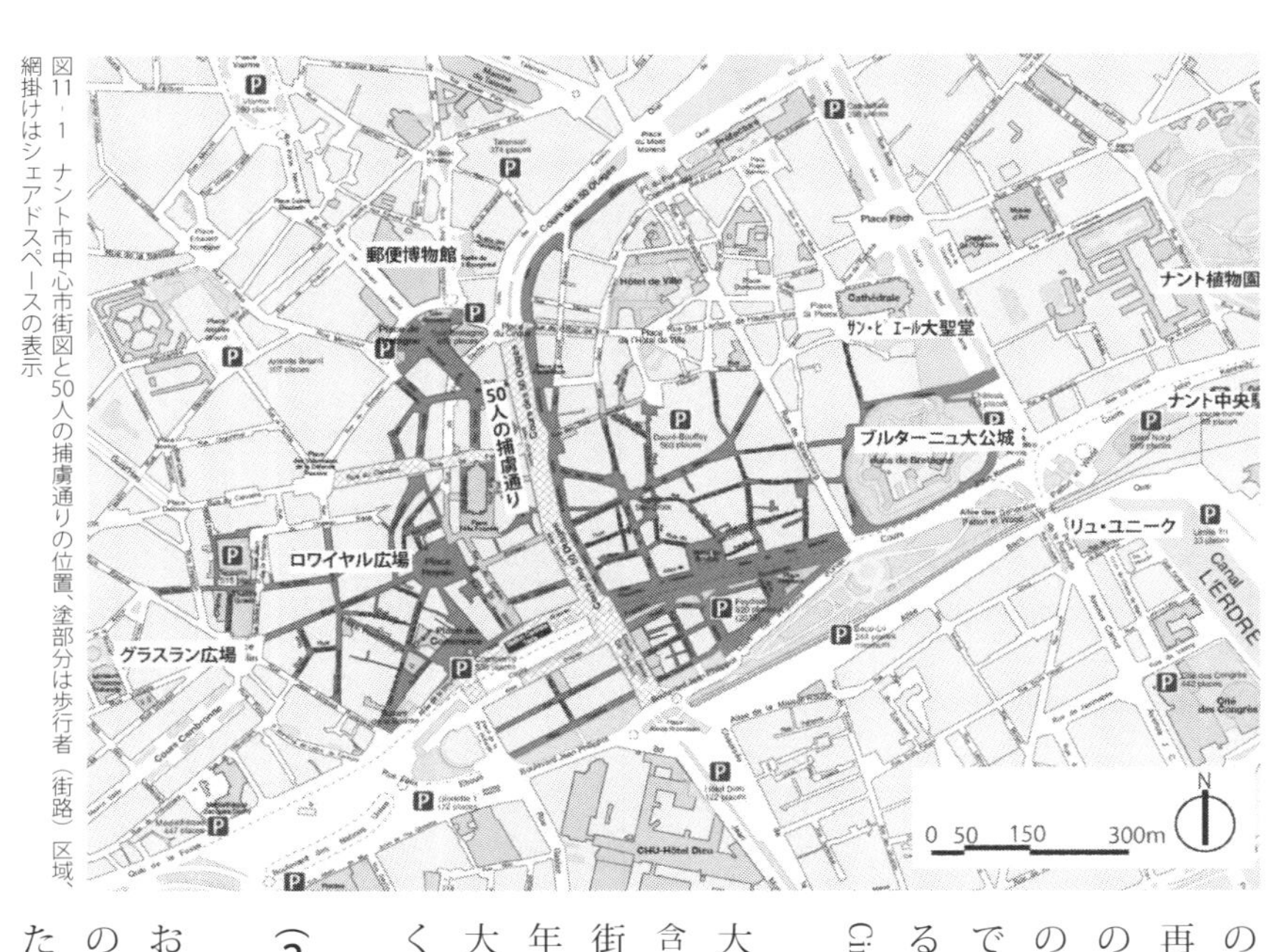

図11-1　ナント市中心市街図と50人の捕虜通りの位置、塗部分は歩行者（街路）区域、網掛けはシェアドスペースの表示

のドイツ進攻で中断し、そして戦争終結後に再開され、完成したのは50年代であった。その完成にあたって、この地で占領時代に48人のナント市民（捕虜）がレジスタンスの疑いで公開処刑されたという事件を記憶に留めるべく、通り名「50人の捕虜通り（Cours des Cinquente 50 Otages)」が付けられている。

その道路は幅員約40～60m、延長約1㎞の大通りとなり、往復10車線の車道（緩速車線含む）を有するかつての城郭を取り囲む旧市街の周囲を巡る幹線道路であった。それは50年代以降の急速な自動車社会の進展のなかで大量の自動車交通を担う大動脈ともなっていく。

(2) シェアド・スペース街路に至る経緯

しかしナントの経済中心すなわち繁華街はお壕の西側に大きく拡大し、ある意味ではこの道路の存在が中心市街を大きく二分していた。その交通機能を外側に新設される外周道

写真11-2　50人の捕虜通りの南側を望む。右側にLRT専用軌道、左に車道と自転車通行帯、車道の構成両側に広い歩道が設けられている

写真11-3　50人の捕虜通りの西側部分を走るLRT、このまちの主要交通機関として定着した

路に担わせ、当該道路の歩行者優先型の道路へと変身させるための検討が進められた。

80年代になり具体の計画策定のための設計コンペが実施され、選ばれたのがイタリア人建築家イタロ・ロッタのチーム（注11-1）であった。その提案にもとづき設計が進められ、そして92年に工事着手、翌93年10月に完成した。中央に幅約12mの車道2車線（中央帯と側帯込）と西側歩道との間にLRT専用軌道敷、そして広幅員の石畳歩道、各種ストリートファニチュア類がデザインされている（参考文献・注11-2）。それを機に市街の約52haの広がりの区域に、そして自動車の速度30km／h以下のゾーン30（Villes à 30）が指定されている。

注11-1 Italo Rota（1953-）。設計はITALO ROTA, JEAN THIERRY BLOCH, BRUNO FORTIER の協同

注11-2『Bruno Fortier：Grand Prix de l'urbanisme 2002』Ariella Masboungi, 2002

（3）2000年代の本格的シェアド・スペース街路の部分改造

その後、2000年代に入り、市は中心部の歩行者環境の充実を図るべく、面的な歩行者優先区

写真11-4 50人の捕虜通りの広々とした歩道、歩車道の縁石は特殊なボラードタイプとなっている

写真11-5 歩行者は車両通行帯をどこでも横断が可能、そのために段差は最小限に抑えられている

写真11-6 2012年の改造で中央に新たに設けられた往復交通の専用自転車通行帯

写真11-7 50人の捕虜通りのバス停付近、後続の自動車は乗降が完了するまで待つことが義務付けられる

写真11-8 50人の捕虜通りの路面標示、ここは歩行者優先の特殊な道路（シェアド・スペース）、自転車通行帯が記されている

域の交通規制を推進し、それと連動するかたちでこの通りの第二次改造、つまり本格的な歩行者・自転車そして公共交通を優先する街路とするための二度目の改修を行い、12年の秋に完成した。そして南側の約８００ｍ区間は歩行者の車道横断が自由、まさに歩行者に優先権のあるシェアド・スペース（注11－3）に指定されている。そのため、歩行者が自由に道路横断可能なように段差は抑えられ、車止め機能を兼ねた特殊縁石、自転車道の縁石類も実に上手くデザインされている。ちなみに極めて斬新なこの作品はフランス都市計画学会の２００２年グランプリ賞（Grand Prix de l'urbanisme 2002）を受賞している。

さらに驚くのは区間内の信号がすべて廃止され、交差点は円形の小さなラウンドアバウトで自動車

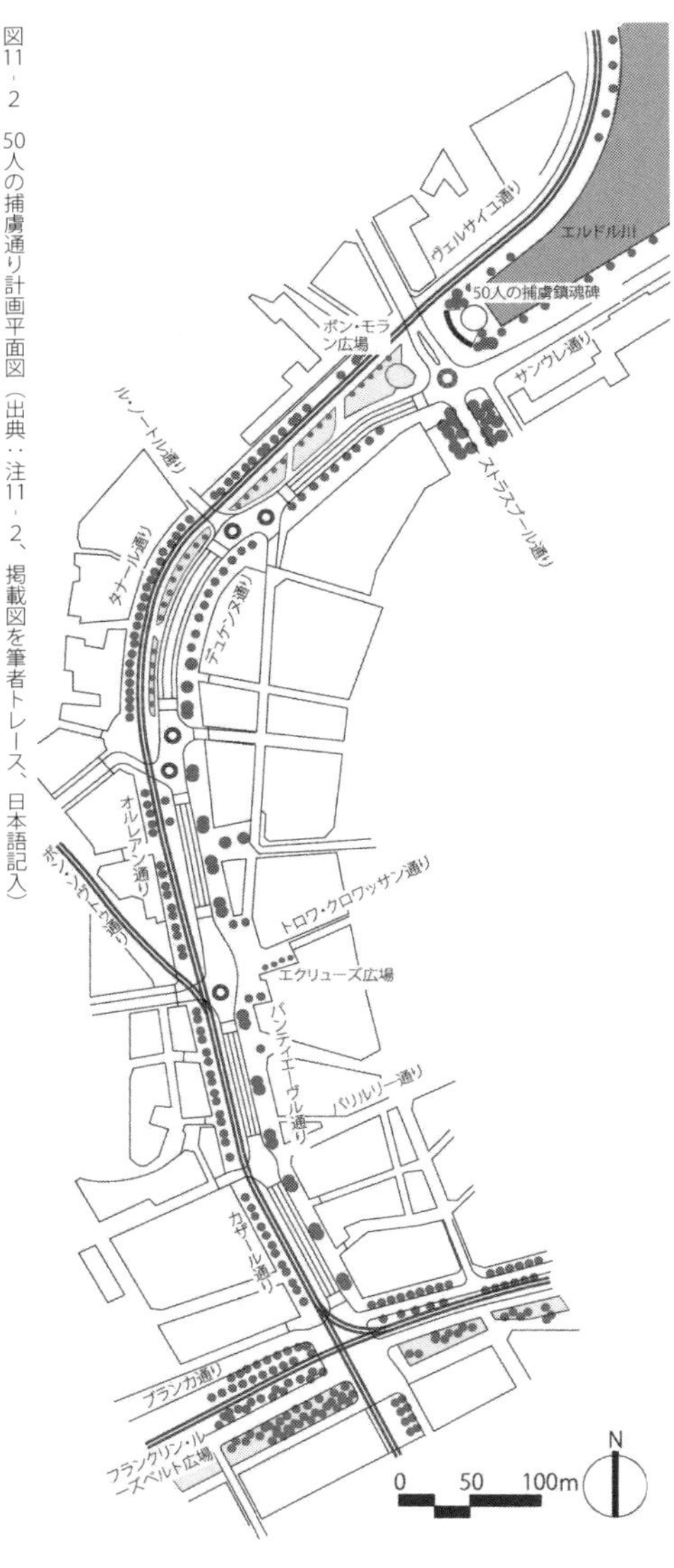

図11－2　50人の捕虜通り計画平面図（出典：注11－2、掲載図を筆者トレース、日本語記入）

写真11－9　２０１２年の改造でミニロータリーはツイン型からシングル型に改められている

注11－3　フランスではZONE À TRAFIC LIMITÉ（交通制限区域）というのが正式名称、本書においては歩行者優先領域ととらえシェアド・スペースと総称することとしている

は実に円滑に流れる。しかも北側区間には2箇所のツインロータリー型ラウンドアバウトが存在する。これによって一般的にはラウンドアバウト交差点は自動車が停車することなく走行しながら織り込みで車線変更して左折するため、交通量が多い場合は一般的には巨大な円形とならざるを得ない。それがツイン型では実にコンパクトな形に納めることができる。

あらためて左の2つの俯瞰写真を比べると、20年前と今とで大きく変わったのが中央の自転車道の追加とツインロータリー型ラウンドアバウトがシングル型に改造されたことが判る（写真11-10／11）。それは東のお城側につながる車道が完全閉鎖されて歩行者街路に変わったことによる。なお、このツインロータリー型ラウンドアバウトは北側区間には今も健在である。ちなみにツインロータリー型ラウンドアバウトはフランス国内各地で積極的に導入が図られているという。これは信号機を廃するこ

写真11-10　1993年の50人の捕虜通り、LRTやバス等の公共交通機関を軸とした大胆なシェアド・スペース街路はここから始まっている　出典：注11-2

写真11-11　2014年の同通り、2012年の改造で東側（左側）への道路が閉鎖され、ツイン型ロータリーがシングル型に変わっている。20年の時間の経過で樹木が成長した

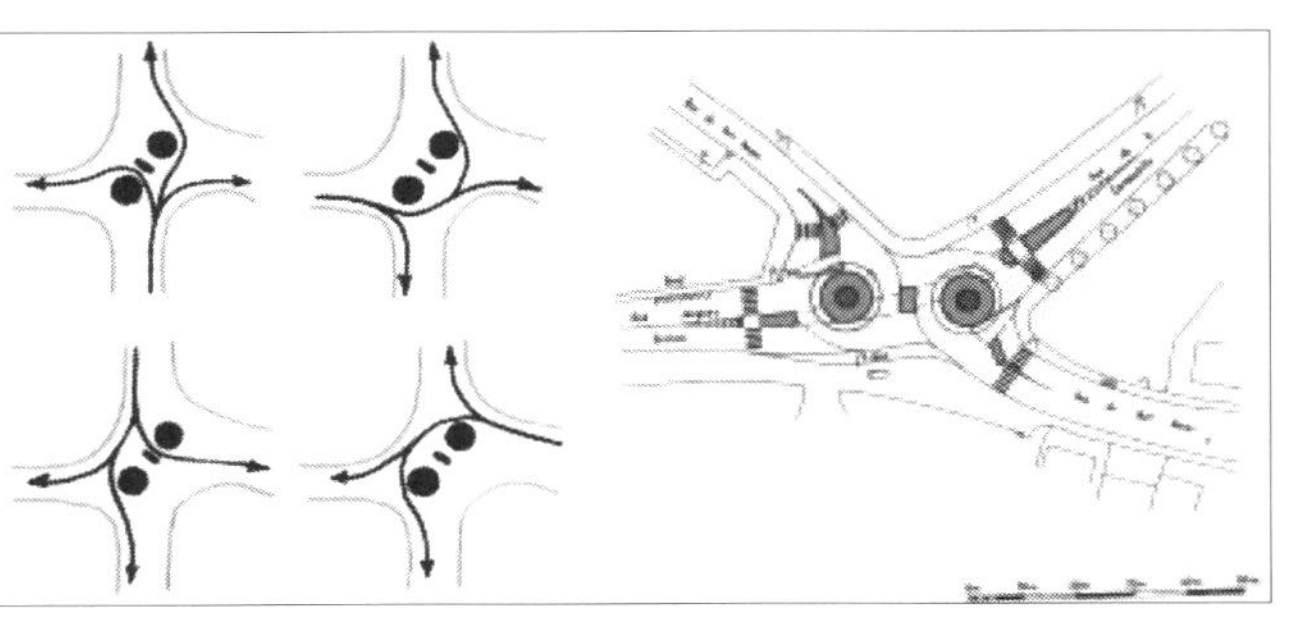
図11-3　ツインロータリー型ラウンドアバウトの典型例（右）と方向別交通処理（左）　出典：HTTP://WWW.INNOVATIONS-TRANSPORTS.FR/IMG/PDF/192-R01MT33.PDF

とで電力依存型社会の見直しと自動車交通流を抑制する効果も期待され、なにより電力停止時での混乱回避の意味も含めた、実に合理的な交通制御ツールと言ってもよい。

南側のシェアド・スペース区間は20年余りの時を経て、今では完全に市民の日常生活に定着した感がある。横断者は平然と車道を横切り、自動車側はそれを見て停車する。ここでは公共交通→歩行者→自転車→自動車の順で優先権が与えられている。まさに名実ともに歩行者優先の道が実現している。改修された車道部には中央に幅広の縁石で区画された自転車道（往復）が設けられた結果、両脇の車道が各1車線幅3m程度に狭められている。そのため車の追い越しは不可能となり、一般車はバスが前にいれば乗降の間は一時停車を余儀なくされる。しかも区間内のバス停は低床式バスが走るも、全く歩道と同レベルで利用者が乗り降りできるようにバス停部の車道が掘り下げられ、縦断線形は波を打つという、公共交通優先でかつ徹底したユニバーサルデザインの追求が行われている。

通りの広い歩道には豊かな街路樹が植えられ、所どころに椅子やベンチ、パラソルが置かれ、市民は自由にここでくつろぐこともできる。一部の飲食店前ではオープンカフェ形式の営業が行われている。前掲の比較写真では20年余りの間に樹木が大きく成長していることが判る。そして街路の車道の西側片側に連続的なデザインされた車道灯が並び、また広い歩道の中央には大きな笠を有する間接光式のデザイン歩道灯も連続的に建てられ、夜は心地よい間接光の明りの連続感を演出する。

（4）ナント中心市街の面的な歩行者区域の実現

前掲のように当該道路の第一次改造にあわせ、中心部一帯の広範囲な区域がＺＴＬ（zone-trafic-limite）の歩行者優先区域つまりシェアド・スペースに指定されている（図11-1）。しかもその区域は12年の第二次改造を機に大きく拡がった。つまり自動車の通行を制限し、歩行者優先のまちが以前に

写真11-12　2012年の改造でミニロータリーはツイン型からシングル型に改められている

写真11-13　バス停の車道が下げられ、乗降客はほぼフラットなレベルで乗り降りできるように配慮されている

も増して大きく成長している。その優先区域の細街路の入口にはICカードで自動昇降式のライジング・ボラードの設置で特定車両のみ進入したり、ゾーン30区域は今ではより歩行者に優しいゾーン20（Villes à 20）やゾーン15（Villes à 15）の規制となるなどのバリエーションが付け加えられている。

歴史的市街の面的に広がる歩行者区域の中には焦点となる広場や通り抜けのパサージュなど実に変化に富んだ都市景観を見せてくれる。街なかには多くの市民が集い、路上の至るところでオープンカフェ・レストランが営業し、そこを居場所とする市民たちでお昼から夜遅くまで賑わっている。そして赤ん坊や子供を連れた家族などの姿を多く目にする。明らかにこの近くに居住する多くの市民が存在することを物語っているのであろう。これも明らかに居住都市であるがゆえにこのような光景がごく自然に醸し出されているとも言える。

写真11-14　ナント中心市街の飲食街の夕方の日常風景、沿道の飲食店前のオープンレストラン風景

写真11-15　街なかの歩行者区域内の風景、自動車の進入しない街路には多くの人通りがある

写真11-16　電動式の可動ボラード、歩行者区域の入口には必ず設置がなされている

写真11-17　市内の至る所では路上に椅子、テーブルを迫り出したオープンカフェが営業している

写真11-18　ナント中心市街の歩行者街路、車いすの人たちも自由に通行する光景

写真11-19　ナントのパサージュ・ポムレー（La Passage Pmmeraye）の通り抜け通路、3層分の吹き抜け空間となっている

2　ストラスブールのＬＲＴを軸とした都市再生と歩行者空間

ストラスブール（仏：Strasbourg）は、フランス北東部アルザス地方に位置し、パリの東約５００km、ドイツとの国境となるライン川に接する人口約27万人の都市である。古くより欧州の東西南北の街道の十字路として栄えてきた。今ではその立地条件から、ＥＵ統合の象徴である欧州評議会、欧州議会などが設置され、近郊には外国企業や大学、研究機関が多く進出している。このまちは80年代にいち早くＬＲＴを復活させ、中心市街には豊かな歩行者空間が実現し、街並みも再生されて88年には「ストラスブールのグラン・ディル（Grande île）」としてユネスコの世界遺産に登録されている。

（１）新市長誕生によるＬＲＴの導入

ここも50年代以降、欧州の他の都市と同様に、街なかには大量の自動車が溢れ、１８６０年に開業した路面電車も道路混雑の元凶として、１９６０年に廃止され、百年の歴史を終える。以来、自動車依存度が高まっていくこととなる。ストラスブールの旧市街＝中心市街一帯はライン支流イル川の本流と支流に囲まれた南北８００ｍ×東西１kmの広がりで、古都ゆえに車社会には不向きな街路網でもあった。そうした中で、新型路面電車（ＬＲＴ）復活の夢をかけて登場したのがカトリーヌ・トロットマン女史（注11－4）、89年の市長選で見事選出されている。当選を機に公約のＬＲＴの再導入に着手、5年後の94年に市域を縦断する路線が開通、併せて都心を囲む外周道路の整備、そして郊外部のパーク＆ライド（Ｐ＋Ｒ）駐車場確保などを通して市の中心部から車を締め出すことに成功していく。

94年には、ＬＲＴは約10kmの路線長であったものが、２０１０年代には６線（Ａ～Ｅ、ＴＴ＝tram

写真11－20　かつての幹線道路フラン・ブルジョワ通りはＬＲＴと歩行者街路に生まれ変わった

注11－4　カトリーヌ・トロットマン（Catherine Trautmann,1951－）市長在任1989～2001年、1997～2000年は国の文化通信相兼職

注11－5　ＣＵＳ：Communaute Urbaine de Strasbourg

train)、総延長は60km近くになり、さらに北側への延伸や東はドイツとの国境のライン川を越えて隣町ケールまでの延伸が決定している。そしてLRTを補完するBRTや従来からのバス網も含めた公共交通の建設・運行はストラスブール都市共同体（CUS、注11-5）、その対象区域は306km²、南北28km、東西16kmの範囲で、公共交通だけでなく、財政も共同で運営している。

（2）中心市街の歩行者街路網

歴史的な町並みの残る中心部の街路は次第に歩行者に開放され、古い石畳が復活していった。中でも中心市街を南北に縦断するフラン・ブルジョワ通り（Rue des Francs Bourgeois）は以前は5万台／日もの自動車交通量の幹線道路であり、その多くが通過交通であったが、94年のLRT導入を機に大半の路線が交通閉鎖され、歩行者街路（時間規制）に改造されていく。道路の中央にはLRTの専用軌道が、脇には自転車専用通行帯が設けられ、市民は生まれ変わった広い石畳の道を自由に歩けることとなった。今ではその道に沿って洒落たお店が並ぶこの街を代表するメイン通りとなっている。

そして、同通りのLRT南北線（A線）と交差する東西線（B線）の交わる交差点の、かつてはアスファルトの車道と小さな交通島

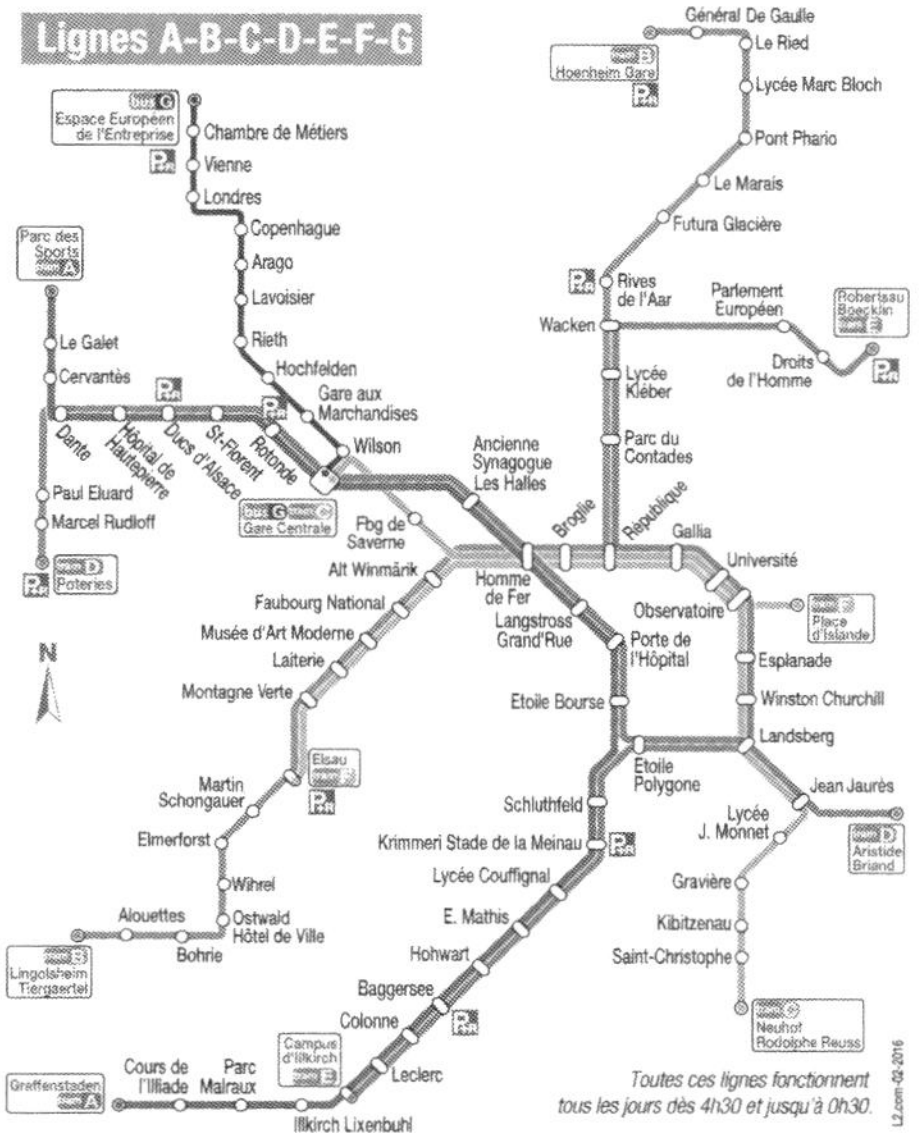

図11-4 ストラスブールのLRT路線系統図2016年現在 出典：HTTP://WWW.CTS-STRASBOURG.EU

写真11-21 フラン・ブルジョワ通りのかつての姿、大量の自動車の走る南北方向の大動脈であった 出典：NEW CITY SPACES, JAN GEHL, LARS GEMZOE (2008)

写真11-22 かつての幹線道路、フラン・ブルジョワ通りを走る新型LRT

であった部分が、サークル状のガラスシェルターのLRTターミナル駅のオンム・ドゥ・フェール広場（Place Homme de Fer）として多くの市民の行き交う名所に生まれ変わったのである。

この広場の東にはこのまちの中心広場・クレベール広場（Place Klebert）が位置し、94年のLRT導入にあわせ広い石畳の歩行者広場に改造されている。その後、2000年代に入ると中央に池を配した緑豊かな広場へと再改造と変遷を遂げている。その理由は定かではないが、ドライなイベント向きの広場より日常の緑陰・水のある憩いの場を市民が求めたのであろうか。ちなみにこの広場では毎週水曜と金曜にはマルシェ（青空市）が開かれ、また11月末から約1か月の間、街は華やかなクリスマスイルミネーションで彩られ、広場にはアルザス地方最大のマルシェ・ド・ノエル（Marche de Noel、1570年より続く伝統的な祭り）つまりクリスマス市の主会場となる。そこは欧州の十字路にふさわしく、多くの市民、観光客の交流する広場となる。ちなみにこの広場の地下には駐車場が設けられ、オンム・ドゥ・フェール広場の脇の車路入口から地下道でつながっている。

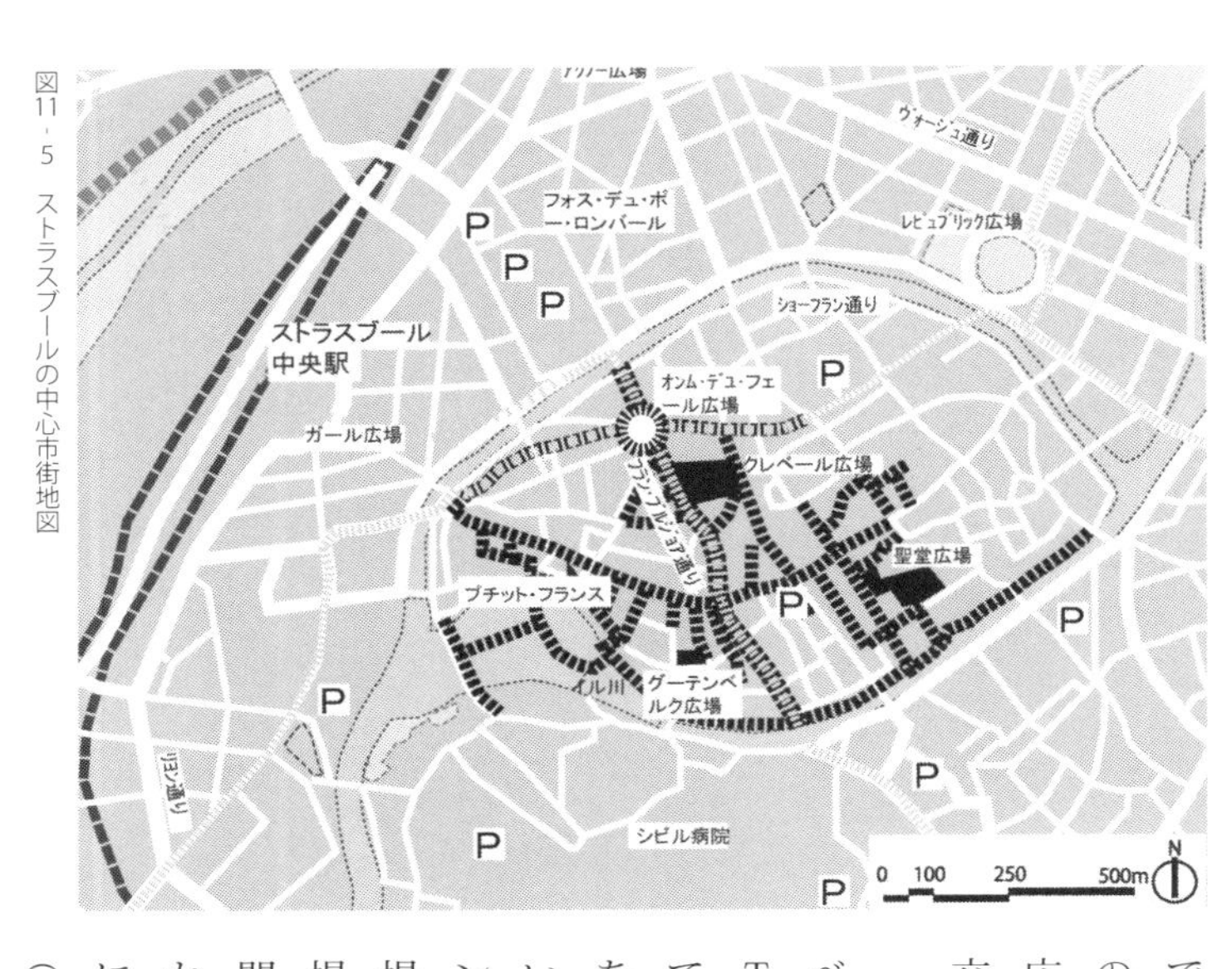

図11・5　ストラスブールの中心市街地図

写真11・23　ストラスブール歴史地区の路地街も賑わいが復活した

写真11・24　ストラスブールの中心市街の歩行者空間の賑わいぶり

中心市街の街路は面的な歩行者区域となり、昔ながらの石畳に改修され、自動車進入禁止ゾーンとなっている。しかし完全歩行者専用道路ではなく、通りの入り口には可動式のライジング・ボラートが設けられ、地区住民や都心の就業者、事業者、タクシー運転手には限定的に市当局から、通行用ICカードが支給され、ライジング・ボラードのセンサーにかざすだけで、進入が可能となる。

中でもイル川沿いに木骨建築の家々が並ぶプティット・フランス（LA PETITE FRANCE）の界隈も完全に車から解放されている。ここも90年代以降、街並み修復が進められ、今では市民や多くの観光客で賑わう、まさに活きた生活の街として復活している。

（3）ストラスブール中央駅駅前広場の芝生広場への大改造

このまちを訪れて最初に驚くのが、鉄道の玄関口とも言うべきストラスブール中央駅の変貌ぶりである。歴史的な駅舎は巨大なガラスのファサードに包まれ、地下のＬＲＴ駅からつながる、立体的な駅のアトリウム空間に生まれ変わった。そして正面を出ると広い芝生の駅前広場、これは90年代にＬＲＴの駅地下への乗り入れにあわせ、交通ターミナルと歩行者広場を共存させた改造事業が行われているが、２００７年の国鉄新幹線ＴＧＶのパリからの直通運転にあわせた再改造で中央に大きな芝生広場を擁する駅前広場に生まれ変わっている。バスやタクシー、マイカーなどは駅際の狭い領域で交通処理できるように自動車のための空間を極力省き、緑あふれる歩行者主体の広場へ、という政策の一環での改造事業であった。その前提となったのが、中心部への流入交通を抑制すべく、自動車は郊外のＬＲＴ駅での乗換えを誘導する。その発想がこのまちの玄関口とも言うべき中央駅の駅前空間を、環境にやさしい市民ための広場づくりへと突き動かしたと見ることができる。

この芝生中心の広場は、筆者が訪れた中で最も先端的かつ斬新な駅前広場と言えるだろう。実はフ

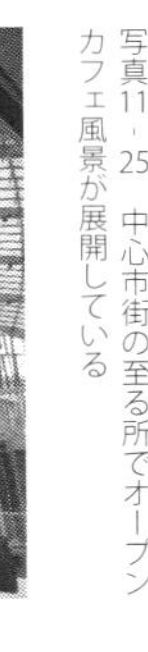

写真11-25　中心市街の至る所でオープンカフェ風景が展開している

写真11-26　ストラスブール中央駅の歴史的な駅舎前面のガラスのアトリウム空間

ランス国内各地でもこのような発想の駅前広場づくりは始まっていると聞き及ぶ。それに先鞭を付けたのがこのストラスブール中央駅の駅前広場の改造計画なのである。これはこのまちの誇る「民と行政の協議の場（コンセルタシオン）」という公的審査制度に則って合意形成が図られたもの、つまり市民自らの意志で地球温暖化問題への取組みに参画するという強いメッセージを込めた駅前広場の大改造と言ってもよいだろう。

その脱車社会を実現するための象徴的な取り組みがかつての自動車のための空間を、市民のための大きな芝生広場へと変えた原動力にほかならない。その時代の先端をいくストラスブールの新しいまちづくり、ここも訪問をお勧めしたいまちのひとつである。

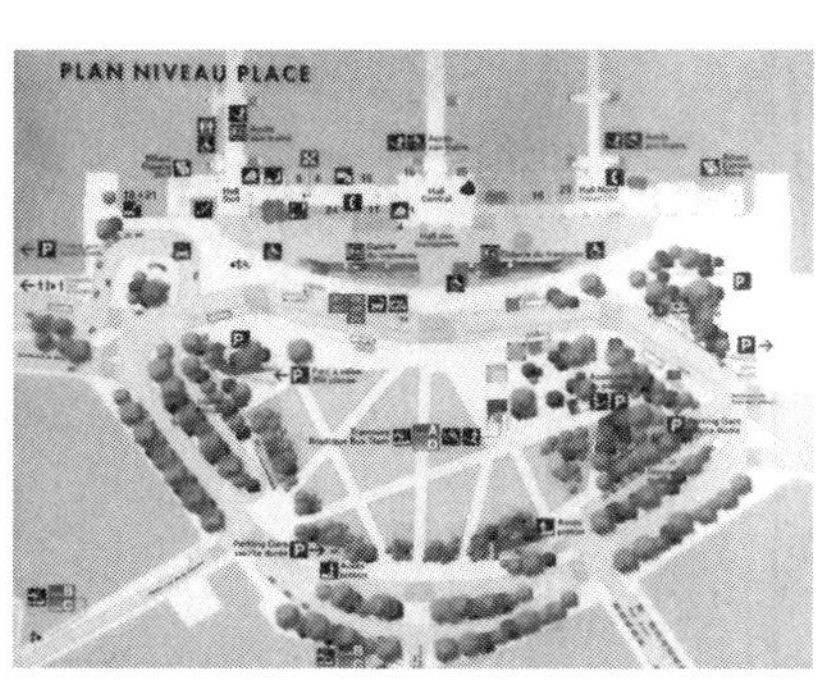

図11－6　ストラスブール中央駅前広場案内図（平面）、駅舎と駅前広場の状況が判る　出典：現地案内サインを筆者撮影

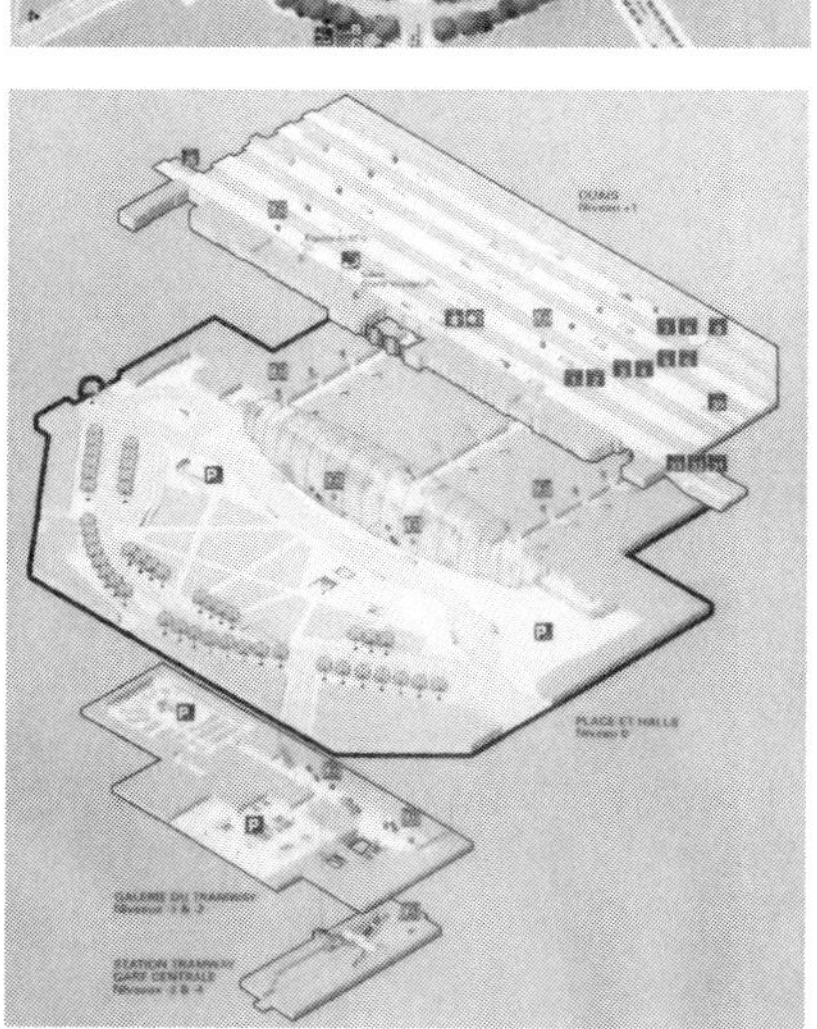

図11－7　ストラスブール中央駅駅前広場および鉄道駅構内の駅コンコース～地上部駅舎・駅前広場～地下空間解説図、地下1階駐車場、地下2層LRT駅　出典：同上

写真11－27　駅前広場空間の大半は芝生緑地となり、市民の憩いの空間となっている

写真11－28　ガラスの被膜に覆われたストラスブール中央駅の歴史的駅舎と駅前広場に広々と続く芝生緑地

3　フランス諸都市における歩行者空間の拡大

（1）フランス国内の歩行者街路

　フランスの歩行者街路の歴史は、第2章に紹介した70年に実現したルーアン市のグロゾロージ通りに始まる。その意味では欧州諸国の中では後発だが、その後の普及は実に目覚ましく、各都市でごく当たり前のように面的な歩行者区域を成立させている。例えば、78年には南仏のニース（Nice、人口約36万人）のメインストリートであるマセナ通りがいち早く歩行者街路化されている。その後、リヨン（Lyon、人口約165万人）、モンペリエ（Montpellier、人口約23万人）、グルノーブル（Grenoble、人口約16万人）やブザンソン（Besançon、人口約12万人）などが続いている。

　その背景にはフランス政府（都市交通対策担当：設備省）が80年を目標とした経済計画の中で、都市交通対策の必要性を明確化し、「都市においては、自動車交通の過度の増加による過密と公害に直面し、本質的に交通の流れを改善すること及び各種の交通手段の特性と可能性をより深く検討することが課題になっている。〈中略〉実施する対策は、特に幹線道路の改良または建設により通過交通の制限を行い、既存の道路網の有効利用を図ることであり、さらに公共交通機関の利用を容易にすることである」とされたことが推進役となっていく。これを機に、また地方都市独自の交通政策が続々と展開されていった。その背景には、道路交通のコントロールの権限つまり交通管理者が自治体の部局に位置づけられ、都市圏単位で執行できることも、その成功の要因の一つと言えよう。そこが中央集権的な全国一律のわが国の交通政策とは大きく異なる点でもある。

　また前掲のナントやストラスブールをはじめとするフランス諸都市の多くが90年代に新型トラム

写真11－29　ニースのマセナ通り、通りの両側にはオープンレストラン風景が続く（80年代撮影）

写真11－30　リヨンのリパブリック通りの歩行者街路（90年代撮影）

（LRT）、バス（BRT）などの公共交通と歩行者街路の共存したトランジットモール、そして歩行者優先街路の思想が発達したのも、このような背景が存在している。

フランスにおいても車社会の席巻した60年代に多くの都市が路面電車を廃止したが、新しいトラムは、前掲のナントでは84年、グルノーブルが87年、そして90年代にはルーアン（94年）、ストラスブール（94年）、モンペリエ（96年）、リヨン（00年）と続き、今では多くの都市で復活を遂げている。なおリヨンでは都心への乗り入れを、コミュニティ・イージー・ムーバー（CEM）という軌道を走る超低床式の電気バス（充電式）、通常のバス、タクシーだけに制限することで、都心の多くの地域では全面歩行者優先街路になりまた、本格的な「トランジットモール化」も実現している。

（2）パリにおける歩行者空間整備

実はパリ大都市圏のまちの歩行者空間の歴史は、56年に計画着手された郊外の新都心ラ・デファンス地区から始まるとも言えよう。その意味では初の事例ということもできるが、あくまで新都市開発における歩車立体分離方式というべきか、それによって自動車から隔絶された歩行者専用の広場や街路を造成する手法であった。このラ・デファンス地区は地上部に自動車専用の環状道路やその他サービス道路などを配し、地下は鉄道駅、そして2層レベルの人工地盤上に延長1・2㎞もの広大な歩行者専用の細長い広場を設けている。その方式は当時とすれば自動車社会の進展する時代を先取りした、実に画期的な立体歩行者広場として大いに注目され、その形式はその後の欧米そしてわが国も含めた世界各国に飛び火したこともよく知られている。

この新市街地開発は58年にはじまり、30棟以上の高層オフィスビルが建設され、その象徴的な広場のシンボルとなる新凱旋門（グラン・アルシェ）は89年のパリ革命２００年記念のグラン・プロシェの

写真11・31　グルノーブルのアルザス・ロレーヌ通りLRTトランジットモール（90年代撮影）

写真11・32　ラ・デファンスの人工地盤上に延々と続く歩行者空間、向こうに新凱旋門が見える

ひとつとして完成した。その完成までには30年あまりの月日が流れたことを意味している。その壮大な広場のなかには様々な著名作家の巨大なオブジェや彫刻も置かれ、パリの新名所の一つともなっている。しかし、その間に時代は大きく変わり、地上部を歩行者に取り戻すための運動が、実はそのグラン・プロシェのなかで並行して行われてきたことも事実である。

市民のための「生活街」再生プロジェクトというべきだろうか、89年のパリ革命２００年記念のグラン・プロシェの一環として、パリ中心部のポンピドゥセンター北側一帯のモントルギュール地区で面的な歩行者区域（一部、歩車共存区間）が完成している。ここは歩車道ともに総石畳に改修されたが、歩車道段差は残されている。時間規制ながら午前中などは沿道店舗等への配送が認められ、また住宅街の入口にはナントで紹介したＩＣカードと連動するライジング・ボラードが置かれ、居住者のみ通行が認められるなど、実に柔軟なかたちでの歩行者区域が実現した。

注11－6『PARIS PROJET NUMERO30-31』ESPACES PUBLICS, 1993

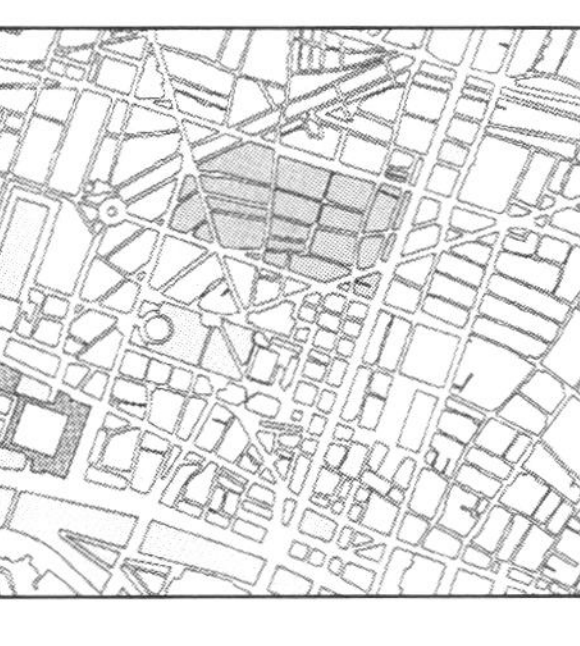

図11－8　パリ中心部におけるモントルギュール地区の位置、ポンピドゥセンターの北側（黄色部）　出典：注11－6

写真11－33　パリのモントルギュール地区で実施された石畳の面的な歩行者区域

写真11－34　モントルギュール地区入口ゲートとＩＣカードセンサー機器

写真11－35　改修前の緩速車線のあるシャンゼリゼ通り歩道部の風景　出典：注11－6

写真11－36　シャンゼリゼ通りの歩道部、かつての緩速車線が無くなり広い歩道が実現した

写真11-37　76年時点でのパリ凱旋門の屋上からシャンゼリゼ通りを望む。歩道の脇には緩速車線があり、地下駐車場に入る車が列をなし、また沿道サービス車両の停車や駐車で車線が埋まっている状況が判る（筆者撮影）

写真11-38　凱旋門の屋上から望む92年のツール・ド・フランスの決勝風景、上の写真と違うのは緩速車線が消え、広い歩道が実現している。その歩道上には多くの人垣ができている

写真11-39　デザインコンペを経て新装なったシャンゼリゼ通りの車道照明、イベント時には国旗のバナーが吊られ、雰囲気を盛り上げている。光源には無電極放電灯が採用された

写真11-40　大きく拡がった歩道部。沿道の飲食店前の歩道にはオープンカフェが大きく展開されている

そしてもう一つのグラン・プロジェが幅員約70ｍ、全長２㎞のシンボル的街路・シャンゼリゼ通り（Champs-Elysees）の改修プロジェクトである。中央車道と歩道の間にあった緩速車線が廃止され、広い石畳の歩道舗装が完成した。その広々とした歩道上は以前にも増し、各所にオープンカフェ文化が花開く、つまり公共空間が市民のための交歓の場として積極的に位置づけられるようになった、そのきっかけとなったとも言えよう。当然のことながら、路上の街路照明は国際コンペで選ばれたデザイナーの手による斬新な車道灯と、伝統的な鋳物の歩道灯の組み合わせだが、光源には当時最先端の長寿命型無電極放電灯が採用されている。そしてシャンゼリゼ通りは75年より定着する毎夏のツール・ド・フランス（Tour de France、注11-7）のゴール地点として、また国家的行事等のパレードなど車道の交通閉鎖がなされてきたという経緯がある。それが16年1月のアンヌ・イダルゴ市長の新年挨拶「シャンゼリゼ通りを毎月第一日曜日は歩行者天国にする」の宣言より、5月より「ホコテン」が恒常的に実施されることとなった。ある意味では画期的なことと言えよう。

注11-7　ツール・ド・フランス（Tour de France）は1903年から始まり、パリ市内をゴールとしていたが、75年よりシャンゼリゼ通りにゴール地点が定着したという経緯がある

（3）世界カーフリーデーの発祥地＝ラ・ロシェル

世界各国で毎年9月22日に実施される「カーフリーデー」、これは一日だけでも自動車を使わない運動で、その発祥は97年9月9日、フランスの北西部のラ・ロシェル（La Rochelle）という、人口わずか7・5万人の小さな港町から始まった。翌年には国の肝入りで22日に変更され、フランス全土で実施され、それは数年のうちに欧州各地に拡がるという展開を見せてきた。原語では"En ville, sans ma voiture"（街中ではマイカーなしで）の日と表記され、「カーフリーデー」はこれを英語に通称化したもの、毎年その日を街の中心部ではマイカー利用を制限して車優先の社会を見直し、これからの都市生活のあり方を考える日と定め、今では世界中で2千以上の都市が参加する世界規模の環境行動デーとなっている。

ちなみに02年からはカーフリーデーの前一週間に都市交通を考える催しのモビリティウィーク（Mobility Week）も追加され、大きく環境問題を考える期間にまで発展している。このようにフランスは国を挙げて、歩行者社会そして地球環境への取り組みを行っていると言っても過言ではない。

この小さな歴史的港湾都市ラ・ロシェルのまちにも当然のことながら、面的な歩行者区域が実現している。その区域は上図に示されるように中心市街の市庁

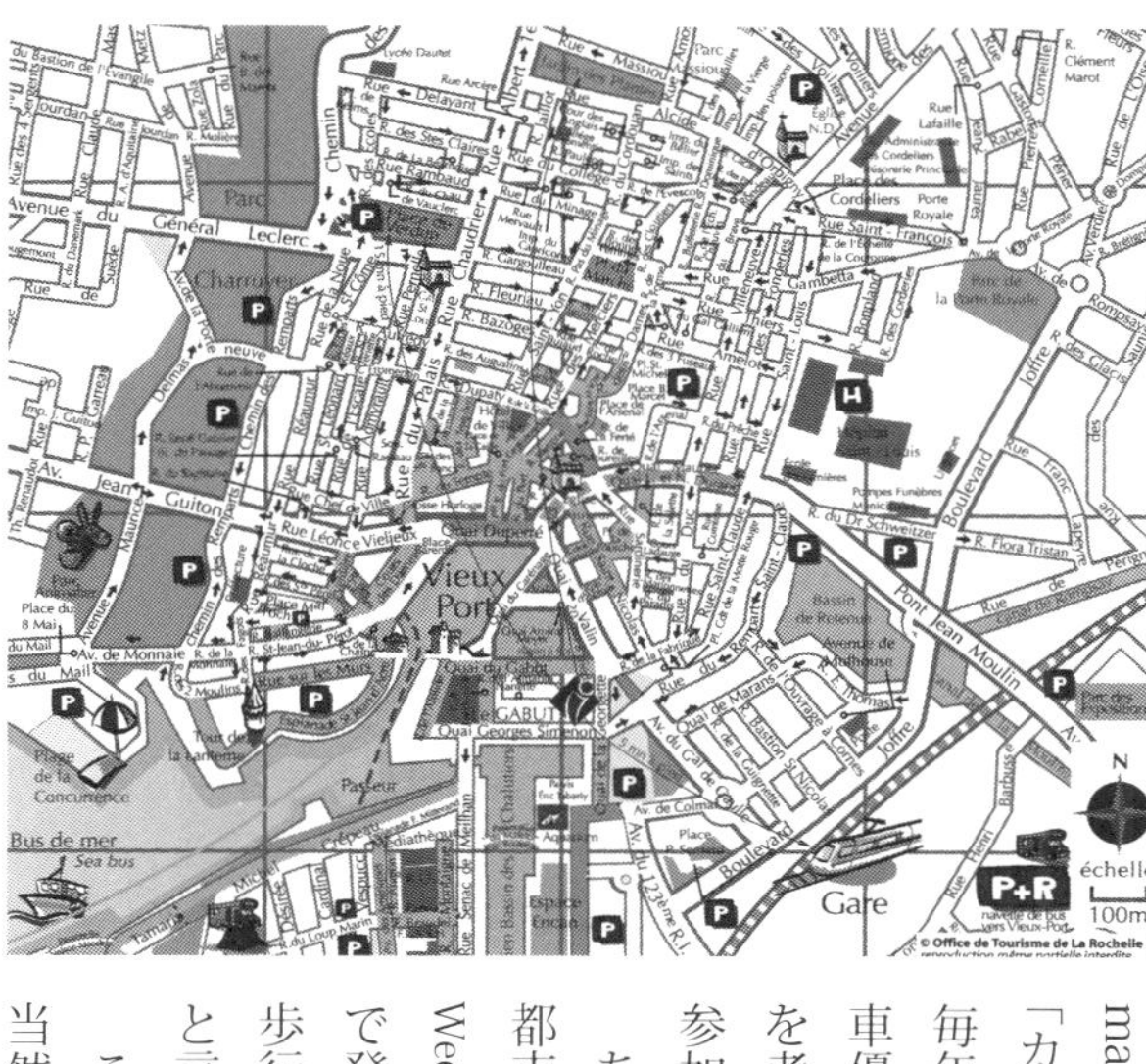

図11-9　ラ・ロシェルの中心市街の観光案内図、グレー色の部分が歩行者区域　出典：ラ・ロシェル市観光局HP

図11-10　カーフリーデーの広報資料表紙（英語版）

写真11-41　ラ・ロシェルの中心市街の歩行者街路の一例

舎周辺からウォーターフロント一帯の十数本の通りまで広がっている。そして市井の建物も立派に修復がなされた感があり、多くの市民が日常暮らす「生活街」が完全に定着しているのである。そしてウォーターフロントには有名なシーフード・レストランも含め、多くの飲食店が並び、その屋外空間では沢山の市民が夜遅くまで語らいあう、まさにコミュニティ空間がそこに息づいている。やはりカーフリーデーの発祥地ならではの環境にやさしいまちづくりが進められ、実に幸せな都市風景が現出していた。

（4）ミディ・ピレネーの世界遺産都市アルビ

本編の締め括りの紹介都市として筆者が16年に訪れたフランス南部のミディ・ピレネー地方のタルン川の南岸に拓かれた世界遺産都市アルビ（Albi、人口約5万人）のまちを紹介しよう。ここは19世紀末の画家ロートレック（注11・8）の生まれ故郷として知られ、またユネスコ世界遺産「アルビの司教都市」として10年に登録され、歴史的市街地の修復そして歩行者環境整備もこの十数年の間に急速に進められてきた。そして城郭内にはロートレック美術館が設けられ、彼の残した多くの作品の展示がされている。

その美術館の最上階に市の都市計画展示コーナーがあり、この十数年間のまちの変化を示すパネル写真展示がなされていた。まさにアーバンデザインセンターとでも言うべきであろうか、そのパネルの一部を下に示すが、左の写真はかつての自動車で占拠された感のある城郭周辺や市内の広場、

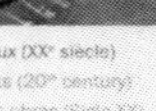

図11・11／12　市の都市計画展示コーナーに展示された以前（左）と改修後の比較写真（右）。図11はアルビ大聖堂前の広場と交差点の新旧、図12はヴィガン広場（Place du Vigan）の新旧

注11・8　ロートレック：アンリ・ド・トゥールーズ＝ロートレック（Henri Marie Raymond de Toulouse-Lautrec-Monfa, 1864-1901）

それが右の写真のように歩行者中心型の都市環境に大きく転換されたことを如実に表している。

実際にまちなかを歩くと、歴史的市街の街並みの一部には未改修の部分も残されているも、多くはほぼ完ぺきな形に修復され、また街路からは自動車の喧騒が消え、そこには生活街とも言うべき市民の日常生活が定着し、親子連れや子供たちの歓声がこのまちには溢れていた。まさに歩行者街路が面として広がり、方々の広場や道で遊ぶ子供たち、そしてオープンカフェでは市民の交歓する姿がある。

小さなまちの実に幸せな風景、それこそ60～80年代以降にフランス全土で進められてきた都市計画の大転換の賜物である。秩序ある職住近接の用途混在を復活させ、歩行者空間整備等を通じて人間中心のまちづくりが着実に成果を上げてきたこと、それを物語る理想の姿がこの小さなまちに存在するように思える。

写真11‐42　旧市街の入口部にあるヴィガン広場の噴水で水遊びする子供たちの光景

写真11‐43　市街の通り沿いのオープンカフェは市民の溜まり場となっている

写真11‐44　旧市街の道で遊ぶ子供たちの光景。これが生活街の姿なのである

図11‐13　同じく市の都市計画展示コーナーに展示されたさしずめアルビのアーバンデザインプランと言うべきか、歩行者軸と核となる緑の桝、主要施設位置が読み取れる
出典：アルビ市都市計画展示コーナー展示パネル（撮影）

補遺編　「まち再生」への期待

図補・1　かつては日本中のまちの中心部にはこのような賑わいの光景が当たり前のように広がっていた。果たして地方のまちの賑わい再生は可能なのであろうか　出典：『明治・大正大阪府景風俗画集』米寿記念・野村廣太郎画（一部トリミング使用）、野村聡明出版（1990）

1　「近代都市計画」の超克

わが国の都市計画とりわけ地方都市における諸問題の一端と、その現象がいち早く露呈した欧米諸都市の実態、そしてそれを克服すべく1960年代以降に展開されてきた「まち再生」＝中心市街再生への試みを紹介してきた。それこそ「ポスト近代都市計画」としての「都市デザイン」の世界と言ってもよい。それが達成されたまちでは街なか居住がほぼ完全に復活し、そこには住民主体の実に幸せな、賑わいの復活した光景が展開する。

然るにわが国の実情はどうであろうか。首都東京をはじめとする大都市圏においては同様の賑わいの光景が展開するも、地方におけるその落差たるや尋常ではない。それは往々にして地域産業の衰退問題として語られるが、その要因の多くは域内での人口移動による結果なのである。序編で解説したようにその空洞化が始まるのがほぼ全国一律に70年代以降のこと、それには大きな契機があったはずである。それは日本列島改造を夢見る時代にも符合し、商店主自らが郊外の理想の住宅地へと転出する。それに多くの一般市民も追随する。これが今につながる空洞化の始まりにほかならない。かつては街なかに多くの子供たちの歓声があった。商店主も家族をその街なかで養い、子育て、商い、そして地域のお祭りや催し物に参加するという、それこそ職住近接の地域コミュニティが存在していた。

それがある時を境に一変する。その人口移動を誘導した要因こそ、本書で一貫して指摘する、産業革命後の都市の混沌を鎮めるべく登場した「近代都市計画」というものの存在であったのではないだろうか。それは都市の機能を「働く」「住む」「憩う」に分離し、それらをつなぎ合わせる「交通」の重要性を説いたものである。わが国には40年代後期の戦災復興計画にその萌芽がみられるも、全国規模で導入されたのは、それを支える法律が施行された60年代末以降であった。新たな都市計画に基づく用途地域を定め、中心市街地＝商業地として土地の高度利用を推進し、郊外部に緑豊かな健全な住宅地の開発を誘導、それをつなぐための道路網の整備にまい進する。

それをいち早く導入した都市計画先進諸国の多くの都市で、中心市街の空洞化がそれから数十年後に現出したのであった。この都市計画を見直し修正した都市では、中心部に「生活街」が再生し、まちの活力が生まれ、賑わいが復活した。その単純なことが、わが国では理解されていないような気がする。その要因は何か。筆者としては、わが国の多くの専門家諸氏や自治体担当者に永年にわたり信奉されてきた「近代都市計画」思想、そしてそれに啓蒙され、行動してきた一般市民の存在ではないか、と思う。実際、この主張は、まちづくりの最前線でこの問題に取り組んでこられた多くの諸先輩方も同じ様な指摘をされてきたが、それが封殺されてきたがゆえに、多くの地方都市の中心部において実に悲惨な光景が続いているような気がする。

国も80年代以降、様々な施策を展開するも、先に記したように、その根本思想に大きな矛盾を抱えるなか、かなりの割合でそれらは陽の目を見ないままのように思える。そして現在進められつつある東日本大震災の広大な被災地群、また大火や地震、水害等の被災地の復興計画のなかにおいても、「近代都市計画」的な発想が主流となっていることに、一抹の不安を感じざるを得ない。70年代の大火被災地で、当時の専門的知見を集約した復興都市計画の現場に足を運ぶ機会を得たが、40年近く経た中心市街の実態を見るにつけ、その轍を踏まないことを切に願っている。

上記の視点に立ち、本書に記した海外の60年代以降の各地の賑わい再生への軌跡を大いに参考にして頂きたいと思う。その願いを込めて、筆者の見聞録を本書にしたためたつもりである。

一方で、若き都市計画に関わる専門家、大学関係者、そして国の担当官の中に、明らかに筆者の思

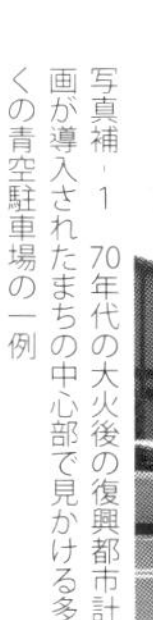

写真補-1　70年代の大火後の復興都市計画が導入されたまちの中心部で見かける多くの青空駐車場の一例

いに共鳴される方々が着実に増えてきたようにも思える。それが、昨今の国主導の「コンパクトシティ」「立地適正化計画」なるキーワードであり、各地で展開される空き家活用、町家再生、そして都市内公共空間の積極的活用すなわちタクティカル・アーバニズム運動の台頭、これは明らかに新しい時代への模索と言うこともできるだろう。

2 地方中心市街地再生への期待

その意味では、まちづくりに関する意識も時代の推移のなかで大きく変わり、まちの賑わい再生も必ずや実現することとなるであろうとの期待も湧く。ここでは筆者なりの「まち再生」への期待を込めて、最後に10項目の提言を記しておきたいと思う。

①市民の意識がまちの再生への「鍵」となる

紹介した諸外国の中心市街の再生を呼びかけたキーワードが「Return to the City」、つまり「まちに戻ろう」との呼びかけであった。実際、60～70年代にはそれを呼びかけ、解説した文献も数多く残されている。つまり住民がこぞって転出したがゆえに空洞化を招いたこと、それも事実である。ある国では商店街の再生を支援するに際し、商店主の帰還をその条件とし、それに一般市民が追随していったという経緯がある。それこそ、伝統的な職住近接型社会への回帰を呼びかけるものでもあった。

しかし、最大の課題は、日本人にいつの間にか定着した用途混在は「悪」、そして中心市街は住むべき環境ではないという偏見をどう払拭するか、という点にあるような気がする。緑豊かで空気清浄かつ子育て環境の整う郊外住宅地に比して、あまりにも中心市街の環境が不健全であることがそれを

図補-2 1979年にアメリカで発刊された「まちに戻ろう＝Return to the City」の本の表紙、Richard Ernie Reed著、Doubleday & Company, Inc.刊（1979）

助長したようにも思える。そのひとつが地方部に見られる風俗飲食街、これも昔から存在したが、半世紀の間に極度に特化したところも少なくない。とりわけ、かつての中心商店街がこれに置き替わったことに胸を痛める方々も少なくないだろう。それこそ新たな都市計画によって商業地の発展を夢見て、その効率性を追求するために住居機能を排除すべき、という考え方が永年の間に定着してきたのである。今の姿はそれが積み重ねられた結果の産物にほかならない。そのため、敢えてそこに戻れとは言えない虚しさも無い訳ではない。しかし、まだ大半の地域には年老いたかつての商店主の方々が少数ながらも住居機能を維持されている。それのリノベーション支援、そしてコミュニティの回復も急務と言ってよい。

それこそ海外の先駆的な都市が「都市デザイン」という手法を用いて、まちの「ビフォー・アフター」を展開し、また自動車社会を見直し、子育て可能な生活環境を取り戻し、まちの賑わい再生を実現していったこと、この事実を列挙し、改めて訴えかけるしか方法は無いのかも知れない。それには過去の呪縛から解き放たれた、新たな若い人々の発想が求められているのである。

②戻りたいと思える居住環境をどこまで回復できるか

とは言え、この数十年の間に中心市街ではビル化が進行し、また青空駐車場も大きく広がった。しかも空き家、空きビルも少なくない。しかし見方を変えれば、場所を戦略的に選択し、英国・バースなどの「ポケットパーク」や多くの専門家の方々が指摘されるバルセロナにおける「スポンジ効果」と紹介されるように、稠密市街地への空地確保も居住環境の改善には効果のあることである。例えば、駐車場の舗装を剥がして緑地や広場に改変するなど、オープンスペースの改善手法を重ねていくことは、住環境の向上に寄与することとなるだろう。既にその手法は九州のとあるまちから始まり、全国

写真補-2　九州のとあるまちで始まったワイワイコンテナ芝生広場の活動の一例、この日はイベント開催でとても賑わっていた（佐賀市内）

に飛び火しつつある。これを応援し、連携していくことも、この書の目指すところである。

　そして、街なかの空き家群を対象とした再開発構想も各地で練られているようだが、そのような高度成長時代の夢ではなく、本書に紹介したような修復型再生の道も選択していくべきであろう。すでに国内では歴史的市街の町家再生が若者たちを中心に進められており、まさにビフォー・アフターの世界が展開されている。とりわけ地方部では、地価と建物解体費の関係から放置されている空き家も少なくない。その意味では、解体、減築、改修などの選択肢を用意しておく必要があるだろう。

　欧州諸都市も、歴史的市街地の再生こそ文化的・社会的意義のあることとして、区域を定め、積極的な公的支援策を行ってきた。わが国ではそのような仕組みは伝統的建造物群保存地区などに限られるが、市民生活のアメニティ向上も含めた、より包括的な支援策を講じることも必要な気がする。とかく民の個々の施設への支援を抑制してきたわが国だが、近年では耐震、防災、省エネ、バリアフリーなどの観点の支援策も講じられるようになっている。その点も加味した中心市街の建物改修などの模索も、考えるべき時宜が到来しているように思える。

　また、今や各自治体も、来たるべき人口減少社会そして高齢化社会への対応を進めようとしている。その一つが「コンパクトシティ」への回帰であり、住宅の郊外化の波の中で、自動車利用を前提に拡散化したまちも、歩いて楽しいスケールのまちへのスリム化を図ろうとの動きも出つつある。しかし、財源が先細りのなか、あまり公共に期待してもそれは難しいかも知れない。とは言え、近い将来「街なか居住」の方がより人間的な暮らしへの近道となることは必定で、今求められているのは、みんなが戻りたいと思えるような居住環境を、徐々にではあるが一人ひとりが自らの発意で行動し、実現していくことなのかも知れない。その集積がまちの再生につながるのである。

図補-3　町家再生を呼びかけるパンフレットのひとコマ　出典：京町家再生プラン―くらし・空間・まちパンフレット（平成12年版）―財団法人京都市景観・まちづくりセンターより

③まちなか居住を支える道路交通環境の改善を目指す

中心市街に子育て環境を回復する、その手段として欧州諸都市が選択したのが、道路の交通規制も含めた「脱自動車社会」のための様々な施策、たとえば歩行者空間整備はその手段であり、そして、道路網の再編、歩行者優先の「シェアド・スペース」や歩行者専用空間の確保が積極的に行われてきた。それは自動車の否定ではなく、利便性と安全性の両立を図ってきたのである。その証拠に、欧州諸国の自動車保有率は格段に高く、また世界の先端的な自動車メーカーは積極的に歩行者環境整備に協力する姿勢が貫かれてきた。

彼らが選択した方法は時間の使い分けで道路空間をシェアしていく方法であり、商店等への物の搬出入の時間帯を早朝からお昼までに限定し、お昼のランチタイムプロムナード、午後のシエスタ休憩、夕方以降のオープン式の屋外レストラン街などに用途を使い分けていくことであった。その規制は一本の通りの社会実験から始まり、居住地も含む面的な歩行者区域の実現へとつながってきた。これこそ子育て環境の回復、そして高齢者のための安全・安心のまちの環境づくりなのである。また、自動車進入頻度の少ないところでは、歩行者優先思想のもとでの「シェアド・スペース」が実現している。それこそ、伝統的に狭い空間を時間差で使い分ける知恵を有してきたわが国の得意技であったように思える。いつの間にかわが国では、道路をわが物顔で走行する自動車を制御することを忘れてしまったようである。そこを原点に戻って見直すこと、つまりまちなか居住を支える道路交通環境の改善を目指そうではないか。

わが国の多くの都市も戦災復興計画を経験し、中心市街には豊かな道路等の公共空間が備わっている。これをあらためて都市住民の望ましい生活環境実現のために活用できることも期待したい。できれば、これまで自動車の円滑な走行を保障して来た道路交通法に替えて、生活道路領域を歩行者優先

写真補-3　国内の団地内道路で住民の発意で交通実験を経て実現した歩車融合式のボンエルフの例（千葉県浦安市内、1980年代撮影・安川千秋）

空間とすることが可能な、オランダのボンエルフやシェアド・スペースを可能とするような「生活道路法」の制定も訴えかけたいところである。

④豊かな公共オープンスペースの活用への道をひらく

これまで国内の道路や公園、河川は、公物管理の視点から、「皆平等に使わせない」と揶揄されるくらいに規制されてきたが、近年の緩和で「オープンカフェ」「イベント広場」「川の駅」などが条件付きながら認められるようになってきた。実際、大都市部では積極的に公共空間活用の機運が高まり、それが一種のブームと化している点は大いに歓迎するところである。その流れはある意味では世界的な傾向で、とりわけ欧米における公共空間を舞台とする様々な活用手法、たとえば本編に紹介したタクティカルアーバニズム運動と言うべきか、道路・広場や水辺のオープンカフェ、市民主導の居場所づくりのための可動椅子、路上コンサート、路上マルシェ、フリーマーケット、大道芸、露店営業、そして芝生緑地の市民開放等々、まさに自動車社会から環境重視の人間中心社会への転換を声高々に宣言しているかのようにも受け止められる。

しかしよく考えれば、わが国でもかつては広い歩道には行商や露店商、靴磨きのおばさん、バナナの叩き売りなどが公然と営業を認められ、夜になると屋台の赤ちょうちんが賑わっていた。これらは人々に安心感を与え、そこでの会話やコミュニケーションを通して、街への帰属意識を高めていたとも言える。また道端の茶店の床几や庭先の縁台、これも疲れた人々の休息や語らいの場となっていた。それらは通行障害にならないように折りたたみ式とするなど、永年の工夫の跡が伝承されてきたはずで、世界共通のルールと言ってもよい。とりわけわが国と同じモンスーン気候帯の東南アジアの各都市では、伝統的なスタイルとして定着してきたのである。わが国では、その仕組みが第二次大戦後の

写真補・4　都市再生特別措置法に基づき国内初の公道上で実現したとされるオープンカフェの例（東京都新宿区）

闇市撲滅のために、一部の例外を除き軒並み禁止されたという悲しい歴史がある。

それが欧米文化の影響もあって復活してきたこと、これは歓迎すべきと言える。そこでは公共空間に人々が集うことで、常に人の気配を感じる実に温かみのある街となり、結果として犯罪抑止にもつながる。また自動車を排除して実現した空疎なオープンスペースを積極的に活用することで、かつての路側駐車収入に替わる管理者側（自治体等）の収入源につなげるという意味も多分に有している。

忘れてはならないのが、公共空間である限りは通行や様々な公的機能の場であることが第一義的な意味であり、あくまで余剰空間において可能となること、それも季節、時に応じて用途は変化することもある。その仕組みを欧米では、行政側が各通りなどの幅員、通行量、変動要因などを加味して専門家に調査を依頼し、その結果を受けて議会等で取り決めしている。そしてそこから得られる収入はすべて地域に還元される仕組みゆえに、市民も受け入れ、それが結果として積極的な利用につながっている。

然るにわが国ではどうであろうか。そのタクティカル・アーバニズム運動も大都市圏では盛んに行われるようになったものの、地方部では如何に、という感じでいまはまさに極端な両極化が進んでいる。つまり、大都市部の繁華街では沢山の道行く人々の利用が見込まれ、イベント広告収入も期待できる。運動の主体となる住民や団体の存在も、大都市ではその人材に事欠かない。一方の地方部ではその主体となる人材も乏しいなど実に厳しいものがある。イベントでは一時的な活用が図れるものの、それを継続する資力も乏しい。ましてその役割は特定の人に集中し、それは結果として息切れを起こしてしまう。この資力と人材の不足が、わが国地方都市の最大の悩みでもある。

とは言え、紹介した欧米の都市事例では人口1万人未満の小さなまちでも公共空間の積極的活用が行われ、それが定着しているのである。その違いこそ、上記の街なか再生の成否にほかならない。わ

写真補-5　今や札幌の夏の風物詩として定着した「大通公園ビアガーデンの」の光景、これも公共空間上での管理者の許可を得て行われる商行為のひとつの例

が国も、地方部においてもかつては歴史ある中心部には地域コミュニティが存在し、お祭りや日常などの様々な活動が展開していた。また道端の縁台や店先での住民相互の語らいの場が存在していたではないか。その意味では、街なかの再生によって、それも復活していくことを願いたい。それが現実のものとなるのにどれくらいの時間が必要なのであろうか。

⑤外延化した公共公益施設・文化施設の再集中を促したい

かつて中心部に存在していた公共公益施設を、自動車社会の進展とともに外延化させた都市も少なくない。それは紹介した欧米諸都市においても共通の話だが、それも中心市街への人口呼び戻しに呼応するかたちで再集中への道を歩んできたとも伝え聞く。いまでは街なかには多くの行政施設や図書館、音楽ホール・劇場、子育て支援や高齢者施設などが整い、中心市街に住むことが一種のステイタスにもなっている。また農村部や郊外部からも、公共交通機関の整備に伴って中心部への到達性が高まり、それを歓迎する傾向にあるという。わが国もそのような復活がなされることが望まれる。

一方で、過剰に造られた箱モノに対する問題も少なくないが、片や高齢者施設や子育て支援施設、また未来への投資と言われる学校等の教育施設や図書館など、時代の要請に基づく必要施設の整備も求められている。また老朽施設の建て替え・改修等にかかる多目的施設への転換など、様々な課題も控えているようにも思える。これらも総合的に判断しつつ、民間の力も糾合し、豊かな市民生活が享受できるような仕組みを考えていくことも重要であろう。

わが国の各自治体もここ数年来、立地適正化基本計画そして公共施設等総合管理計画を策定し、人口減少化社会に向けての対応が検討されている。自動車利用を前提に拡散化した公共公益施設も、明らかに中心市街に集約化する動きが出つつあるように思える。それは教育、医療施設にしても同様の

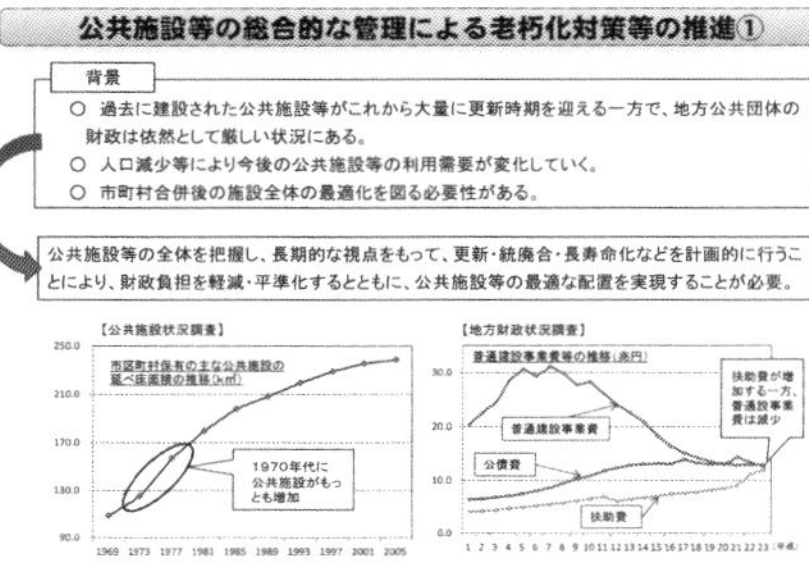

図補-4 公共施設等総合管理計画の必要性を解説する国（総務省）の資料の一ページ 出典：公共施設等の総合的かつ計画的な管理による老朽化対策等の推進（平成26年1月24日）国土交通省HP

傾向が出てくることは必定であろう。それを見据えて考えれば、明らかに街なか居住の方が、より文化的な活動そして行政や医療サービスの受容という観点からも有利となるであろう。その意味では今から準備をしても遅くはないのである。

かたや、近年のコスト縮減の要請を受けて、施設の複合化、コンパクト化への動きが加速されつつあるようだが、その規模が街並みに合っているのか、また一カ所に集中することで利用者は便利かも知れないが、その分まちを歩く人も少なくなるという懸念もある。筆者が訪れた海外のある街では、空き家となった邸宅を積極的に文化施設などに転用していた。それこそ既存ストックの活用となるとともに、その複数の連携がまちを歩く人を増やし、沿道のお店での休憩や食事も含め、まち全体を楽しめるように設えられていた。このように、「集中」だけでなく、「分散・連携」もまちおこしに貢献することを忘れてはならない。小さいものの連携の方が状況変化に伴う転用も容易であり、場合によってはこれからの人口減少社会に向けた備えとしてはふさわしいのかも知れない。その意味では、場所の特性に合わせて方針の選択を行うことが望まれる。これからの地域の方々の知恵くらべにも期待したい。

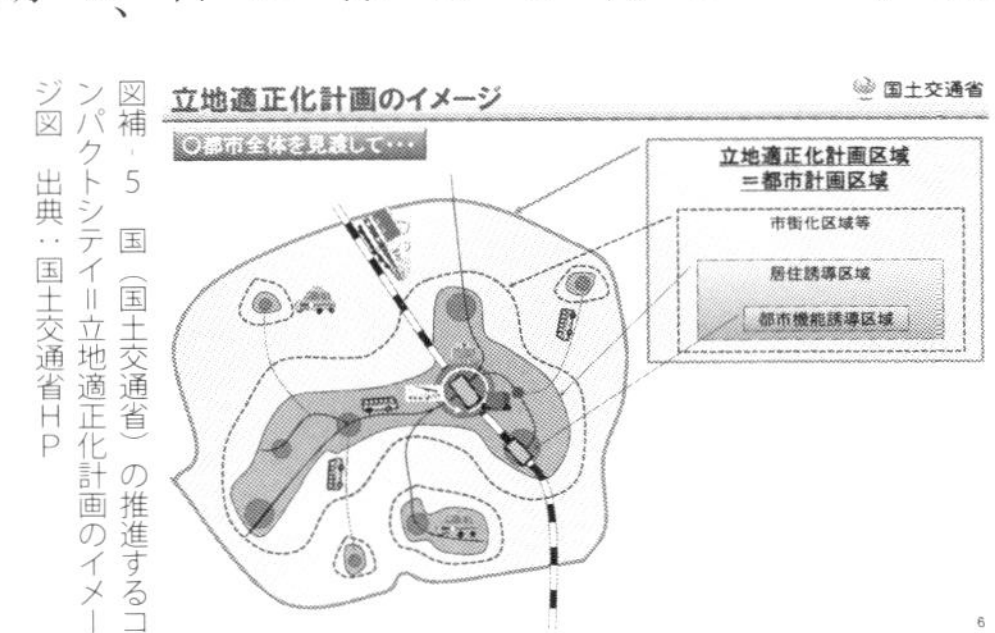

図補-5　国（国土交通省）の推進するコンパクトシティ＝立地適正化計画のイメージ図　出典：国土交通省HP

⑥女性の社会進出率の向上が街なか再生へとつながる

本編の中にも紹介したが、60年代以降の欧州諸都市での大きな変化は、女性の社会進出率の飛躍的な向上がある。それに伴って共働き世帯が増加し、職住近接の街なか居住を志向する。そして地域活動の担い手となり、街なかの公共空間の改善への大きな力を発揮していったのである。

それを現代日本に当てはめてみれば、高学歴社会のもとで女性の社会進出ニーズは明らかに高水準にある。問題はそれを支える就労環境を醸成しうるか否かであろう。また、3・11東日本大震災時の首都圏の公共交通途絶を経験した共働きの若者夫婦の多くが、こぞって都心居住を志向するようになったとも聞き及ぶ。このように、一つのきっかけで人間の行動は変わり、社会は大きく動き出すのである。その傾向は世界的な環境教育の浸透の中で、若者層が明らかにエネルギー負荷の少ない生活を志向するようになったことも伝え聞く。これも同様の流れと見ることができるだろう。

とりわけ、欧州諸都市にみる街なかのオープンカフェの展開、これこそ可処分所得に余裕のある共働き世帯が積極的に家族連れでまちに繰り出すことを促し、それが都市の公共空間での休日や夕暮れ時の微笑ましい光景につながっている。このように、女性の社会進出率の向上とともに、都市空間もより魅力的な存在となることも期待できるのである。

20世紀のわが国の街づくりは、大都市部への人口集中をいかに計画的に受けとめるかとの社会的命題の中で、郊外住宅地開発にまい進した。それは経済の高度成長時代における鉄道・道路への集中投資と相まって郊外居住を積極的に促すとともに、ニュータウンの豊かな緑と水の自然環境の理想郷、ひいては旦那＝遠距離通勤、女性＝専業主婦というステレオタイプの家族像を作り上げていったようにも思える。同時にそれは週末の自動車ライフのパターンにもつながってきた。その理想の郊外居住像が、地方部においても浸透していったのである。

しかし、時代は大きく変わり、大都市部のいまの若者世代は郊外居住には見向きもせず、脱マイカーそして都心居住指向と言われる。それを主導するのが女性の社会進出率の向上にほかならない。それはわが国に限らず、世界の先進諸都市においても顕著に見られるという。そこには地球環境問題も含めた大きなうねりを感じざるを得ない。それは大都市部だけではなく中小都市も同様ともされ、わが国の地方の「街なか再生」も一つの光明となることができるのかも知れない。

写真補-6　西欧諸国の中心市街では多くの子供連れの姿をよく見かける、これもこの数十年の間のまち再生の成果といえるだろう（ドイツ・バンベルグ市内）

⑦中心市街のダウンゾーニング手法を検討されたい

ダウンゾーニングとは、かつて定めた容積率などの都市計画規制をより低い値に変更することをいう。欧州の幾つかの都市で中心市街の居住環境の改善のために採られてきた手法であり、実際それによって高さが抑制され、日照通風などの性能確保に大きく貢献してきた。

わが国の地方都市が明らかに過剰な容積率指定状態にあることは、多くの識者から永年指摘されてきた。とりわけ日影規制の消滅した商業地において、地方部でも大型店舗跡地や再開発事業適用区域での高層集合住宅の建設が盛んになりつつある。昨今では街なか居住を推進する社会的風潮もあり、低層主体のまちの中に高層建物が出現するという事態も増える傾向にある。一方で「ドミノマンション」と呼ばれる、高層集合住宅の南隣に新たな高層集合住宅、さらに何年後かに同様の高層集合住宅がドミノ状に建設される事態があり、筆者も各所で目撃してきた。これもすべて合法的な建築行為ではあるが、居住環境の担保という視点では大いに疑問が湧く。これらは、日照・通風等の不必要な商業業務ビル街の実現を目指した都市計画規制の下で本来の住宅の性能を確保し続けることができるのか、またそれは社会的ストックになりうるのか、という視点で実に大きな問題とも言えよう。高容積による土地負担の軽減は、早晩同じことが自らの住まいの前面で繰り返される危険を孕んでいる。

そのリスクを回避する意味も含め、街なか居住を本格的に推進するにあたっては、ダウンゾーニング手法を真剣に検討されることを提案したい。せめて日影規制の復活もしくは新規指定も検討すべき時機が到来していると主張したい。街並み景観の視点、そして居住環境、相隣環境の面を考えると、個別の形態チェックではなく、高度地区制限などの明快な手法が望ましいのではないだろうか。まして人口減少化社会やエネルギー問題などを考えれば、今や一律のダウンゾーニングの方が社会的公平性も保てるうえに、何より将来に向けての居住環境ストックになりうるのである。そして中心市街地

写真補-7　北関東のまちで見かけたまさに「ドミノマンション」と言われる状況。ここも中心市街の空洞化が著しく都市内居住を推進しているが、この集合住宅群は明らかに南側の建物ほど新しい。日影規制の無い状態ではこのようなケースも合法である

＝商業地＝高容積率の構図を根本的に白紙に戻し、ダウンゾーニングにあわせ、誘導すべき用途と規制すべき用途の選別など、地方独自に柔軟性を発揮されることも期待したい。

本編にも紹介したが、ドイツでは中心市街地全域にＢプラン（地区詳細計画）を適用し、地区の特性に合わせ、実にきめの細かいダウンゾーニングを実現した。わが国ではそれに範を求めた地区計画という手法もあるではないか。その結果、地価が下がり、固定資産税も軽減される。自治体にとっては減収となるが、その地価に合わせた様々な業態が出現することは経済活動の回復となるであろう。そうなれば若者の就業機会も増えるに違いない。つまり住める街への変身であり、そのための大胆なダウンゾーニングも検討に値すると思う。

⑧一度決まった都市計画を見直す柔軟性が欲しい

序編に紹介した門司港のプロジェクトは、一度決定し国が承認した歴史的港湾水面埋立ての「港湾計画」の見直しから始まった。また筆者が委員会で関わってきた関東のあるまちでは、途中まで拡幅整備された都市計画道路の見直しがほぼ確定した。このように手続きさえ踏めば、過去に決まった都市計画も見直しは可能なのである。今後の人口減少化社会の到来予測から見れば、道路の自動車交通量は明らかに減少する。また人口が減れば、市街地も余ることとなる。加えて各地で問題となっている空き家の増加等々、時代は大きく変わりつつある。低成長から人口減少社会に向かうにもかかわらず、各地では駅裏や郊外部の開発事業が未だに進行し続け、それが中心市街の空洞化を促進する要因ともなる。それに行政担当者も気付きながら、職務上それを止めることも叶わない。

例えば、地方の駅裏開発地を見れば、そこに進出した大型店やドラッグストア、ＤＩＹ店など、いずれも広大な駐車場と交通利便性を売りに、地元の既存商店街に対する脅威となっているようなケー

写真補・8　関東のあるまちの駅前通り沿いの蔵づくりの商家群、都市計画道路の見直しによって守られることがほぼ確実なものとなった。今後の推移を見守りたい

スも散見される。また、国内外の旅行客の増加を背景としたホテルチェーン群の進出も著しく、地方の活性化に大きく寄与すると歓迎の声も少なくないが、実態はビジネス客の多くは大都市圏からの日帰りもしくは短期滞在であるという。これこそ交通の便利が向上した証であるが、本社機能の充実の陰で続く現地事業所の閉鎖すなわち地元就業者の減少に繋がることも少なくない。また各地で道路の拡幅整備が進められるも、勢いを失った市街地では道路沿いの空き地が増え、果ては商店街が歯抜けとなるなど、様々な問題も露呈しつつある。地方の担当者もその現実を知りつつも、それが改められないとも聞く。

これも、一度都市計画決定し事業着手した公共事業は、国の支援を受けたがゆえに途中放棄は補助金返却という厳しいペナルティにつながると聞いたことがある。それが地方財政の厳しい状況下でも延々と続く事業の背景となっているのであろうか。大きく時代が変化していくことがほぼ確実視される現代、発展する地域を夢見るかつてのマスタープラン偏重こそ見直されて然るべきものかも知れない。それこそが各地の首長や行政担当者に問われていることであり、前掲の立地適正化や公共施設見直しの議論につながるものであろう。

筆者なりには、マスタープラン主義こそ近代都市計画の申し子と、敢えてこれを避けてきた。前掲の門司港プロジェクトでは固定したマスタープランを提示せず、事業の方向性を指し示すマスターデザイン的なキーワードを列挙した。新規の床需要の乏しい地方で再開発などの夢物語を提示してもかえって期待外れとなる。むしろ地元市民や来街客がかつての繁栄期に造られた歴史的資産を保存し、それらを安心して巡れるように、自動車の通過交通の迂回路を用意し、歩きやすいように歩道を拡げ、また小広場を設け、そこも歴史的意匠を尊重して石畳の舗装を展開した。それらは囲碁の布石のように、一手一手の事業効果を確認そして修正、それを反芻しながら行う、即ち小規模連鎖型の公共空間

写真補-9　筆者も計画~設計に関与したかつての駅裏の操車場用地の区画整理地に完成した駅前広場、いまでは多くの集合住宅の立地の全く新しいイメージの新都市となった。写真は広場のプロサッカーのパブリック・ビューイング風景

整備の積み重ねであった。事業そして計画案も随時見直しを繰り返したことが功を奏したようにも思える。何より参画された行政担当者や市民のサポートが繰り返された、これも勝因のひとつであろう。その意味では、既定都市計画を適宜見直すなどの柔軟性を持ち合わせて頂くこと、それも必要ではないだろうか。

⑨郊外部開発地を自然に還すことも考えよう

人口減少社会を迎えつつあるわが国の状況下、とりわけそれが著しいとされる地方部においては、高度成長期に開発された郊外住宅地も居住者の高齢化の進行とともに空き家が目立ち、中には限界集落然としたところも方々に出現している。これが放置されることでの治安や防災面での問題も少なくない。

この事態に対し、空き家の再利用だけではなく、積極的に自然に還していくことで、緑地面積の回復やオープンスペース的活用を図ることも検討すべき時機が到来しているように思える。例えば、本来ならば開発すべきではなかった急傾斜地や、水害危険のハザード地であるべき土地が、各地で市街地造成されていった歴史がある。これも人口減少化の流れの中で、優先的に農地や自然林に戻す仕組みを真剣に考えていくべき時機なのかも知れない。

また3・11の津波被災地において、江戸期までは自然の海であった区域が、明治期以降の鉄道や道路整備、そして護岸築造や埋立技術の進化とともに造成され市街地となり、そこが猛烈な自然の力に押し流される映像に愕然としたことも記憶に新しい。その被災は数十年~数百年、千年単位で繰り返されてきたという。自然災害とは人間が改変した自然地形をもとの風景に戻す現象とも言われる。その意味では災害危険地は自然すなわち海に戻すという選択肢もあったはずだが、わが国の法律ではそ

写真補-10　東北の3・11被災地を訪れた際に見た「高田の奇跡の一本松」、周囲は嵩上げされ、大きな防災メモリアル公園が造成される計画となっていた

れはできないらしい。その結果、広大な海際公園が用意され、そこに大型のスポーツ施設などが造られるケースもあるが、果たして立派に使われるのか疑問も湧く。実は筆者の郷里の隣町では、半世紀前に遠浅約２㎞の海が干拓されるも塩害で永らく放置され、後に国体会場とすべく嵩上げ造成され体育館が建てられている。その後は地方博やジャンボリーなどのイベント開催時以外は野鳥の楽園と言われるように、実に空疎な緑地となっている。昔の潮干狩りや釣りの記憶の残る筆者には、ひょっとすると元の海に戻すのが良いのではないかと思うこともある。脇の道路を通るたびに、オランダを訪れた際に案内された、不要となったボルダー（入植地）を自然の海に戻す現場の光景を思い出す。国情の違いはあるが、人口減少化社会の流れの中では、あながち荒唐無稽の話ではない。公園緑地も総合管理計画の対象となれば、ひょっとするとこのような施策が適用になるのであろうか。

　それは遺棄されつつある郊外住宅地も同様で、今後増えることはあっても減ることはないであろう。とりわけ地方部では戦後生まれの団塊の世代が車に憧れ、中心市街を捨て、「理想」の郊外住宅地にこぞって移転した。その世代も70歳を超えて運転免許証自主返納奨励の齢も遠くはなく、今は自動運転社会の到来に大いなる期待が寄せられているが、それも限界の時期が早晩訪れることとなる。つまり大量に郊外空き家は増えると予測される。それを一時的に菜園や農地として活用する動きもあるが、究極的には自然の摂理に従うこととなるような気がする。それは周縁部に残された未利用のままの企業誘致目的の工場団地、そして離農による耕作放棄地なども同様とも言えよう。

　昨今の地球温暖化問題に関連すると言われる集中豪雨とその関連の森林地すべり、洪水など、様々な事象と都市のあり方論とを関連付けて考えていくことも重要となってくるであろう。これからは自然の摂理に配慮した都市の畳み方も重要になってくるに違いない（注補‐1）。

写真補‐11　筆者の郷里の旧干拓地の航空写真。体育館と整備された公園以外は、イベント時使用のための予備地、周辺の旧市街と比べ広大な区域であることが読み取れる　出典：Google Earth 航空写真

注補‐1　参考：『都市をたたむ―人口減少時代をデザインする都市計画』饗庭伸、花伝社（2015）

⑩人間環境醸成を目指してきた「都市デザイン」への理解がすすむ

本書において紹介してきた多くの都市は、いずれも60～70年代以降、機能主義的な近代都市計画を見直し、人間環境中心の「都市デザイン」を位置づけ、それを実践してきた。そのきっかけとなったのが、序編に紹介した1956年の「アーバンデザイン会議」であり、その場に居合わせた予定外の論客、ジェイン・ジェイコブズの放つ厳しい現状都市への批判の言葉であったという。それ以降、世界各地でそれに関連する運動が提起され、地域の特性に合わせて様々な試行が行われてきた。その中での共通項は、「秩序ある用途混在への回帰」「歴史的価値の尊重」そして「人間的スケールの都市空間の創造」であったように思える。この流れの中で脱自動車社会を宣言し、人と車の共存、そして歩行者空間の整備、その公的空間の積極的活用すなわちタクティカル・アーバニズムへとつながってきたのである。つまり、この60年あまりの間に、それに取り組んできた各都市は着実にその成果を挙げてきた。それとともに、街なかに人々が戻りまちの賑わいが回復したこと、これは紛れもない事実である。

然るにわが国では、その転換が遅れたことは自他ともに認めざるを得ない。しかし、そのような中でも、一部の先駆的な考えの首長の登場によってそれは試みられ、筆者もこの道を歩むことが出来たと思う。またこれまでお付き合いしてきた優秀な各自治体職員の方々の存在によって私たちの活動も支えられてきたのである。そしてこの活動が、現在の賑わいにつながったことも事実である。

そのような活動に触発された若い世代が着実に力を付け、その旧来型の「都市計画」に市民目線で猛然と挑戦する動きが出つつあるように思える。この書はそれを支える何らかの力となることを期待しとりまとめたものである。できれば改めて「都市デザイン」に対する市民の理解が深まり、その道を目指す若者たちが、各地でそれの伝道師となってくれることを願っている。

あとがき

本書は「はじめに」に記したように、筆者の大学最終講義向けの限定配布本にとりまとめた内容を、一般向けに抜粋、一部リライト、補筆したものにほかならない。その対象は都市計画や建築、土木、ランドスケープなどの専門家を目指す若い人たちに加え、必ずしも専門的な方々ではなく、国内各地でまちの賑わいの復活を願う一般市民層の方々、また地元でそれに尽力されてきた商業者などの方々、まちづくりに関わる各自治体関係者、そして首長や政治家の方々など、すなわち自ら身の回りの都市の環境を少しでもより良いものに改善したいという意志をお持ちの方々、それら幅広い層をイメージしてまとめたつもりである。

その前段となる序編では、筆者が自らの経験の中で抱いてきた問題提起、そして筆者が実務として関わってきた事例、その背景にある筆者らが目指してきた「都市デザイン」という分野の歴史的系譜、その3点を簡単なかたちで紹介した。本論ともいうべき第Ⅰ編・第Ⅱ編では、筆者が過去に訪れた海外都市の事例報告とし、各都市の辿ってきた道のり、即ちその課題克服のプロセス、そして現在の賑わいの復活した幸せな風景、そのビフォー・アフターとも言うべき姿を極力、客観的に紹介することで、わが国の都市が進めてきたものと何が異なっているのか、を理解していただく資料となることを目指してきた。

最後の補遺編は、唐突に感じられた方も少なくないだろうが、実は限定本の「あとがき」で小さな文字で簡潔にまとめた10項目の提言を、補筆したうえで読みやすくなるように文字を大きくしたものである。限定配布本を読まれた何名かの方から、「これこそこの本の訴えかけたい主張が盛り込まれている、出版の際には是非大きな文字で判るようにされた方がよい」というアドバイスをいただいたこと、加えて「筆者の40年余前の海外都市の貴重な写真、資料と賑わっている現在の姿を比較検証した本は実に貴重であり、それを広く一般読者に見ていただくことが、現状の地方のまちづくりに大いなる貢献となる」等々の励ましの言葉を戴いた。それが本書を市販本として出版するという動機につながった。

しかし当初の限定本はオールカラー写真・図版とし420頁の分厚い本で、これを市販本とした場合、きわめて高額の書となるのは必定、との声もあり、なかなか出版につながる話には至らなかった。ちょうどその頃読破したばかりの饗庭伸さんの著書『都市をたたむ——人口減少時代をデザインする都市計画』の書に初めてみる「花伝社」の出版社名、そのHPを探して相談したことが縁で、本書の出版につながったという経緯にほかならない。そこで初めてお会いした担当の方は、やはり筆者と同じく地方都市出身者、自らの故郷の現状とこの書の指摘した内容とを重ねあわされたようで、一読されすぐさま共鳴されたのであった。続けて社内協議をされ、ぜひ当社で出版にまで進めさせていただきたい、との申し出が数日後にはあったという次第である。この文章内容を広く市民層に訴えかけるには、カラーに拘る必要はないこと、またページ数を絞るため、当初の限定本にあった第Ⅲ編は別本とすること、との編集方針を確認し、極力価格を抑える形となるように協議していった。その結果を受け、リライトすべき頁、加筆すべき頁、そして図版の差し替えなどを確認していったものである。

何度も強調するが、わが国の都市計画法制は明らかに産業革命以降の西欧にはじまる「近代都市計画」の流れを有し、それが半世紀にもわたりその根本原理となっている。大都市においては、その理論に基づく土地利用分離や交通インフラ整備により、大きな経済発展を成し得たことは自他ともに認めるのだが、その一方で、地方中小都市までが相似形のように拡張そして分解される必要があったのか、というのが大きな疑問である。実際、その理論の発祥そして先進の地でもある欧州諸国では大きな問題提起がなされ、1960年代以降に根本的な改訂が行われ、現在の人間中心都市が実現し、大都市だけでなく地方の中小都市も含め、実に賑わいの光景が回復されていった。それを確認することで、わが国の状況は如何ばかりか、読者一人ひとりの住まいの周囲や郷里、そして旅したまち、またはその過去数十年前の風景と重ね合わせ、対照していく。筆者が本書をとりまとめる原動力となったのは、それが一つの問題提起となるのではないか、という思いであった。

いま思えば、大学で都市計画を学び、実務の世界に飛び込んだ際の槇文彦さんおよび先輩諸氏から学んだこと、そして所員はその刺激を受けることで若い時期から海外に旅することが当然という実に恵まれた環境下の10年間で多くの経験をさせていただいたこと、これが筆者の原点と言ってもよい。そして32歳で現在の事務所を主宰することとなったが、その後も実務をこなしつつ断続的ながら休暇を取っての海外行脚も、家族の支えがあったがゆえに成し得たものと言えよう。それとは別のかたちで、海外視察団のコーディネーターや団長として現地自治体を公式訪問した際の情報収集、通訳に当たってくれた現地ガイドの方々や当時の留学生諸氏の存在、その数十年前の貴重な資料があったがゆえに、大学教員となったこの12年の間にすべての都市を再訪するというノルマを自らに課し、その前後比較を大学講義資料として学生たちに提示し、それをほぼ毎年更新するということを行ってきた。その一部が国の外郭団体の機関紙や民間専門誌の原稿、そして各地での講演会資料として積み重なってきた。その記録集を大学最終講義にあわせて合本し配布した訳だが、それらがこの一般読者向けの市販本に昇華したと言ってよい。

この書を読まれた方一人ひとりが、自らのまちの進むべき方向をきちんと考えられ、それが複数そして大きな世論となって、自らのまちの環境改善へ、そして制度改訂へと進まれること、この一助になれればという思いである。

最後に、最終講義限定配布本の作成に協力してくれた芝浦工業大学中野研究室の学生諸君、大学関係者、退職直前まで編集を手伝ってくれたアプル総合計画事務所の押沢みわさん、加えて断続的ながらこの40年近くの間、海外行脚中の自宅の留守を守り、また原稿執筆の環境を用意してくれた妻やいまや成人となった子供たちの家族みな、そしてこの出版の機会を与えていただいた花伝社の平田勝代表そして担当いただいた佐藤恭介さん、装丁を担当された三田村邦亮さんに深く感謝したい。この本が、日本各地のまちづくりに何らかのかたちで貢献することを願っている。

２０１７年８月　中野恒明

引用文献・ＵＲＬ／参考文献リスト

序編

『戦災復興誌』第６巻（都市編第３）〔復刻版〕建設省編、大空社、1991

『国際交通安全学会270　文化遺産としての街路・近代街路計画の思想と手法』中村良夫、篠原修他著、財団法人国際交通安全学会、1987

『The Athens Charter』Le Corbusier, Studio, 1973、邦訳『アテネ憲章』ル・コルビュジェ（著）、吉阪隆正（訳）、鹿島出版会、1976

『門司港レトロ散策マップ２０１６年版』門司港レトロ倶楽部、2016

『門司港レトロめぐり・海峡めぐり推進事業基本計画報告書』北九州市、1998

『海峡の街　門司港レトロ物語』財団法人北九州市芸術文化振興財団、1996

『病気の社会史　文明に探る病因』立川昭二、ＮＨＫブックス、1971

『輝く都市』ル・コルビュジェ（著）、坂倉準三（訳）、鹿島出版会、1968

『Team 10: In Search of a Utopia of the Present 1953-81』Nai Uitgevers Pub, 2006

『The Death and Life of Great American Cities』Jane Jacobs Penguin Books, 1961、邦訳（抄訳）『アメリカ大都市の死と生』黒川紀章、鹿島出版会、1977／（全訳）山形浩生、鹿島出版会、2010

『The Heart of the City: The Urban Crisis, Diagnosis and Cure』Victor Gruen, 1964

『Contemporary Urban Design』Cristina Paredes Benitez, Daab Pub, 2009

『Centers for the Urban Environment Survival of the Cities』Victor gruen, 1971

『Urban Design Since 1945: A Global Perspective』David Grahame Shane, 2011

『The Urban Design Reader』Michael Larice Elizabeth Macdonald, 2012

『ecombinant Urbanism: Conceptual Modeling in Architecture Urban Design and City Theory』David Grahame Shane, 2005

『Urban Design』Alex Krieger, William S. Saunders（編）、2009

『Our Towns and Cities: The Future - Delivering an Urban Renaissance』Transport & the Regions, Dept of the Environment, Stationery Office Books, 2000

『都市のリ・デザイン』鳴海邦碩（編著）、加藤恵正他（著）、学芸出版社、2015

『槇総合計画事務所ＵＤ作品集１９６４～80』槇総合計画事務所、1980

『都市住宅７５０９号　特集・ミニ・アーバン・デザインの試行』鹿島出版会、1975

『都市住宅８１１０号　特集・横浜シーサイドタウンの実験―アーバンデザイン的手法と協同設計の試み』鹿島出版会、1981

『都市住宅８４０８号　特集・日本の都市デザインの現在』鹿島出版会、1984

『代官山ヒルサイドテラス＋ウェストの世界』槇文彦、鹿島出版会、2006

『漂うモダニズム』槇文彦、左右社、2013

『新建築１９７１年８月号　特集アーバンデザインの系譜』新建築社、1971

『アーバン・デザインの手法』Ｊ・バーネット（著）、六鹿正治（訳）、鹿島出版会、1977

『新しい都市（アーバン）デザイン　アメリカにおける実践』Ｊ・バーネット（著）、倉田直道・倉田洋子（訳）、集文社、1985

第Ｉ編

『英国の建築保存と都市再生　歴史を活かしたまちづくりの歩み』大橋竜太、鹿島出版会、2007

『都市住宅７４１2号　特集・保存の経済学』鹿島研究所出版会、1974

『Chester: A study in conservation』Report to the Minister of Housing and Local Government and the City and County of the City of Chester, HMSO, 1968

『Conservation in Action: Chester's Bridgegate』Dept. of Environment, Stationery Office Books, 1982

『Chester, England: Urban Design Ideas from an Ancient Sourace』Wabrren Boeschenstein, 1985

『Conservation in Chester: Conservation Review Study』Donald W. Insall, Chester City Council, 1988

『Chester Through Time』Paul Hurley, Len Morgan, 2013

『York: A Study In Conservation』Report to the Minister of Housing and Local Government, HMSO, 1968

『Conservation and Traffic: Case Study of York』Nathaniel Lichfield, Alan Proudlove, 1976

『Living Cities: A Case for Urbanism and Guidelines for Re-Urbanization』Jan Tanghe, Pergamon Press, 1984

『Bath: A Study in Conservation』Dept. of Environment, Stationery Office Books, HMSO, 1969

『Chichester: A study in conservation』Report to the Minister of Housing and Local Government. HMSO, 1968

『Conservation and Sustainability in Historic Cities』Dennis Rodwell, Wiley-Blackwell, 2007

『Living Buildings: Architectural Conservation, Philosophy, Principles and Practice』Donald W. Insall, 2008

『Regeneration & Development in Liverpool City Centre』2005-2011, http://www.liverpoolvision.co.uk/

『Liverpool Development Control Plan 2008』http://www.liverpool.nsw.gov.au/

『FREIBURG ehmal-gestern-heute』Hans Schadek, Steinkopf Verlag, 2004

『ARCHITECTURAL PRESENTATION, The Presentation of histric chester 1983』

『イギリスは豊かなり』田村明、東洋経済新報社、1995

『Traffic in towns』Colin Buchanan, Penguin Special/H.M.S.O 1964、邦訳『都市の自動車交通』八十島義之助・井上孝、鹿島研究所出版会、1965

『都市、この小さな惑星の』リチャード ロジャース（著）、太田浩史他（訳）、鹿島出版会、2002

『都市、この小さな国の』リチャードロジャース（著）、太田浩史他（訳）、鹿島出版会、2004
『英国の持続可能な地域づくり　パートナーシップとローカリゼーション』中島恵理、学芸出版社、2005
『世界のＳＳＤ１００　都市持続再生のツボ』東京大学 cSUR-SSD 研究会、彰国社、2007
『アサヒグラフ別冊　シリーズ20世紀─都市』朝日新聞出版、1966
『パリ神話と都市景観』荒又美陽、明石書店、2011
『パサージュ論（岩波現代文庫第１～５巻）』W・ベンヤミン（著）、今村仁司・三島憲一他（訳）、岩波書店、2003
『Les passages couverts de Paris』Patrice De Moncan, Mecene, 2001
『Construire_expo_pp221-240.』http://ip51.icomos.org/
『Streets for People』Organization for Economic Co-operation and Development, 1974、邦訳『楽しく歩ける街』宮崎正（訳）、岡並木（監訳）、経済協力開発機構、パルコ出版、1975
『ヨーロッパの都市再開発　伝統と創造　人間尊重のまちづくりへの手引き』木村光宏、日端康雄、学芸出版社、1984
『アーバンデザインレポート１９９２』ヨコハマ都市デザインフォーラム実行委員会（編著）、1992
『Passagen, ein Bautype des 19. Jahrhunderts』J. F Geist Prestel Verlag 1969、英語版：Arcades: The History of a Building Type; MIT Press, 1969
『NEUE GLASSPASSAGEN, Lage, Gestalt, Konstruktion Bauten 1975-1985』Kief-Niederwöhrmeier, Heidi/ Niederwöhrmeier, Hartmut, 1993、邦訳『新しいガラスアーケード──配置・デザイン・構造 1975～1985』青木英明（訳）、鹿島出版会、1989
『造景別冊１　特集・イタリアの都市再生』建築資料研究社、1998
『都市のルネサンス　イタリア建築の現在』陣内秀信、中央公論社、1978
『イタリア都市再生の論理　ＳＤ選書１４７』陣内秀信、鹿島出版会、1978
『都市を創る市民力・ボローニアの大実験』星野まりこ、三推社／講談社、2006
『La Nuova Cultura Delle Citta'La salvaguardia dei centri storici, la riappropriazione sociale degli organismi urbanie l'analisi dello sviluppo territoriale nell'esperienza di Bologna』Cervellati, Pier Luigi et al, 1975
『Bologna: politica e metodologia del restauro nei storici』Cervellati P. L, Scannavini R,1973
『Conoscenza e coscienza della città Una politica per il centro di Bologna』Giovanni M. Accame, 1974
『The Conservation of Europian Cities,edited』Donald Appleyard, The MIT Press, 1979
『Living Cities: A Case for Urbanism and Guidelines for Re-Urbanization』Jan Tangh,Pergamon, 1984
『Urbino: The History of a City and Plans for its Development』Giancarlo de Carlo translated by Loretta Schaeffer「Guarda」The MIT Press, 1970、原著は1966
『ＳＤ８７０７　特集・ジャンカルロ・デ・カルロ：歴史と共生する建築』鹿島出版会、1987
『プロセスアーキテクチュア№97　特集・デザインされた都市ボストン』神田駿、小林正美、1991
『アメリカの都市再開発』木村光宏・日端康雄、学芸出版社、1992
『都市再生のパラダイム　Ｊ・Ｗ・ラウスの軌跡』窪田陽一他、PARCO 出版、1988
『Urban Revisions: Current Projects for the Public Realm』Elizabeth A. T. Smith, 1994
『The Urban Design Plan for the Comprehensive Plan of San Francisco, May 1971』Allan B. Jacobs, San Francisco Department City Planning San Francisco, 1971
『San Francisco urban design study preliminary report Volume 1969-1970』San Francisco Calif. Dept. of City Planning, 1969
『Making City Planning Work』Allan B. Jacobs, American Planning Association, 1978、邦訳『サンフランシスコ都市計画局長の闘い　都市デザインと住民参加』アラン・B・ジェイコブス（著）、蓑原敬他（訳）、1998
『Urban Street Design guide』national Association of city transportation officials, 2013image of America Denver's Sixteenth Street, 2010
『Denver's Sixteenth Street』Mark A Barnhouse, Arcadia Publishing, 2010
『Historic Preservation and the Imagined West: Albuquerque, Denver, and Seattle』Judy Mattivi Morley, Univ Pr of Kansas, 2006
『季刊まちづくり41　特集・欧米の最新都市デザイン』学芸出版社、2014

第Ⅱ編

『Time Square_Before_After』©_NYCDOT.story__http://www.nyc.gov/
『World Class Streets』NYC.gov, http://www.nyc.gov/html/dot/downloads/pdf/World_Class_Streets_Gehl_08.pdf
『Public Vision Workshops 2016』http://www.nyc.gov/html/dot/html/pedestrians/nyc-plaza-program.shtml
『The Pedestrian Revolution　Streets without Cars』Simon Breines, Wiliam J. Dean, 1974
『Reconstructing Times Square: Politics and Culture in Urban Development』Alexander J. Reichl, 1999
『The Rebiirth of new york city's BRYANT PARK』JAMES C. Trulove, 1997
『都市という劇場　アメリカン・シティ・ライフの再発見』W・H・ホワイト（著）、柿本照夫（訳）、日本経済新聞社、1994
『人間の街　公共空間のデザイン』ヤン・ゲール（著）、北原理雄（訳）、鹿島出版会、2014
『How to Study Public Life』Jan Gehl, Birgitte Svarre, Island Pr, 2013、邦訳『パブリックライフ学入門』ヤン・ゲール、ビアギッテ・スヴァア（著）、鈴木俊治、高松誠治、武田重昭、中島直人（訳）、鹿島出版会、2016
『HIGH LINE　アート、市民、ボランティアが立ち上がるニューヨーク流都市再生の物語』ジョシュア・デイヴィッド、ロバート・ハモンド（著）、和田美樹（訳）、アメリカン・ブック＆シネマ、2013

『The High Line』James Corner Field Operations, Diller Scofidio & Renfro, 2015
『建物のあいだのアクティビティ（ＳＤ選書）』ヤン・ゲール（著）、北原理雄（訳）、鹿島出版会、2011
『CITIES』Lawrence Halprin, 1963、邦訳『都市環境の演出　装置とテクスチュア』ローレンス・ハルプリン（著）、伊藤ていじ（訳）、彰国社、1970
『Streets for People: A Primer for Americans』Bernard Rudofsky, 1969、邦訳『人間のための街路』平良敬一他（訳）、鹿島出版会、1973
『都市の鍼治療データベース』服部圭郎 http://www.hilife.or.jp/cities/?p=214
『衰退を克服したアメリカ中小都市の街づくり』服部圭郎、学芸出版社、2007
『Essex Street Pedestrian Mall Project』http://www.salem.com/
『都心歩行者道路を核とした総合交通対策、都市交通レポート・特別研究調査報告』トヨタ交通環境委員会／都市交通分科会、1977
『The Landscape We See』Garrett Eckbo, 1969/8、邦訳『景観論』久保貞他（訳）、鹿島出版会、1972
『Fulton Mall Reconstruction Alternatives Analysis Report, 2013 .11 .13』https://www.fresno.gov/
『NICOLLET MALL』http://www.fieldoperations.net/project-details/project/nicollet-mile.html
『For Pedestrians Only:Planning, Design and Management of Traffic-free Zones』Robert Brambilla, Gianni Longo, 1978
『The Mall City/Kalamazoo History』https://kalamazoohistory.wordpress.com
『Downtown Kalamazoo/BID・DDA』http://www.downtownkalamazoo.org/
『History of Pearl Street』https://www.boulderdowntown.com/visit/history-of-pearl-street
『Boulder historic-preservation-downtown-design-guidelines』https://www-static.bouldercolorado.gov/
『Santa Monica Downtown Community Plan』http://www.smgov.net/
『New City Spaces』Jan Gehl, Lars Gemzoe, 2008
『Conservation and Sustainability in Historic Cities』Dennis Rodwell, 2007
『Apartment in Copenhagen』www.apartmentincopenhagen.com/
『De lijnbaan』http://www.crimsonweb.org/IMG/pdf/lijnbaan-screen.pdf
『科警研資料集69号　西ドイツの都心部歩行者区域』科学警察研究所、1985
『ストラスブールのまちづくり　トラムとにぎわいの地方都市』ヴァンソン藤井由実、学芸出版社、2011
『Pedestrian Areas: From Malls to Complete Networks』Klaus Uhlig, Architectural Book, 1991
『Shared SpaceIntersection Haslach im Kinzigtal』Matt Ball on October 14, 2007
『Norwich in the 1960s: Ten Years That Altered a City』Pete Goodrum, 2013
『Norwich Draft Urban Plan』Norwich City Planning Officer, 1967
『New Road　Landscape project』http://www.landezine.com/index.php/2011/04/new-road-by-landscape-projects-and-gehl-architects/
『New Road』https://landscapeisdonovan2.files.wordpress.com/2010/09/new-road2.jpg
『Towards a fine City for People Published on Sep 19, 2014 』https://issuu.com/gehlarchitects/docs/issuu_270_london_pspl_2004/0
『La reconquista d'Europa. La renconquesta d'Europa. Espacio púpblico urbano. Espai públic urbà. 1980 1999』Manuel Royes i Vila, 1999
『Bruno Fortier: Grand Prix de l'urbanisme 2002』Ariella Masboungi, 2002
『La Voirie Urbaine,Un Ptrimoine a NANTES』http://www.innovations-transports.fr/IMG/pdf/192-R01MT33.pdf、002/11
『PARIS PROJET NUMERO30-31』ESPACES PUBLICS, 1993
『Global Street Design Guide』National Association of City Transportation Officials, 2016
『Transit Street Design Guide』National Association of City Transportation Officials, 2016

補遺編

『明治・大正大阪府景風俗画集　米寿記念』野村廣太郎画、野村聡明出版、1990
『Return to the City』Richard Ernie Reed, Doubleday & Company, Inc, 1979
『都市をたたむ　人口減少時代をデザインする都市計画』饗庭伸、花伝社、2015
「京町家再生プラン――くらし・空間・まち」パンフレット（平成12年版）財団法人京都市景観・まちづくりセンター
「ＳＡＧＡわいわいコンテナ」http://www.waiwai-saga.jp/
「公共施設等の総合的かつ計画的な管理による老朽化対策等の推進」国土交通省ＨＰ
「立地適正化計画の意義と役割～コンパクトシティ・プラス・ネットワークの推進」国土交通省ＨＰ

中野恒明（なかの・つねあき）

芝浦工業大学名誉教授／㈱アプル総合計画事務所・代表取締役。

1951年山口県生まれ。74年東京大学工学部都市工学科卒業、槇総合計画事務所を経て、84年アプル総合計画事務所設立、2005～17年芝浦工業大学理工学部教授（環境システム学科）。専門は都市デザイン、都市計画から建築設計、景観設計まで幅広く実践活動を行う。代表的な作品・業務に、門司港レトロ地区まちづくり、皇居周辺道路景観整備、新潟駅駅舎・駅前広場整備、新宿モア街歩行者環境整備、葛飾柴又帝釈天参道周辺街並みデザイナー派遣、横浜みなとみらい21新港地区景観計画、横浜山下町地区KAAT·NHK街区施設建築物設計および都市デザイン調整など。

主な著書に『都市環境デザインのすすめ』（学芸出版社）、共著に『建築·まちなみ景観の創造』（技報堂出版）、『まちづくりがわかる本――浦安のまちを読む』（彰国社）、『日本の都市環境デザイン（1／2／3）造景双書』（責任編集、建築資料研究社）、『都市をつくりかえるしくみ』（彰国社）、『別冊環ジェイン・ジェイコブズの世界 1916-2006』（藤原書店）など。

その他、在京TV 6局新タワー（東京スカイツリー）候補地選定委員会委員・幹事長、同ネーミング選定委員、都市環境デザイン会議·代表幹事、墨田区景観審議会会長を歴任。東京大学工学部·同まちづくり大学院、東京藝術大学、日本大学などの非常勤講師等も兼務。

まちの賑わいをとりもどす――ポスト近代都市計画としての「都市デザイン」

2017年9月25日　初版第1刷発行

著者 ――― 中野恒明
発行者 ―― 平田　勝
発行 ――― 花伝社
発売 ――― 共栄書房
〒101-0065　東京都千代田区西神田2-5-11出版輸送ビル2F
電話　03-3263-3813
FAX　03-3239-8272
E-mail　kadensha@muf.biglobe.ne.jp
URL　http://kadensha.net
振替 ―― 00140-6-59661
装幀 ――― 三田村邦亮
印刷・製本 ― 中央精版印刷株式会社

ISBN 978-4-7634-0829-7　C0052